面向 21 世纪高等院校精品教材·电工电子系列

电工技术

主　编　宋卫海　潘莹月　李泽萌
副主编　姜明明　姚永革　林立松　牟向阳
　　　　杨　竞　刘伟丽　李　莉
参　编　贾孝伟　侯　琴　秦　磊　李秋红

北京理工大学出版社
BEIJING INSTITUTE OF TECHNOLOGY PRESS

内容简介

本书凝聚了编者多年的教学积累和精华，充分体现了应用型本科教学的特点；本书系统地介绍了电工技术的基本概念、基本理论、基本方法和基本应用，主要内容包括电路基础理论和分析方法、电路的分析方法和定理、一阶暂态电路、正弦稳态电路、三相交流电路、耦合电感和理想变压器、磁路与变压器、低压电器与继电接触器控制系统交流电动机、可编程控制器及其应用、常用电工工具与仪表的使用、工业企业供电与用电安全。

本书适合作为应用型本科院校非电专业的电工技术课程的教材，也可供从事电工技术的工程技术人员参考。

版权专有　侵权必究

图书在版编目（CIP）数据

电工技术 / 宋卫海，潘莹月，李泽萌主编. --北京：北京理工大学出版社，2021.11（2022.1 重印）

ISBN 978-7-5763-0732-0

Ⅰ.①电… Ⅱ.①宋…②潘…③李… Ⅲ.①电工技术-高等学校-教材　Ⅳ.①TM

中国版本图书馆 CIP 数据核字（2021）第 247892 号

出版发行 /	北京理工大学出版社有限责任公司
社　　址 /	北京市海淀区中关村南大街 5 号
邮　　编 /	100081
电　　话 /	（010）68914775（总编室）
	（010）82562903（教材售后服务热线）
	（010）68944723（其他图书服务热线）
网　　址 /	http://www.bitpress.com.cn
经　　销 /	全国各地新华书店
印　　刷 /	三河市华骏印务包装有限公司
开　　本 /	787 毫米×1092 毫米　1/16
印　　张 /	16.5
字　　数 /	396 千字
版　　次 /	2021 年 11 月第 1 版　2022 年 1 月第 2 次印刷
定　　价 /	48.00 元

责任编辑 / 李　薇
文案编辑 / 李　硕
责任校对 / 刘亚男
责任印制 / 李志强

图书出现印装质量问题，请拨打售后服务热线，本社负责调换

前 言

FOREWORD

  本书是根据教育部高等学校电工电子基础课程教学指导分委员会制订的"电工技术"教学基本要求,结合应用型本科院校教学需求及特点,以基本理论、基本方法和基本应用为主线,以培养学生理论基础扎实、工程素养良好、实践能力突出为总目标编写而成的。

  本书系统地介绍了电工技术的基本概念、基本理论、基本方法、基本应用,主要内容包括电路基础理论和分析方法、电路的分析方法和定理、一阶暂态电路、正弦稳态电路、三相交流电路、耦合电感和理想变压器、磁路与变压器、交流电动机、低压电器与继电接触器控制系统、可编程控制器及其应用、工业/企业供电与用电安全。

  本书集电路基本理论、电工实用技术和 Multisim 仿真于一体;结构合理、理论够用、重点突出、详略得当,充分体现了应用型本科教学的特点;引入 Multisim 的验证性实验和维修电工认证相关的实验项目,旨在加强理论与实践相结合,虚拟与现实相结合,讲授与自学相结合,建立有利于培养学生实践能力的理论、实验和行业认证的一体化教学模式。

  本书由山东农业工程学院宋卫海、潘莹月,山东海事职业学院李泽萌担任主编,姜明明、姚永革、林立松、牟向阳、杨竞、刘伟丽、李莉担任副主编,贾孝伟、侯琴、秦磊、李秋红参与编写。

  本书在编写过程中得到了北京理工大学出版社的大力支持,在此表示衷心感谢。由于编者水平有限,书中难免存在疏漏与不足之处,恳请广大读者给予批评指正。

编者
2021 年 8 月

目 录
CONTENTS

第1章 电路基础理论和分析方法 ·· 001
 1.1 电路和电路模型 ··· 002
  1.1.1 电路及其作用 ··· 002
  1.1.2 电路模型 ·· 002
 1.2 电路变量 ·· 003
  1.2.1 电流 ··· 003
  1.2.2 电压 ··· 004
  1.2.3 电动势 ·· 005
  1.2.4 电功率和电能 ··· 006
 1.3 电路元件模型 ··· 008
  1.3.1 电阻元件与欧姆定律 ··· 009
  1.3.2 电容元件 ·· 010
  1.3.3 电感元件 ·· 012
  1.3.4 电压源、电流源、受控电源 ·· 013
 1.4 基尔霍夫定律 ··· 016
  1.4.1 电路的几个概念 ·· 016
  1.4.2 基尔霍夫电流定律 ·· 017
  1.4.3 基尔霍夫电压定律 ·· 018
 1.5 电位与电位的计算 ·· 020
 本章小结 ·· 022
 习题1 ·· 023

第2章 电路的分析方法和定理 ·· 025
 2.1 电路的等效变换 ··· 026
  2.1.1 等效二端网络的概念 ··· 026
  2.1.2 电阻电路的串联、并联等效 ·· 026

2.1.3　电阻星形、三角形网络互换 ·································· 027
　　2.1.4　电压源与电流源（理想电流源与理想电压源）的连接 ········· 030
　　2.1.5　实际电源模型及相互转换 ····································· 031
　　2.1.6　输入电阻 ··· 035
2.2　电阻电路分析的一般方法 ·· 036
　　2.2.1　支路电流法 ·· 037
　　2.2.2　节点电位法 ·· 039
2.3　电路定理 ·· 042
　　2.3.1　叠加定理 ··· 042
　　2.3.2　戴维南定理 ·· 044
　　2.3.3　诺顿定理 ··· 048
　　2.3.4　最大功率传输定理 ··· 049
本章小结 ·· 051
习题 2 ··· 052

第 3 章　一阶暂态电路 ·· 055

3.1　稳态和暂态 ·· 056
　　3.1.1　稳态和暂态 ··· 056
　　3.1.2　暂态过程的产生 ·· 056
　　3.1.3　暂态分析的意义 ·· 057
3.2　换路定理及初始值确定 ··· 057
　　3.2.1　换路定理 ··· 057
　　3.2.2　应用换路定理确定电流、电压初始值 ························· 058
3.3　一阶电路零输入响应 ·· 059
　　3.3.1　一阶 RC 电路的零输入响应 ···································· 060
　　3.3.2　一阶 RL 电路的零输入响应 ···································· 061
3.4　一阶电路零状态响应 ·· 063
　　3.4.1　一阶 RC 电路零状态响应 ······································ 063
　　3.4.2　一阶 RL 电路的零状态响应 ···································· 065
3.5　一阶电路全响应和三要素法求解 ···································· 066
　　3.5.1　经典法分析一阶电路全响应暂态过程 ························ 066
　　3.5.2　三要素法 ··· 067
本章小结 ·· 070
习题 3 ··· 070

第 4 章　正弦稳态电路 ·· 073

4.1　正弦量的基本概念 ··· 074
　　4.1.1　正弦交流量的方向 ·· 074

		4.1.2 正弦交流量的三要素	074
	4.2	正弦量的表示法	077
		4.2.1 复数及其运算	077
		4.2.2 正弦信号的相量图表示	078
		4.2.3 正弦量的相量表达式（复数表示法）	079
		4.2.4 正弦信号与相量之间的对应规则	080
	4.3	基本元件的交流分析	081
		4.3.1 电阻元件的交流分析	081
		4.3.2 电感元件的交流分析	083
		4.3.3 电容元件的交流分析	084
	4.4	正弦稳态电路分析	087
		4.4.1 *RLC* 串联交流电路分析	087
		4.4.2 阻抗的串联交流电路的分析与计算	093
		4.4.3 阻抗并联及混联交流电路的分析与计算	094
		4.4.4 应用电路定理和相量法分析复杂正弦稳态电路	096
	4.5	功率因数的提高	098
		4.5.1 功率因数提高的意义	098
		4.5.2 功率因数不高的原因及提高的方法	098
	4.6	交流电路的频率特性	101
		4.6.1 高通滤波电路	101
		4.6.2 低通滤波电路	102
		4.6.3 带通滤波电路	103
	4.7	谐振电路	105
		4.7.1 串联谐振	105
		4.7.2 并联谐振	107
	4.8	非正弦周期信号的频率分析	108
		4.8.1 非正弦周期信号的分解	108
		4.8.2 非正弦周期信号的稳态分析	110
本章小结			111
习题 4			112
第 5 章	三相交流电路		115
	5.1	三相交流电源	116
		5.1.1 三相交流电的产生	116
		5.1.2 三相电源的连接	117
	5.2	三相负载的连接	119
		5.2.1 星形连接	119

  5.2.2 三角形连接 ·· 119
 5.3 对称三相电路的计算 ··· 120
  5.3.1 对称星形负载三相电路的计算 ·· 120
  5.3.2 对称三角形负载三相电路的计算 ·· 123
 5.4 不对称三相电路的计算 ··· 124
  5.4.1 负载不对称时的星形连接 ·· 124
  5.4.2 负载不对称时的三角形连接 ·· 127
 5.5 三相电路的功率 ··· 128
  5.5.1 有功功率 ·· 128
  5.5.2 无功功率与视在功率 ·· 128
  5.5.3 三相功率的测量 ·· 129
 本章小结 ·· 130
 习题 5 ··· 130

第 6 章 耦合电感和理想变压器 ·· 133
 6.1 互感及互感电压 ··· 134
  6.1.1 互感 ·· 134
  6.1.2 耦合电感元件的电压、电流关系 ·· 135
  6.1.3 同名端 ·· 137
 6.2 互感线圈的连接及去耦等效电路 ··· 138
  6.2.1 互感线圈的串联 ·· 138
  6.2.2 互感线圈的并联 ·· 140
  6.2.3 互感线圈的 T 形连接 ··· 141
 6.3 空心变压器 ··· 144
  6.3.1 空心变压器的结构与特点 ·· 144
  6.3.2 空心变压器电路的分析 ·· 144
 6.4 理想变压器 ··· 146
  6.4.1 理想变压器端口电压、电流的关系 ·· 146
  6.4.2 理想变压器的阻抗变换性质 ·· 147
 本章小结 ·· 149
 习题 6 ··· 149

第 7 章 磁路与变压器 ·· 151
 7.1 磁路分析 ··· 152
  7.1.1 磁场 ·· 152
  7.1.2 磁场的基本物理量 ·· 152
  7.1.3 磁性材料及其性能 ·· 153
  7.1.4 磁路及其基本定律 ·· 155

7.2 交流铁芯线圈电路 157
7.2.1 交流铁芯线圈感应电动势与磁通的关系 158
7.2.2 功率关系 158
7.3 变压器原理 159
7.3.1 变压器基本结构 160
7.3.2 变压器工作原理 160
7.3.3 铭牌 166
7.3.4 特殊变压器 167
7.4 电磁铁 169
7.4.1 直流电磁铁 169
7.4.2 交流电磁铁 170
本章小结 170
习题 7 171

第 8 章 交流电动机 173
8.1 三相异步电动机的基本结构与工作原理 174
8.1.1 三相异步电动机的基本结构 174
8.1.2 三相异步电动机的旋转磁场 176
8.1.3 三相异步电动机的工作原理 177
8.1.4 转差率 178
8.2 三相异步电动机的电路分析 178
8.2.1 定子电路的电动势 179
8.2.2 转子电路频率及其电动势 179
8.2.3 转子电路中的漏感抗 179
8.2.4 转子电路的电流和功率因数 180
8.3 三相异步电动机的机械特性 180
8.3.1 转矩公式 180
8.3.2 三相异步电动机的机械特性 181
8.4 三相异步电动机的起动、制动和调速 184
8.4.1 三相异步电动机的起动 184
8.4.2 三相异步电动机的制动 186
8.4.3 三相异步电动机的调速 188
8.5 三相异步电动机的铭牌数据及选用 190
8.5.1 铭牌 190
8.5.2 三相异步电动机的选用 193
8.6 其他电机的简介 195
8.6.1 直流测速发电机 195

8.6.2 伺服电动机 …………………………………………………………………… 196
8.6.3 步进电动机 …………………………………………………………………… 197
本章小结 ………………………………………………………………………………… 198
习题 8 …………………………………………………………………………………… 199

第 9 章 低压电器与继电接触器控制系统 ……………………………………………… 201

9.1 基本低压电器 ………………………………………………………………………… 202
 9.1.1 开关电器 ……………………………………………………………………… 202
 9.1.2 熔断器 ………………………………………………………………………… 206
 9.1.3 接触器 ………………………………………………………………………… 206
 9.1.4 继电器 ………………………………………………………………………… 208
 9.1.5 主令电器 ……………………………………………………………………… 211
9.2 三相笼型异步电动机单向运行控制电路 …………………………………………… 214
 9.2.1 单向运行的点动控制电路 …………………………………………………… 214
 9.2.2 单向运行具有自锁的控制电路 ……………………………………………… 214
 9.2.3 点动与连续运转控制电路 …………………………………………………… 215
9.3 三相笼型异步电动机的正、反转控制电路 ………………………………………… 216
 9.3.1 接触器联锁三相笼型异步电动机的正、反转控制电路 …………………… 216
 9.3.2 按钮联锁的正、反转控制电路 ……………………………………………… 217
 9.3.3 按钮、接触器双重联锁的正、反转控制电路 ……………………………… 217
9.4 常用车床控制电路 …………………………………………………………………… 218
 9.4.1 CA6140 型普通车床结构及运动形式 ……………………………………… 218
 9.4.2 CA6140 型普通车床的电气特点 …………………………………………… 219
 9.4.3 CA6140 型普通车床的电气原理图分析 …………………………………… 219
本章小结 ………………………………………………………………………………… 221
习题 9 …………………………………………………………………………………… 222

第 10 章 可编程控制器及其应用 ………………………………………………………… 223

10.1 可编程控制器简介 ………………………………………………………………… 224
 10.1.1 可编程控制器的一般概念 ………………………………………………… 224
 10.1.2 可编程控制器的特点 ……………………………………………………… 224
 10.1.3 PLC 应用领域 ……………………………………………………………… 224
 10.1.4 国内外主要 PLC 厂家简介 ………………………………………………… 225
10.2 可编程控制器结构及工作原理 …………………………………………………… 227
 10.2.1 PLC 的结构及各部分的作用 ……………………………………………… 227
 10.2.2 PLC 的工作原理 …………………………………………………………… 229
 10.2.3 可编程控制器的主要技术性能 …………………………………………… 229
10.3 梯形图编程规则与 PLC 应用控制系统的设计流程 ……………………………… 229

10.3.1　梯形图编程的步骤 …………………………………………………… 230
　　10.3.2　PLC 应用控制系统的设计流程 ……………………………………… 230
10.4　基于 PLC 的三相笼型异步电动机的正、反转控制 …………………………… 232
10.5　基于 PLC 的 CA6140 型普通车床电气控制系统的设计 ……………………… 234
　　10.5.1　CA6140 型普通车床改造方法 ………………………………………… 234
　　10.5.2　PLC 控制系统设计步骤 ………………………………………………… 234
本章小结 ……………………………………………………………………………… 237
习题 10 ………………………………………………………………………………… 238

第 11 章　工业/企业供电与用电安全 ……………………………………………… 239
11.1　发电和输电概述 …………………………………………………………………… 240
　　11.1.1　发电、输电、配电简介 ………………………………………………… 240
　　11.1.2　电力网的电压等级及电力系统的要求 ………………………………… 241
11.2　工业、企业配电 …………………………………………………………………… 241
　　11.2.1　工厂供配电系统 ………………………………………………………… 242
　　11.2.2　低压配电线路连接方式 ………………………………………………… 242
11.3　安全用电 …………………………………………………………………………… 243
　　11.3.1　电流对人体的危害 ……………………………………………………… 243
　　11.3.2　人体触电方式 …………………………………………………………… 244
　　11.3.3　接地和接零 ……………………………………………………………… 245
11.4　节约用电 …………………………………………………………………………… 247
本章小结 ……………………………………………………………………………… 247
习题 11 ………………………………………………………………………………… 248

参考文献 ……………………………………………………………………………… 249

第1章 电路基础理论和分析方法

教学目的与要求：了解电路的基本概念和电路模型；掌握电压和电流的参考方向概念；掌握吸收功率和发出功率的计算和判断方法；掌握电阻、电容、电感、独立电源和受控源等元件模型的定义及其伏安关系；掌握基尔霍夫定律及其应用；掌握电位的定义、计算方法及其应用。

重点：电压和电流的参考方向；基尔霍夫定律；受控源等元件模型的定义及其伏安关系；电位的定义和计算方法。

难点：电压和电流的参考方向；电位的计算。

知识点思维导图如图1-1所示。

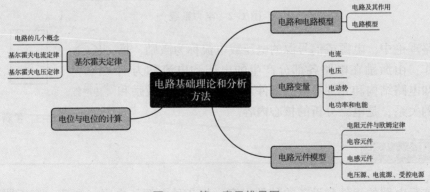

图1-1　第1章思维导图

1.1 电路和电路模型

1.1.1 电路及其作用

电路是由各种电路元件或电工设备按一定方式连接成的整体，为电流的流通提供了路径。

实际电路的结构形式繁多，如自动控制设备、卫星接收设备、邮电通信设备等；实际电路的几何尺寸也相差甚大，电力系统或通信系统可能跨越省界、国界甚至是洲界，而有的集成电路的芯片比指甲还小。

电力系统由电源、负载和中间环节3部分组成，如图1-2所示。它的作用是实现电能的传输和转换。发电机是电源，供应电能。在电厂内可把自然界的一次能源通过发电动力装置（主要包括锅炉、汽轮机、发电机及电厂辅助生产系统等）转化成电能。除发电机外，电池也是常用的电源。电灯、电炉和电动机等都是负载，也是用电设备，它们分别把电能转换为光能、热能、机械能等。变压器和输电线是中间环节，是连接电源和负载的部分，起传输和分配电能的作用。

电路的另一种作用是传递和处理信号，如扬声器，其电路如图1-3所示。传声器将声音的振动信号转换为电信号即相应的电压和电流，经过放大处理后，通过电路传递给扬声器，再由扬声器还原为声音。信号的这种转换和放大，称为信号的处理。传声器是信号源，相当于电源，其输出的电信号（电流和电压）的变化规律取决于所加信息，扬声器是接受和转换信号的设备，相当于负载，放大器相当于中间环节。

电的产生和发展历程

图1-2 电力系统

在电路理论中，电源或信号源的电压或电流称为激励，推动电路工作；由激励在电路各部分产生的电压和电流称为响应。在已知电路结构和元件参数的条件下，研究电路的激励和响应之间的关系，是电路分析的核心内容。

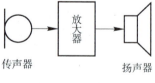

图1-3 扩音器

1.1.2 电路模型

组成实际电路的元件和设备的种类很多，如各种电源、电阻、电感、变压器、电子管、晶体管、固体组件等，它们的电磁性质较为复杂。例如，白炽灯除具有电阻性（消耗电能的性质）外，通过电流时还会产生磁场，说明它还具有电感性，但由于电感非常微小，可忽略不计，即认为白炽灯是电阻元件。为了研究电路的特性和功能，我们必须将实际元件科学地抽象，即在一定条件下突出其主要电磁特性，忽略次要因素，把它近似地视为理想电路元件。由理想电路元件组成的电路，就是实际电路的电路模型。理想电路元件分为两类：一类是有实际的元件与其对应（"理想"两字常略去不写），如电阻元件、电感元件、电容元件、电源元件等；另一类是没有直接与之相对应的实际电路元件，但是它们的某种组合却能反映出实际元件及设备的主要特性和外部功能，如受控源等。这些元件分别由相应的参数来表征。图1-4（a）所示的手电筒，其实际电路元件包括干电池、小灯泡、开关和筒体，电路模型如图1-4（b）所示。其中电阻R_L代表负载（小灯泡），干电池则用电压源U_S和电阻R_0的串联组合表示，筒体是连接干电池与小灯泡的中间环节（包括开关），其电阻忽略不计。

将电路模型画在平面上所形成的图称为电路图。电路图只反映各理想电路元件在电路中的作用及其相互连接方式，并不反映实际设备的内部结构、几何形状及相互位置。在电路图中各种电路元件用规定的符号表示。

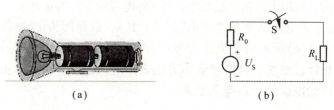

图1-4　手电筒电路

（a）手电筒；（b）电路模型

1.2　电路变量

电路分析的任务是获得给定电路的电性能，而电路的电性能通常可以用一组表示为时间函数的变量来描述，这些变量中最常用的是电流、电压、电动势、电功率和电能。

1.2.1　电流

1. 定义

单位时间内通过导体横截面的电量定义为电流，其数学表达式为

$$i(t)=\frac{dq}{dt} \tag{1-1}$$

式中，q表示电量，国际单位为库仑（C）；$i(t)$通常用i表示。

电流的国际单位是安培，简称安（中文代号为安，国际代号为A）。另外，还有kA、mA、μA等单位，它们与A的换算关系为

$$1\ kA = 10^3\ A \qquad 1\ mA = 10^{-3}\ A \qquad 1\ \mu A = 10^{-6}\ A$$

如果电流的大小和方向不随时间变化，则这种电流称为恒定电流，简称直流（记为dc或DC），用I表示。如果电流的大小和方向都随时间变化，则称为交变电流，简称交流（记为ac或AC）。

2. 电流的方向

习惯上把正电荷移动的方向规定为电流的实际方向，电流的方向是客观存在的。在分析较为复杂的直流电路时，往往难于事先确定某支路电路电流的实际方向。对于交流电路，其电流方向随时间而变化，无法在电路图上标出它的实际方向。

为了电路分析的需要，可任意选定某一方向作为电流的参考方向，或称为正向，标在电路图上。电流的参考方向不一定与电流的实际方向一致，当电流实际方向与其参考方向相同时，电流为正值；反之，电流则为负值。因此，在参考方向选定后，电流值才有正、负之分，根据电流的参考方向以及电流值的正、负，就能确定电流的实际方向。电流参考方向可用箭头或双下标表示，如表 1-1 所示。

在分析电路时，我们应先任意假设电流的参考方向，并以此为标准去分析、计算，然后从最终所得电流的正、负值来确定其实际方向。

如图 1-5(a)中的方框用来泛指二端元件。其实际电流的方向为 a 到 b，电流值为 1 A。

用图 1-5(b)所示的电流作为参考方向时，$i_1 = 1$ A，这是因为 i_1 的参考方向与电流的实际方向一致。用图 1-5(c)所示的电流作为参考方向时，$i_2 = -1$ A，这是因为 i_2 的参考方向与电流的实际方向相反。显然，这两种表示方法之间的关系是 $i_1 = -i_2$。由此可知，在未标参考方向的情况下，讨论电流的正负毫无意义。

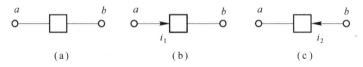

图 1-5　电流参考方向的举例说明

(a) 二端元件表示；(b) 电流左流入；(c) 电流右流入

参考方向并不是一个抽象的概念。当我们用磁电式电流表测量电路中的未知电流时，首先就为电流选定了一个参考方向。

1.2.2　电压

电荷在电路中流动，就会有能量的交换发生。为便于研究问题，在分析电路时引用"电压"这一物理量来描述单位正电荷在电路中能量的获得和失去。电压有时也称为"电位差"，用符号 u 表示。

1. 定义

电压的极性如图 1-6 所示，单位正电荷由电路中 a 点移动到 b 点所获得或失去的能量称为 a、b 两点的电压。其数学表达式为

$$u(t) = \frac{dW}{dq} \tag{1-2}$$

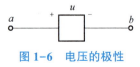

图 1-6　电压的极性

式中，dq 为由 a 点移动到 b 点的电荷量，单位为库仑（C）；dW 为电荷 dq 移动过程中所获得或失去的能量，单位为焦耳（J），简称焦；电压的单位为伏特（V），简称伏。

另外，其换算关系为

$$1\text{ kV} = 10^3 \text{ V};\quad 1\text{ mV} = 10^{-3} \text{ V};\quad 1\text{ μV} = 10^{-6} \text{ V}$$

如果正电荷由 a 转移到 b，获得能量，则 a 点为低电位，b 点为高电位；如果正电荷由 a 转移到 b，失去能量，则 a 点为高电位，b 点为低电位。量值和方向均不随时间变化的电压，称为恒定电压或直流电压，一般用 U 表示。量值和方向随时间变化的电压，称为时变电压，一般用 u 表示。

将电路中任一点作为参考点，把 a 点到参考点的电压称为 a 点的电位，用符号 u_a、v_a 或 U_a、V_a 表示。元件端钮间的电压与路径无关，仅与起点与终点的位置有关。电路中 a 点到 b 点的电压，就是 a 点电位与 b 点电位之差，即

$$u_{ab} = u_a - u_b = v_a - v_b$$
$$u_{ab} = -u_{ba}$$

2. 电压的极性（方向）

如同为电流规定参考方向一样，电路中元件的电压也要事先规定其参考极性或参考方向。电压的参考极性在元件或电路的两端用"+""-"符号来表示。"+"表示高电位端，"-"表示低电位端，电压的参考方向也可用箭头或下标表示，如表 1-1 所示。

当电压为正值时，该电压的真实极性与参考极性相同；当电压为负值时，该电压的真实极性与所标的极性相反。在未标示电压参考极性的情况下，讨论电压的正、负是毫无意义的。

3. 电压、电流的关联与非关联

在分析电路时，必须对电流变量规定参考方向，对电压变量规定参考极性，彼此可相互独立地任意假定。对于二端元件电压和电流参考方向的选择，有 4 种可能的方式，如图 1-7 所示。为了电路分析和计算的方便，常采用电压与电流的关联参考方向。也就是说，当电压的参考极性已经规定时，电流参考方向从"+"指向"-"；当电流参考方向已经规定时，电压参考极性的"+"标在电流参考方向的进入端，如图 1-7(a) 和图 1-7(b) 所示。如果采用电压与电流的非关联参考方向，当电压的参考极性已经规定时，电流参考方向从"-"指向"+"；当电流参考方向已经规定时，电压参考极性的"+"标在电流参考方向的流出端，如图 1-7(c) 和图 1-7(d) 所示。在二端元件的电压与电流采用关联参考方向的条件下，在电路图上可以只标明电流参考方向，或只标明电压的参考极性。除特别声明外，本书今后均采用电压与电流的关联参考方向。

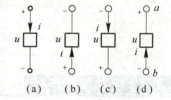

图 1-7 电压电流的关联与非关联

(a) 关联；(b) 关联；(c) 非关联；(d) 非关联

1.2.3 电动势

1. 定义

电路中因其他形式的能量转换为电能所引起的电位差，称为电动势，简称电势。电动势也分为交流电动势和直流电动势，常用 e 或 E 表示，其国际单位是伏特（V）。电动势与电压是容易混淆的两个概念，电动势是表示非静电力把单位正电荷从负极经电源内部移到正极所做的功；而电压则表示静电力把单位正电荷从电场中的某一点移到另一点所做的功。

2. 电动势的极性（方向）

电动势的实际方向规定为由负极性（低电位）端指向正极性（高电位）端，这表明了

其做功的特点。负极性（低电位）端用"-"表示，正极性端（高电位）用"+"表示。电路中电动势参考方向的定义和表示方法如表 1-1 所示。

表 1-1　电流、电压、电动势的参考方向及表示方法

	电流		电压		电动势
实际方向	正电荷流动的方向		由高电位（正极）指向低电位（负极）		由低电位（负极）指向高电位（正极）
参考方向	任意选定		任意选定		任意选定
标记符号	箭头	i ; 2 A	箭头	u	e（+ 指向 -）
			下标	u_{ab}（a 到 b）	
	双下标	$a\ i_{ab}\ b$	极性	u（+ -）；6 V	
实际与参考方向的关系	$i>0$：实际方向与参考方向相同 $i<0$：实际方向与参考方向相反		$u>0$：实际方向与参考方向相同 $u<0$：实际方向与参考方向相反		$e>0$：实际方向与参考方向相同 $e<0$：实际方向与参考方向相反

1.2.4　电功率和电能

在电路的分析和计算中能量和功率是非常重要的。电路的工作总伴随有电能与其他形式能量的相互转换。

1. 电功率

在电路中电功率为电能对时间的变化率，表示为

$$p(t) = \frac{\mathrm{d}W}{\mathrm{d}t} \tag{1-3}$$

又因为

$$i(t) = \frac{\mathrm{d}q}{\mathrm{d}t},\ u(t) = \frac{\mathrm{d}W}{\mathrm{d}q}$$

则

$$p(t) = \frac{\mathrm{d}W}{\mathrm{d}t} = \frac{\mathrm{d}W}{\mathrm{d}q} \cdot \frac{\mathrm{d}q}{\mathrm{d}t} = u(i)i(t) \tag{1-4}$$

式（1-4）常写为

$$p = ui \tag{1-5}$$

电功率的国际单位是瓦特，简称瓦（W）。

式（1-5）表示元件的电压和电流的参考方向为关联参考方向。如果两者参考方向为非关联参考方向，则公式为

$$p = -ui \tag{1-6}$$

当 $p>0$ 时，元件吸收电能，即吸收功率；当 $p<0$ 时，元件释放电能，即发出功率。对于直流电路，式（1-5）和式（1-6）可表示为

$$P = \pm UI$$

一个元件若吸收功率为 1 000 W，也可认为它发出功率 -1 000 W；反之亦然。对于一个完整的电路来说，在任一时刻，所有元件功率之和为 0，即功率平衡。

若电路由 b 个二端元件组成，则

$$\sum_{k=1}^{b} \pm u_k i_k = 0$$

【例1-1】 在图1-8电路中有5个元件，电流和电压的参考方向在图中已标出。通过实验测量得知：$I_1=-4$ A，$I_2=6$ A，$I_3=10$ A，$U_1=140$ V，$U_2=-90$ V，$U_3=-60$ V，$U_4=80$ V，$U_5=-30$ V。（1）计算各元件的功率，判断其是吸收还是发出功率。（2）分别计算吸收功率和发出功率之和。（3）计算总功率，判断功率是否平衡。

【解】 根据电压与电流关联与否，代入功率公式 $P=\pm UI$，最后根据结果可判断，正值为吸收功率，负值为发出功率。各元件功率分别为

$$P_1 = -U_1 I_1 = -140 \times (-4) \text{ W} = 560 \text{ W}$$
$$P_2 = -U_2 I_2 = -(-)90 \times 6 \text{ W} = 540 \text{ W}$$
$$P_3 = U_3 I_3 = -60 \times 10 \text{ W} = -600 \text{ W}$$
$$P_4 = U_4 I_1 = 80 \times (-4) \text{ W} = -320 \text{ W}$$
$$P_5 = U_5 I_2 = -30 \times 6 \text{ W} = -180 \text{ W}$$

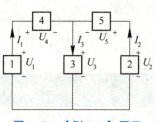

图 1-8 【例 1-1】图示

吸收的功率和为

$$P_{吸} = P_1 + P_2 = (560 + 540) \text{ W} = 1\ 100 \text{ W}$$

发出的功率和为

$$P_{发} = P_3 + P_4 + P_5 = (-600 - 320 - 180) \text{ W} = -1\ 100 \text{ W}$$

整个电路的功率之代数和为

$$\sum P = P_1 + P_2 + P_3 + P_4 + P_5 = (560 + 540 - 600 - 320 - 180) \text{ W} = 0 \text{ W}$$

可见，电路中发出的功率与消耗的功率是相等的，故该电路功率平衡。

2. 电能

二端元件或二端网络从 t_0 到 t_1 时间内吸收的电能按下式计算，即

$$W(t_0, t_1) = \int_{t_0}^{t_1} p(t) \mathrm{d}t = \int_{t_0}^{t_1} u(t) i(t) \mathrm{d}t \tag{1-7}$$

能量是功率对时间的积分。当电流的单位为 A，电压的单位为 V 时，能量的单位为 J（焦耳，简称焦）；吸收功率为 1 W 的用电设备，在 1 s 时间内消耗 1 J 的电能。1 000 W 的用电设备，在 1 h 内消耗 1 kW·h 的电能，简称为该用电设备消耗了 1 度电。

表 1-2 列出了部分国际单位制的单位。在实际应用中，若觉得这些单位太大或太小，则可以加上表 1-3 中的国际单位制的词头，构成十进倍数或分数单位。

表 1-2　部分国际单位制单位

量的名称	单位名词	单位符号	量的名称	单位名词	单位符号
长度	米	m	电荷[量]	库[仑]	C
时间	秒	s	电位、电压	伏[特]	V
电流	安[培]	A	电容	法[拉]	F
频率	赫[兹]	Hz	电阻	欧[姆]	Ω
能量、功	焦[耳]	J	电导	西[门子]	S
功率	瓦[特]	W	电感	亨[利]	H

表 1-3　国际单位制词头

因数	10^9	10^6	10^3	10^{-3}	10^{-6}	10^{-9}	10^{-12}
名称	吉	兆	千	毫	微	纳	皮
符号	G	M	k	m	μ	n	p

1.3　电路元件模型

本课程所涉及的电路均是电路模型。电路模型又是由电路元件模型（简称电路元件）连接而成的。电路元件通常分为时变元件与时不变元件、线性元件与非线性元件、分布参数元件与集总参数元件。

时变元件与时不变元件：如果元件参数是时间 t 的函数，则对应的元件为时变元件；否则为时不变元件。

线性元件与非线性元件：如果元件参数是电压 u 或电流 i 的函数（有时也可以是电荷 q 或磁链 ψ 的函数），则对应的元件为非线性元件；否则为线性元件。其中半导体二极管模型是一个非线性元件的典型实例。

分布参数元件与集总参数元件：一个实际电工器件，在不同条件下可以有不同的电路模型。例如，一根金属导线，当其中电流的频率很低时，可以用电阻作为它的模型。当导线中电流的频率很高时，导线中各处的电流并不相等，也就是说，导线中的电流和空间位置有关。对于某个电工器件，凡是要考虑其电流、电压和空间位置或者说要考虑其电流、电压在空间的分布情况时，即为分布参数元件，必须采用具有分布参数的模型。如果不考虑电流、电压在空间分布的模型，则为集总参数模型。由集总参数元件组成的电路，称为集总参数电路或集总电路。集总参数元件假定：在任何时刻，流入二端元件一个端子的电流一定等于从另一端子流出的电流，两个端子之间的电压为单值量。本书只研究集总电路。

按与外部连接的端子数目，电路元件可分为二端、三端、四端元件等。本节将简单地介绍电阻、电容、电感、电压源、电流源和受控源。其中电阻、电容和电感称为被动元件，它们在电路中不能产生电能；电压源、电流源称为主动元件；受控源称为受控元件。

1.3.1 电阻元件与欧姆定律

我们生活中的电灯、电炉等电工设备，有两个重要的性质：其一是它们两端的电压、电流的关系近似成正比且比值为常数；其二是这类设备基本不存储能量，只消耗电能。实际设备的这两个性质，可以用二端线性电阻元件（以后简称电阻）模型来表征。

1. 电阻元件两端的伏安关系

线性电阻元件的图形符号如图1-9(a)所示。在电阻电压和电流取关联参考方向下，任何时刻电阻元件两端电压和通过其电流关系服从欧姆定律，即

$$u = Ri \tag{1-8}$$

在非关联参考方向下，则为

$$u = -Ri \tag{1-9}$$

以上两式中，R 称为元件的电阻，是一个正实常数。当电压单位用 V，电流单位用 A 时，电阻的单位为 Ω（欧姆，简称欧）。令 $G = \dfrac{1}{R}$，则式（1-8）和（1-9）可变为

$$i = \pm Gu \tag{1-10}$$

式中，G 为电阻元件的电导。

电导的单位是 S（西门子，简称西）。R 和 G 都是电阻元件的参数。

由于电压和电流的单位为伏和安，故电阻元件的特性称为伏安特性。图1-9(b)画出了线性电阻元件的伏安特性曲线，它是通过原点的一条直线。直线的斜率与元件的电阻有关。

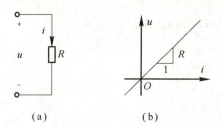

图1-9 线性电阻元件的图形符号及伏安特性曲线
(a) 图形符号；(b) 伏安特性曲线

不论一个线性电阻元件的端电压为何值，流过它的电流恒为0，称为"开路"。开路的伏安特性在 $u\text{-}i$ 平面与电压轴重合，相当于 $R = \infty$ 或 $G = 0$，如图1-10 (a) 所示。不论流过一个线性电阻元件的电流为何值，它的端电压恒为0，称为"短路"。短路的伏安特性在 $u\text{-}i$ 平面上与电流轴重合，它相当于 $R = 0$ 或 $G = \infty$，如图1-10 (b) 所示。如果电路中的一对端子 a、b 之间呈断开状态，如图1-10 (c) 所示，这就相当于 a、b 之间接有 $R = \infty$ 的电阻，此时称 a、b 之间处于"开路"。如果把端子 a、b 用理想导线（电阻为0）连接起来，则称端子 a、b "短路"，如图1-10 (d) 所示。

2. 电阻元件吸收的功率

当电压 u 和电流 i 取关联参考方向时，电阻元件吸收的功率（即消耗的功率）为

$$p = ui = Ri^2 = \dfrac{u^2}{R} = Gu^2 = \dfrac{i^2}{G} \tag{1-11}$$

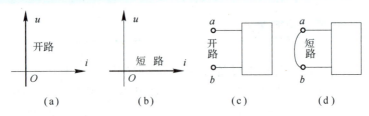

图 1-10 开路和短路

(a) 开路的伏安特性曲线；(b) 短路的伏安特性曲线；(c) 开路电路；(d) 短路电路

式中，R 和 G 是正实数。

功率 p 恒为正，线性电阻元件是一种无源元件。若采用非关联参考方向，则

$$p = -ui = -Ri^2 = -\frac{u^2}{R} = -Gu^2 = -\frac{i^2}{G} \tag{1-12}$$

【**例 1-2**】 应用欧姆定律求图 1-11 的电路的电流 i。

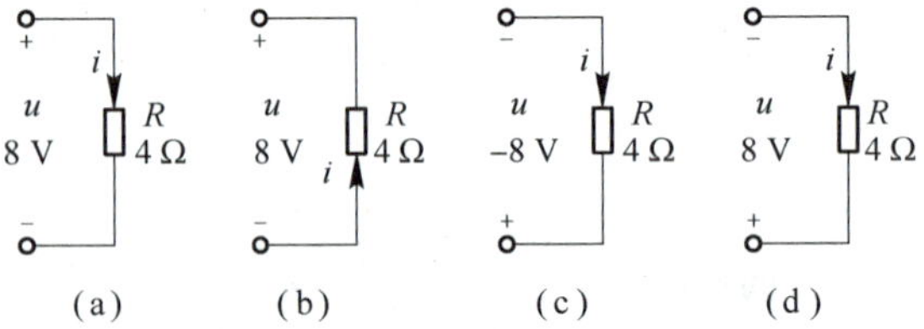

图 1-11 【例 1-2】图示

【**解**】 图 1-11(a)：$i = \frac{u}{R} = \frac{8}{4}$ A $= 2$ A

图 1-11(b)：$i = -\frac{u}{R} = -\frac{8}{4}$ A $= -2$ A

图 1-11(c)：$i = -\frac{u}{R} = -\frac{-8}{4}$ A $= 2$ A

图 1-11(d)：$i = -\frac{u}{R} = -\frac{8}{4}$ A $= -2$ A

1.3.2 电容元件

在实际电路中，电容应用十分广泛，其品种、规格繁多。电容由间隔以不同介质（如云母、绝缘纸、电解质等）的两块金属极板组成。电容是一种能储存电荷或者储存电场能量的部件。如果忽略极板间的介质损耗和漏电流，则可将其抽象成一个理想电容元件。

1. 电容元件的库伏特性和伏安关系

线性电容元件图形符号如图 1-12（a）所示，图中电压的正、负极所在极板上储存的电荷为 $+q$、$-q$，则

$$C = \frac{q}{u} \tag{1-13}$$

式中，C 为电容元件的参数，称为电容；C 是一个正实常数。

电容的大小标志元件储存电荷能力的强弱。在同样的电容电压下，C 越大，则储存的电荷越多。当电荷和电压的单位分别为 C 和 V 时，电容的单位为 F（法拉）。常用的辅助单位为微法（μF）或皮法（pF），其换算关系为

$$1\ \mu F = 10^{-6}\ F,\ 1\ pF = 10^{-12}\ F$$

电容元件的库伏特性曲线如图 1-12（b）所示。线性电容的库伏特性是一条通过原点的直线。

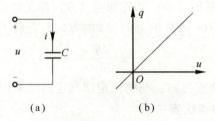

图 1-12 线性电容元件的图形符号及库伏特性曲线
（a）图形符号；（b）库伏特性曲线

电容元件两端电压、电流在其采用参考方向关联的前提下，符合如下关系，即

$$i = \frac{dq}{dt} = \frac{dq}{du} \cdot \frac{du}{dt} = C\frac{du}{dt} \tag{1-14}$$

这是电容元件的端电压与电流的伏安关系式，此式表明：流过电容元件的电流与电压的变化率成正比。当电容上的电压发生剧变，即 $\frac{du}{dt}$ 很大时，电流很大。当电压不随时间变化时，电流为 0。因此，在直流情况下电容两端电压不变，相当于开路，起到了隔断直流的作用。实际电路提供的电流只能是有限值，不可能是无穷大。因而 $\frac{du}{dt}$ 也只能是一有限值。这表示电容两端的电压不能突变。

如果电容元件两端电流、电压参考方向非关联，则

$$i = -C\frac{du}{di} \tag{1-15}$$

2. 电容元件吸收的能量

电容元件吸收的能量以电场能量的形式存储在元件中。可以证明：电容元件在任何 t 时刻储存的电场能量 $W_C(t)$ 由下式决定，即

$$W_C(t) = \frac{1}{2}Cu^2(t) \tag{1-16}$$

从时间 t_1 到 t_2，电容元件吸收的能量为

$$W_C(t) = \frac{1}{2}Cu^2(t_2) - \frac{1}{2}Cu^2(t_1) = W_C(t_2) - W_C(t_1)$$

当电容元件充电时，$|u(t_2)| > |u(t_1)|$，$|W_C(t_2)| > |W_C(t_1)|$，元件吸收能量；当电容元件放电时，$|u_C(t_2)| < |u_C(t_1)|$，$|W_C(t_2)| < |W_C(t_1)|$，元件释放能量。可见电容元件是一种储能元件，既不消耗能量也不产生能量，其在充电时吸收的电场能将在放电过程中全部释放。如果电容元件的库伏特性在 u-q 平面上不是通过原点的直线，则称该元件为非线性电容元件。

1.3.3 电感元件

实际电工设备中如变压器、电抗器和日光灯中的镇流器,是由漆包线绕制成的线圈形式,可以看成是实际的电感器件。当一个线圈通以电流后产生的磁场随时间变化时,在线圈中就产生感应电压。图1-13是由导线绕制而成的一个线圈,其中电流产生的磁通 Φ 与 N 匝线圈交链,则 $\Psi = N\Phi$。由于磁通(Φ)和磁通链(Ψ)都是由线圈本身的电流 i 产生的,故称为自感磁通和自感磁通链。Φ 和 Ψ 的方向与 i 的方向符合右手定则。根据电磁感应定律有

$$u = \frac{d\Psi}{dt} \tag{1-17}$$

由该式确定感应电压的真实方向,与楞次定律判定的结果相同。

1. 电感元件的韦安特性和伏安关系

电感元件是实际线圈的一种理想化模型,它反映了电流产生磁通和磁场能量存储这一物理现象。线性电感元件的图形符号如图1-14(a)所示。在图中一般不画出 Φ 的参考方向,但规定 Φ 与电流的参考方向满足右手定则。线性电感元件的自感磁通链 Ψ 与元件中的电流成正比,即

$$\Psi = Li \tag{1-18}$$

式中,L 为该元件的自感(系数)或电感,其为一个正实常数。

在国际单位制中,磁通和磁通链的单位是 Wb(韦伯,简称韦);当电流的单位为 A 时,自感或电感的单位是 H(亨利,简称亨)。辅助单位有毫亨(mH)和微亨(μH),其换算关系为

$$1 \text{ mH} = 10^{-3} \text{ H}, \quad 1 \text{ μH} = 10^{-6} \text{ H}$$

线性电感元件的韦安特性曲线是 Ψ-i 平面上的一条通过原点的直线,如图1-14(b)所示。

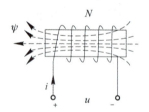

图1-13 电感器件

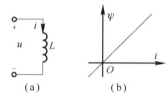

图1-14 线性电感元件的图形符号及韦安特性曲线
(a)图形符号;(b)韦安

将 $\Psi = Li$ 代入式(1-17)中,可以得到电感元件的电压和电流关系,即其伏安关系为

$$u = L\frac{di}{dt} \tag{1-19}$$

式中,u 和 i 为关联参考方向。

若电感元件两端电压、电流参考方向非关联,则其伏安关系为

$$u = -L\frac{di}{dt} \tag{1-20}$$

以上各式说明,线圈两端的电压与电流与时间的变化率成正比。如果其两端电流不变,则 $u=0$,由此可知,对于直流电路来说,电感相当于短路。由于实际电路提供的电压只能是有限值,不可能是无穷大。因而 $\frac{di}{dt}$ 也只能是一有限值,这表示通过电感的电流不能突变。

2. 电感元件吸收的能量

电感元件吸收的能量以磁场能量的形式存储在元件的磁场中。可以证明：电感元件在任意时刻 t 储存的磁场能量 $W_L(t)$ 由下式决定，即

$$W_L(t) = \frac{1}{2}Li^2(t) \tag{1-21}$$

从时间 t_1 到 t_2，线性电感元件吸收的磁场能量为

$$W_L = \frac{1}{2}Li^2(t_2) - \frac{1}{2}Li^2(t_1) = W_L(t_2) - W_L(t_1)$$

当电流 $|i|$ 增加时，$W_L>0$，元件吸收能量；当电流 $|i|$ 减小时，$W_L<0$，元件释放能量。可见电感元件也是一种储能元件，既不消耗能量，也不产生能量。

R、L、C 是不同元件之间相互区别的标志，常称它们为元件的参数。R、L、C 的特征要点如表 1-4 所示。

表 1-4 R、L、C 的特征要点

说明		元件		
		电阻 R	电感 L	电容 C
图形符号 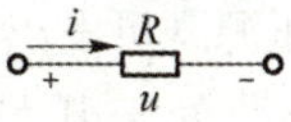 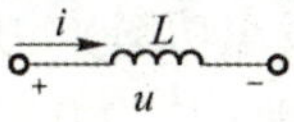 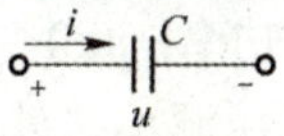				
伏安关系	u,i 关联方向	$u=iR, i=Gu$	$u=L\dfrac{di}{dt}$	$i=C\dfrac{du}{dt}$
			$\Psi=Li$	$q=Cu$
	u,i 非关联方向	$u=-iR, i=-Gu$	$u=-L\dfrac{di}{dt}$	$i=-C\dfrac{du}{dt}$
分类		耗能元件	储能元件	储能元件
储存能量		0	磁场能量 $W=\dfrac{1}{2}Li^2$	电场能量 $W=\dfrac{1}{2}Cu^2$

1.3.4 电压源、电流源、受控电源

电源是把其他形式的能量转换为电能的装置。交、直流发电机，化学电池（干电池、蓄电池），温差电堆，太阳能电池，核电站等都是常用的电源，它们把机械能、化学能、热能、太阳能、核能等转化为电能。产生交变电压的是交流电源，产生恒定电压的是直流电源。电压源和电流源是从实际电源抽象得到的电路模型，它们是二端有源元件。

1. 电压源

（1）定义：如果一个二端元件不论外部电路如何变化，其两端电压 $u(t)$ 总能保持定值 U_s 或一定的时间函数 $u_s(t)$，这样的电源定义为理想电压源，简称电压源。

电压保持常量的电压源，称为恒定电压源或直流电压源；电压随时间变化的电压源，称为时变电压源；电压随时间周期性变化且平均值为 0 的时变电压源，称为交流电压源。

电压源的图形符号如图 1-15（a）所示，图中"+""-"表示电压源电压的参考极性。有时也用长短划线表示电源的正、负极性。

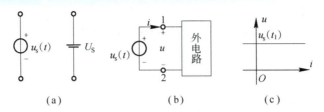

图 1-15 电压源的图形符号、外电路和伏安特性曲线
(a) 图形符号；(b) 外电路；(c) 伏安特性曲线

(2) 性质：若电压源外接电路如图 1-15(b) 所示，则端子 1、2 之间的电压 $u(t)$ 等于 $u_s(t)$，不受外电路影响。图 1-15(c) 为电压源的伏安特性曲线，其是一条不通过原点且与电流轴平行的直线。当 $u_s(t)$ 随时间改变时，这条平行于电流轴的直线的位置也将随之改变。直流电压源的伏安特性不随时间改变。这说明电压源具有以下两个性质：

① 电压源端电压是定值，与流过的电流无关；
② 电压源的电压是由自身决定的，流过它的电流则是任意的。

(3) 功率：电压源的电压与电流采用关联参考方向时，其吸收功率为 $p=ui$。$p>0$，电压源实际吸收功率；$p<0$，电压源实际发出功率。也就是说，电压源既可发出功率，也可吸收功率。

电压源不接外电路时，电流 i 总为 0，称为"电压源处于开路"。如果令一个电压源的电压 $u_s=0$，则此电压源的伏安特性为 $i-u$ 平面上的电流轴，相当于短路。电压源短路无任何意义，因为短路时其端电压 $u=0$，这与电压源的特性不相容。

2. 电流源

(1) 定义：如果一个二端元件不论外部电路如何，其输出电流总能保持定值 I_s 或一定的时间函数 $i_s(t)$，则这样的电源称为理想电流源，简称电流源。电流源的端电压由外电路决定。电流源的图形符号如图 1-16(a) 所示。

电流保持常量的电流源，称为恒定电流源或直流电流源；电流随时间变化的电流源，称为时变电流源；电流随时间周期变化且平均值为 0 的时变电流源，称为交流电流源。

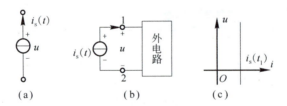

图 1-16 电流源图形符号、外电路和伏安特性曲线
(a) 图形符号；(b) 外电路；(c) 伏安特性曲线

(2) 性质：图 1-16(b) 为电流源接外电路的情况。图 1-16(c) 为电流源在 t_1 时刻的伏安特性曲线，它是一条不通过原点且与电压轴平行的直线。当 $i_s(t)$ 随时间改变时，这条平行于电压轴的直线的位置将随之而改变。直流电流源的伏安特性不随时间改变。这说明电流源具有以下两个性质：

① 电流源输出的电流是定值或一定的时间函数，与其端电压无关。
② 电流源电流是由自身确定的，它两端的电压则是任意的。

(3) 功率：电流源的电压与电流采用关联参考方向时，其吸收功率为 $p=ui$。$p>0$，电流源实际吸收功率；$p<0$，电流源实际发出功率。也就是说，电流源既可以发出功率，也可以吸收功率。

电流源两端短路时，其端电压 $u=0$，$i=i_s$，电流源的电流即为短路电流。如果令一个电流源的 $i_s=0$，则此电流源的伏安特性为 i-u 平面上的电压轴，相当于开路。电流源的开路没有任何意义，因为开路时的电流 $i=0$，这与电流源的特性不相容。

常见实际电源（如发电机、蓄电池等）的工作机理比较接近电压源，其电路模型是电压源与电阻的串联组合。像光电池这类器件，工作时的特性比较接近电流源，其电路模型是电流源与电阻的并联。电压源和电流源又称为"独立"电源。

【例 1-3】 计算图 1-17 中各电源的功率。

【解】 因为电压源电压和电流的参考方向关联，所以其功率为

$$P_U = 40 \times 5 \text{ W} = 200 \text{ W}$$

由于 $P_U>0$，则电压源吸收功率，作为负载使用。

因为电流源电压和电流的参考方向非关联，所以其功率为

$$P_I = -40 \times 5 \text{ W} = -200 \text{ W}$$

由于 $P_I<0$，恒流源发出功率，故作为电源使用。

3. 受控电源

受控电源又称"非独立"电源，简称受控源。受控源电路模型如图 1-18 所示。受控电压源的电压或受控电流源的电流受电路中某部分电压或电流控制。晶体管的集电极电流受基极电流的控制，运算放大器的输出电压受输入电压的控制，这类器件的电路模型中要用到受控源。

图 1-17　【例 1-3】图示　　　　图 1-18　受控源电路模型

受控电源按控制量和被控制量的关系可分为 4 种类型：电压控制电压源（Voltage Controlled Voltage Source，VCVS）、电压控制电流源（Voltage Controlled Current Source，VCCS）、电流控制电压源（Current Controlled Voltage Source，CCVS）、电流控制电流源（Current Controlled Current Source，CCCS），分别如图 1-19(a)、图 1-19(b)、图 1-19(c)、图 1-19(d) 所示。如果控制作用是线性的，则可用控制量与被控制量之间的正比关系来表达，称为线性受控电源。图 1-19 是用菱形符号表示的线性受控电源，其中 μ（无量纲）为电压放大倍数；r（无量纲）为电阻放大倍数；g（无量纲）为电导放大倍数；β（无量纲）为电流放大倍数。

受控电源用来反映电路中某处的电压或电流能控制另一处的电压或电流的现象，或表示一处的电路变量与另一处电路变量之间的耦合关系。求解具有受控电源的电路时，可以把受控电压（电流）源作为电压（电流）源处理，但必须注意的是前者的电压（电流）是取决于控制量的。

注意：判断电路中受控电源的类型时，应看它的图形符号形式，而不应以它的控制量作为判断依据。图 1-19（c）所示的电路中，由图形符号形式可知，电路中的受控电源为电流控制电压源，大小为 ri_1。

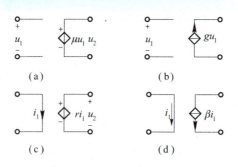

图 1-19 受控源

(a) VCVS; (b) VCCS; (c) CCVS; (d) CCCS

【例 1-4】 计算图 1-20 中的 u_2 和 i_2。

【解】 因为 $i_s = 0.1u_1 = 0.1 \times 10$ A = 1 A，所以，根据欧姆定律可得 $u_2 = i_s \times 1 = 1$ V

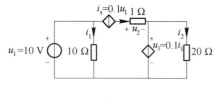

图 1-20 【例 1-4】图示

从左侧电路可知，控制电流为

$$i_1 = \frac{u_1}{10} = \frac{10}{10} \text{ A} = 1 \text{ A}$$

故有： $u_3 = 0.1 i_1 = 0.1 \times 1$ V = 0.1 V

$$i_2 = \frac{u_3}{20} = 0.005 \text{ A}$$

1.4 基尔霍夫定律

同欧姆定律一样，基尔霍夫定律也是客观存在的规律。该定律是由德国物理学家 G. R. 基尔霍夫于 1845 年提出的，经实践证明其是正确的。它包括基尔霍夫电流定律和基尔霍夫电压定律。基尔霍夫电流定律描述电路中各电流的约束关系，应用于节点；基尔霍夫电压定律描述电路中各电压的约束关系，应用于回路。

1.4.1 电路的几个概念

为后面叙述问题的方便，在讲述基尔霍夫定律之前，先介绍一些与此定律有关的术语。

1. 支路

一个或多个电路元件串联构成电路中的一个分支且此分支上流经的是同一电流，这样的分支称为支路。图 1-21 所示的电路中，共有 3 条支路，流经的电流分别为 i_1、i_2、i_3。

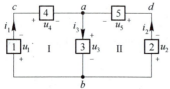

图 1-21 电路概念说明示意

2. 节点

电路中 3 条或 3 条以上的支路相连接的点，称为节点。图 1-21 所示的电路中，共有 2 个节点，分别是 a 点、b 点。

3. 回路

电路中由支路组成的闭合路径称为回路。图1-21电路中的 $adbc$、abc、adb 都是回路。

4. 网孔

在平面电路中，内部不含有支路的回路，称为网孔。图1-21电路中的 abc、adb（或 Ⅰ、Ⅱ）回路为网孔。

在物理学中有两个基本定律——电荷守恒定律和能量守恒定律。对于一个孤立系统，不论发生什么变化，其中所有电荷的代数和永远保持不变，这就是电荷守恒定律；在孤立系统中，能量从一种形式转换成另一种形式，从一个物体传递到另一个物体，在转换和传递的过程中各种形式、各个物体的能量的总和保持不变，这就是能量守恒定律。基尔霍夫电流定律是电荷守恒定律在电路中的体现，基尔霍夫电压定律是能量守恒定律在电路中的体现。

1.4.2 基尔霍夫电流定律

1. 定律的描述

基尔霍夫电流定律（Kirchhoff's Current Law，KCL）可描述为对于任何集总参数电路的任一节点，在任一时刻，流出该节点全部支路电流的代数和等于0。如果规定参考方向流向节点的电流为正方向，则流出节点的电流取负号，其数学表达式为

$$\sum i = 0 \tag{1-22}$$

KCL方程是以支路电流为变量的常系数线性齐次代数方程，它对连接到该节点的各支路电流施加了线性约束。所以，KCL又可描述为在任一时刻，流入某一节点的电流之和等于流出该节点的电流之和。数学表达式为

$$\sum i_入 = \sum i_出 \tag{1-23}$$

如图1-22所示，电路中节点的KCL方程为

$$i_2+i_3+i_5-i_1-i_4=0 \text{ 或 } i_2+i_3+i_5=i_1+i_4$$

如图1-23所示电路中的 a、b 两个节点的KCL方程分别为

$$\begin{cases} i_1+i_2-i_3=0 \\ i_3-i_1-i_2=0 \end{cases} \text{ 或 } \begin{cases} i_1+i_2=i_3 \\ i_3=i_1+i_2 \end{cases}$$

基尔霍夫个人简介

2. 广义节点的KCL

KCL不仅适用于节点，也适用于任何假想的封闭面，可以描述为流出任一封闭面的全部支路电流的代数和等于0；也可以描述为流入封闭面的电流之和等于流出该封闭面的电流之和。

如图1-23所示的闭合面包围的电路，有3个节点 a、b、c，应用基尔霍夫电流定律可列出

$$\begin{cases} i_a+i_{ca}-i_{ab}=0 \\ i_b+i_{ab}-i_{bc}=0 \\ i_c+i_{bc}-i_{ca}=0 \end{cases}$$

上列3式相加，便得

$$i_a+i_b+i_c=0$$

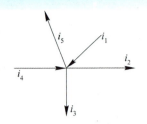
图1-22　KCL的电路示意

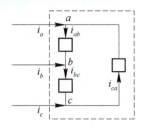
图1-23　广义节点的KCL的电路示意

可见，在任意瞬时，通过任一闭合面的电流的代数和也恒等于0。此结论说明由全部支路电流流入节点或封闭面的总电荷量为0，符合电荷守恒定律。

1.4.3　基尔霍夫电压定律

1. 定律的描述

基尔霍夫电压定律（Kirchhoff's Voltage Law，KVL）可描述为对于任何集总参数电路，在任一时刻，沿任一回路所有支路电压的代数和恒等于0，其数学表达式为

$$\sum u = 0 \tag{1-24}$$

上式取和时，需要任意指定一个回路的绕行方向，凡支路电压的参考方向与回路的绕行方向一致的，该电压前面取正号；支路电压参考方向与回路绕行方向相反的，前面取负号。

如图1-24所示电路，各元件电压、电流的参考方向已标出，对回路 *acd* 列写 KVL 方程时，可用带箭头的圆弧任意指定该回路的绕行方向。

根据KVL，对指定的回路，有

$$u_3 + u_4 - u_1 = 0$$

由上式可得

$$u_3 + u_4 = u_1$$

这表明KVL也可被叙述为从回路中任意一点出发，以顺时针方向或逆时针方向沿回路循行一周，则此方向上的电位升之和等于电位降之和。数学表达式为

$$\sum u_升 = \sum u_降 \tag{1-25}$$

下面是图1-24所示电路的其他两个回路的KVL电压方程

对于回路 *abc*，有

$$u_5 + u_2 - u_3 = 0 \text{ 或 } u_5 + u_2 = u_3$$

对于回路 *abcd*，有

$$u_4 + u_5 + u_2 - u_1 = 0 \text{ 或 } u_4 + u_5 + u_2 = u_1$$

2. KVL 的推广

基尔霍夫电压定律不仅应用于闭合回路，也可应用于回路的部分电路或非闭合回路。对图1-24所示电路中闭合节点回路 *adbc* 中 KVL 方程又可写为

$$u_{db} + u_2 - u_1 = 0 \quad u_{db} = u_1 - u_2$$

或

$$u_{db} - u_4 - u_5 = 0 \quad u_{db} = u_4 + u_5$$

上式表明任何两点之间的电压与计算时所选的路径无关。

如图 1-25 所示，非闭合回路电压可列 KVL 方程为
$$u_{ac}+u_a-u_c=0 \text{ 或 } u_{ac}=u_c-u_a$$

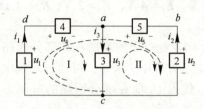

图 1-24 KVL 电路示意

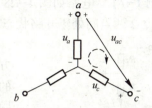

图 1-25 广义节点的 KVL 的电路示意

【例 1-5】 如图 1-26 所示电路中，电阻 $R_1=R_2=R_3=1\ \Omega$；$U_{S1}=4\ V$、$U_{S2}=2\ V$，求电阻 R_3 两端的电压 U_3。

【解】 各支路电流和电压的参考方向见图标。应用 KCL 和 KVL 以及欧姆定律。对回路 Ⅰ 和 Ⅱ（绕行方向见图示）列写 KVL 方程，对 a 点列写 KCL 方程求解 I_3，即

$$\begin{cases} U_1+U_3=U_{S1} \\ U_3=U_2+U_{S2} \\ I_3=I_1+I_2 \end{cases} \Rightarrow \begin{cases} I_1R_1+I_3R_3=U_{S1} \\ I_3R_3=-I_2R_2+U_{S2} \\ I_3=I_1+I_2 \end{cases} \Rightarrow I_3=\frac{U_{S1}R_2+U_{S2}R_1}{R_1R_2+R_2R_3+R_3R_1}$$

则

$$U_3=I_3R_3=\frac{U_{S1}R_2R_3+U_{S2}R_1R_3}{R_1R_2+R_2R_3+R_3R_1}=2\ V$$

【例 1-6】 图 1-27 电路中，已知 $R_1=1\ k\Omega$，$R_2=2\ k\Omega$，$R_3=1\ k\Omega$，$U_2=2\ V$，电流控制电流源的电流为 $2I_1$，求电压源电压值 U_S。

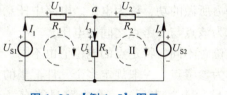

图 1-26 【例 1-5】图示

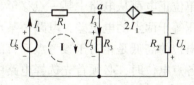

图 1-27 【例 1-6】图示

【解】 此电路存在着电流控制电流源，其具有电流源的性质，其电流值即为该支路的电流值，因此可先求出 I_1，再通过列写回路 Ⅰ 的 KVL 方程求出 U_S。

电流控制电流源的电流值即为该支路的电流值，求出 I_1 为

$$2I_1=\frac{U_2}{R_2}, \text{ 则 } I_1=\frac{U_2}{2R_2}=\frac{2}{2\times 2\times 10^3}\ A$$

列写 a 点的 KCL 方程，求出 I_3，即

$$I_1+2I_1=I_3$$

$$I_3=3I_1=\frac{6}{2\times 2\times 10^3}\ A$$

列写回路 Ⅰ 的 KVL 方程，求出 U_S，即

$$I_1R_1 + I_3R_3 = U_S$$

$$U_S = \frac{2+6}{2 \times 2} \text{ V} = 2 \text{ V}$$

【例 1-7】 电路如图 1-28 所示，已知 $U_1 = 10$ V，$E_1 = 4$ V，$E_2 = 2$ V，$R_1 = 4$ Ω，$R_2 = 2$ Ω，1、2 两点间处于开路状态，试计算开路电压 U_2。

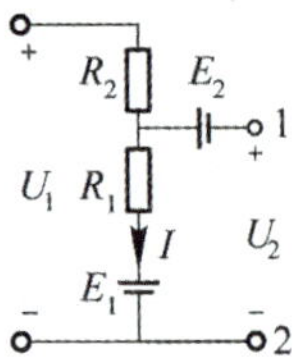

【解】 要想求 U_2 则要通过求解其所在的部分回路的电压方程，而部分回路的电压方程中 I 未知，可通过求解电路左边的电压方程得出 I 值，代入 U_2 所在部分回路的电压方程，此题便可解。

图 1-28 【例 1-7】图示

(1) 根据 KVL 列写电路左边的电压方程，求电流 I，即

$$I = \frac{U_1 - E_1}{R_1 + R_2} = \frac{10-4}{4+2} \text{A} = 1 \text{ A}$$

(2) 根据 KVL 列写电路右边部分电路的电压方程，求 U_2，即

$$U_2 = -E_2 + R_1I + E_1 = (-2 + 4 \times 1 + 4) \text{ V} = 6 \text{ V}$$

1.5 电位与电位的计算

分析电路时，除了经常计算电路中的电压外，也会涉及电位的计算。在电子电路中，通常用电位的高低判断元件的工作状态。例如，当二极管的阳极电位高于阴极电位时，二极管才能导通；判断电路中一个晶体管是否具有电流放大作用，需要比较它的基极电位和发射极电位的高低。

单位正电荷从电路中某一点移至参考点电场力所做的功，称为电位。电路中任意两点间的电压等于两点的电位差，电路中某点电位值即为该点与参考点之间的电压。

电位的高低是相对于参考点而言的，参考点位置不同，特定点的电位值也不同。计算电路中各点电位时，必须首先选择电路中的某点作为参考点。一般规定多个元件汇集的公共点为参考点（0 电位点）。参考点在电路图中用符号"⊥"表示，一个电路只能有一个参考点。在工程中常选大地作为参考点，即认为大地电位为 0。在电子电路中，电路并不一定接地，常选一条特定的公共线（在电路图中可视为一点）作为参考点，这条公共线是很多元件汇集之处，且常与底座相连，称作"地线"。

计算电路中各点电位的方法和步骤如下。

(1) 确定电路中的参考点（0 电位）。参考点的选择是任意的，但是一个电路只能有一个参考点。

(2) 计算某点的电位，即为计算该点与参考点之间的电压。只要选择从此点绕行到参考点的一条捷径（元件数最少），根据 KVL，此点电位即为该捷径上各部分电压的代数和。

(3) 列方程，确定该点的电位值。

从例 1-5 可知，图 1-29（a）所示电路中 $U_3 = 2$ V，这也是 a、b 两点的电压，即 a 点电位 U_a 比 b 点电位 U_b 高 2 V，但在没有参考点的情况下不知 U_a 和 U_b 为何值。如图 1-29（a）所示，将 b

点设为参考点，即 $U_b=0$ V，因为 $U_{ab}=U_a-U_b=2$ V，则 $U_a=2$ V；$U_{cb}=4$ V，则 $U_c=4$ V；$U_{db}=2$ V，则 $U_d=2$ V。图 1-29（a）也可简化为图 1-29（c）和图 1-29（d）所示的形式。

如图 1-29（b）所示，如果将 a 点作为参考点，则 $U_a=0$ V，$U_b=-2$ V。通过列写回路 Ⅰ 与回路 Ⅱ 的 KVL 方程可得：$U_{ca}+U_3-4$ V$=0$，$U_{ad}+2$ V$-U_3=0$，则 $U_{ca}=2$ V，$U_{da}=0$ V。最后可得：$U_c=2$ V，$U_d=0$ V。

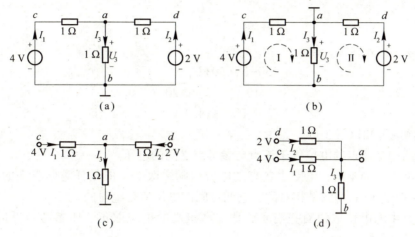

图 1-29 电位与电位的计算

【例 1-8】 电路如图 1-30 所示，试求 a 点的电位 U_a。

【解】 求 U_a 即为求 U_{ab}，求 U_{ab} 需要根据 KVL 列写部分回路的电压方程，而通过 2 Ω 电阻的电流未知，所以先通过列写图中闭合回路的电压方程求出电流 I，则此题可解。

根据 KVL 列写图中闭合回路的电压方程，求出电流 I，即

$$I+2I=3 \text{ V}$$

则

$$I=\frac{3}{1+2} \text{ A}=1 \text{ A}$$

根据 KVL 列写部分回路的电压方程，有

$$U_{ab}+3 \text{ V}-2 \text{ V}-6 \text{ V}=0$$

则

$$U_{ab}=5 \text{ V}$$
$$U_a=5 \text{ V}$$

【例 1-9】 在图 1-31 所示电路中，求 A 点电位 U_A。

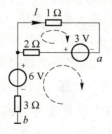

图 1-30 【例 1-8】图示　　　图 1-31 【例 1-9】图示

【解】
$$I_1 - I_2 - I_3 = 0 \quad ①$$
$$I_1 = \frac{50 - U_A}{10} \quad ②$$
$$I_2 = \frac{U_A - (-50)}{5} \quad ③$$
$$I_3 = \frac{U_A}{20} \quad ④$$

将式②③④代入式①，得
$$\frac{50 - U_A}{10} - \frac{50 + U_A}{5} - \frac{U_A}{20} = 0$$

解得
$$U_A = -14.3 \text{ V}$$

由上述例题可知以下 3 点。

（1）电路中某一点的电位等于该点与参考点之间的电压。

（2）参考点选择不同，电路中各点的电位值随之改变，但是任意两点间的电压值是不变的。所以各点电位的高低是相对的，它两点间的电压值是绝对的。

（3）电路中的电位取值有正有负，比参考点高的电位取正，比参考点低的电位取负，分别称为正、负电位。

本章小结

本章主要介绍了电路模型、电路变量、常用电路元件的模型以及基尔霍夫定律。理想电路元件是指实际元件的理想化模型。由理想元件构成的电路称为电路模型。

电路中的主要物理量是指电流、电压和电功率。在计算电流、电压时，首先要设定它们的参考方向，如果计算结果为正值则表示参考方向与实际正方向相同；若为负值的表示相反。元件的电功率用公式 $p = \pm ui$ 表示（直流或交流电路中有效值计算时用 $P = \pm UI$ 表示），$p > 0$ 时元件吸收功率，$p < 0$ 时元件发出功率。

电路元件包括电阻、电容、电感及电源。其中电源分独立电源和受控电源，独立电源又分为理想电压源（简称电压源）和理想电流源（简称电流源）。对于电压源，它的端电压是一固定值，通过它的电流由外电流决定。电流源向外电路提供的电流恒定，其端电压由外电路决定。受控电源按控制量和被控制量的关系可分为 4 种类型：电压控制电压源（VCVS）、电流控制电压源（CCVS）、电压控制电流源（VCCS）、电流控制电流源（CCCS）。

本章还介绍了基尔霍夫定律（KCL、KVL），它是分析电路的最基本定律，贯穿整个电路。KCL 是对电路中任一节点而言，运用 KCL 时，应事先选定各支路电流参考方向。规定流入节点的电流为正，则流出节点的电流为负，对任意节点，有 $\sum i = 0$。KVL 是对电路中任一闭合回路来讲的，运用 KVL 时，应事先选定各元件上电压参考方向及回路绕行方向。规定当电压方向与绕行方向一致时取正号，否则取负号，则对任一闭合回路，有 $\sum u = 0$。

本章随后介绍了电压与电位的关系。电路中某点的电位是指该点到电路中参考点之间的电压，所以，电位是相对概念。参考点的选择不同，电路中各点的电位值也随之而变。

实验 1.1　直流电路电位（电压）测量仿真实验

实验 1.2　基尔霍夫定律验证仿真实验

习题 1

1-1　习题图 1-1 中的 5 个元件代表电源或负载。电流和电压的参考方向如图中所示。通过实验测量得知：$I_1 = -4$ A，$I_2 = 6$ A，$I_3 = 10$ A，$U_1 = 140$ V，$U_2 = -90$ V，$U_3 = 60$ V，$U_4 = -80$ V，$U_5 = 30$ V。

（1）试标出各电流的实际方向和各电压的实际极性（可另画一图）。
（2）判断哪些元件是电源，哪些是负载。
（3）计算各元件的功率，判断电源发出的功率和负载取用的功率是否平衡。

1-2　电路如习题图 1-2 所示。已知 $I_1 = 3$ mA，$I_2 = 1$ mA。试确定 I_3 和 U_3，并说明电路元件 3 是电源还是负载，校验整个电路的功率是否平衡。

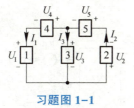

习题图 1-1

习题图 1-2

1-3　求习题图 1-3 所示电路中的电流 i。

1-4　电路如习题图 1-4 所示，请判断：它共存在多少条回路？有多少条决定电路结构的回路？

1-5　求习题图 1-5 所示电路中的电流 I_1、I_2。

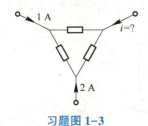

习题图 1-3

习题图 1-4

习题图 1-5

1-6　计算习题图 1-6 所示各电路的电功率。

1-7　计算习题图 1-7 所示电路中电源提供的电功率。

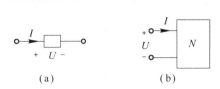
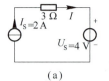
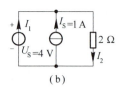

(a)　　　　　(b)　　　　　　　　(a)　　　　　　(b)

习题图 1-6　　　　　　　　　　习题图 1-7

1-8　求习题图 1-8 所示电路中的 I 和 I_2。

1-9　求习题图 1-9 所示电路中的各电流 I_c 和电压 U_{bc}。

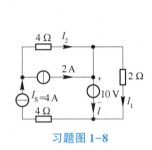
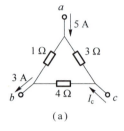
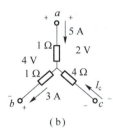

习题图 1-8　　　　　　　　　(a)　　　　　　(b)

　　　　　　　　　　　　　　习题图 1-9

1-10　电路如习题图 1-10 所示。已知 $R_1 = 12\ \Omega$, $R_2 = 8\ \Omega$, $R_3 = 6\ \Omega$, $R_4 = 4\ \Omega$, $R_5 = 3\ \Omega$, $R_6 = 1\ \Omega$ 和 $i_6 = 1$ A。试求 a、b、c、d 各点的电位和各电阻的吸收功率。

1-11　电路如习题图 1-11 所示。已知 $u_{ab} = 6$ V, $u_{s1} = 4$ V, $u_{s2} = 10$ V, $R_1 = 2\ \Omega$, $R_2 = 8\ \Omega$。求电流 i 和各电压源发出的功率。

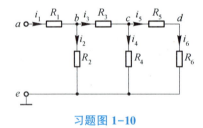
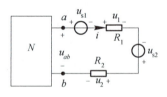

习题图 1-10　　　　　　　　　习题图 1-11

1-12　电路如习题图 1-12 所示。已知 $u_{s1} = 24$ V, $u_{s2} = 4$ V, $R_1 = 1\ \Omega$, $R_2 = 2\ \Omega$, $R_3 = 4\ \Omega$。求电流 i 和电压 u_{ab}。

1-13　电路如习题图 1-13 所示。已知 $u_{s1} = 10$ V, $i_{s1} = 1$ A, $i_{s2} = 3$ A, $R_1 = 2\ \Omega$, $R_2 = 1\ \Omega$。求电压源和各电流源发出的功率。

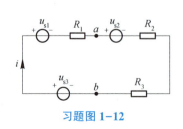
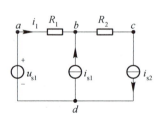

习题图 1-12　　　　　　　　　习题图 1-13

第 2 章 电路的分析方法和定理

教学目的与要求：理解等效变换的概念；掌握应用等效变换来分析电路的方法；掌握实际电源的两种模型及其等效变换；掌握支路电流法、节点电位法及其应用；掌握叠加定理、戴维南定理、诺顿定理、最大功率定理及其应用。

重点：实际电源的两种模型及其等效变换；支路电流法、节点电位法及其应用；戴维南定理及其应用。

难点：实际电源的两种模型及其等效变换；戴维南定理及其应用。

知识点思维导图如图 2-1 所示。

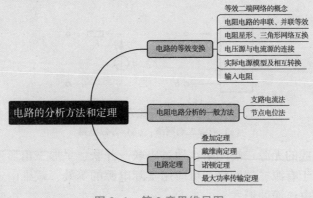

图 2-1　第 2 章思维导图

2.1 电路的等效变换

2.1.1 等效二端网络的概念

在电路分析中,我们可以把一组电路元件作为一个整体分析,当只有两个端钮可与外部电路相连接,且进、出这两个端钮的电流是同一个电流时,则这个由电路元件构成的整体称为二端网络,也可称为二端电路。

如图 2-2 所示电路,a、b 两个端子右边由电阻 R_2、R_3 组成的部分电路可作为一个二端网络,用方框 N_1 来表示,如图 2-3 所示;a、b 两个端子左边由电阻 R_1 和电压源 U_s 组成的部分电路也可作为一个二端网络,用方框 N_2 来表示,如图 2-3 所示。N_1 中无任何形式的电源,称为无源二端网络;N_2 中存在电源,称为有源二端网络。显然单个二端元件是二端网络最简单的形式。

两个二端网络内部结构可能完全不同,但若伏安关系相同,即端电压与端电流相同,则说明两个二端网络等效并可以互相代替。例如,图 2-3(a)中的 N_1 和图 2-3(b)、图 2-4(a)中的 N_2 以及图 2-4(b)所示的二端网络,均为等效二端网络。

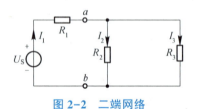

图 2-2 二端网络

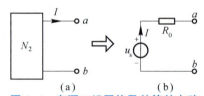

图 2-3 无源二端网络及其等效电路

(a) 无源二端网络;(b) 等效电路

汽车内部电路

图 2-4 有源二端网络及其等效电路

(a) 有源二端网络;(b) 等效电路

对于由纯电阻组成的无源二端网络,通过串联、并联、星形三角形连接的转换,总可用一个电阻来等效。对于有源二端网络,可应用实际电源的等效、戴维南定理或诺顿定理等效成实际电压源或实际电流源的形式。

2.1.2 电阻电路的串联、并联等效

在电路中,电阻的串联和并联是最简单和最常用的连接形式。应用欧姆定律(OL)、

KCL 及 KVL 等基本定律，可得出一些基本变换方法。

1. 串联化简

如果电路中有两个或多个电阻一个接一个地顺序相连，且这些电阻中通过同一电流，则称其为电阻的串联。应用 KVL 和元件伏安关系，可得 n 个串联电阻的等效电阻 R_e，公式为

$$R_e = \sum_{k=1}^{n} R_k \tag{2-1}$$

图 2-5 所示的 3 个电阻串联的电路，其等效电阻为 $R = R_1 + R_2 + R_3$。

3 个串联电阻上的电压分压分别为

$$\begin{cases} U_1 = \dfrac{R_1}{R_1 + R_2 + R_3} U \\ U_2 = \dfrac{R_2}{R_1 + R_2 + R_3} U \\ U_3 = \dfrac{R_3}{R_1 + R_2 + R_3} U \end{cases} \tag{2-2}$$

在实际电路中，可通过与负载串联电阻来降低负载两端的电压，通过串联变阻器来调节电路中的电流。

2. 并联化简

如果电路中有两个或多个电阻连接在两个公共节点之间，则称其为电阻的并联。并联的各元件共用同一电压，应用 KCL 和元件伏安关系，可以得出电阻元件的并联化简公式。n 个并联电阻的等效电阻 R_e 的公式为

$$\frac{1}{R_e} = \sum_{k=1}^{n} \frac{1}{R_k} \tag{2-3}$$

n 个并联电阻的等效电导 G_e 的公式为

$$G_e = \sum_{k=1}^{n} G_k \tag{2-4}$$

图 2-6 所示的 3 个电阻并联电路的等效电阻 R 或等效电导 G 为

$$\frac{1}{R} = \frac{1}{R_1} + \frac{1}{R_2} + \frac{1}{R_3} \text{ 或 } G = G_1 + G_2 + G_3$$

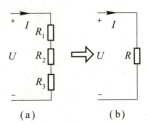

图 2-5　3 个电阻串联的电路
（a）串联电路；（b）等效电路

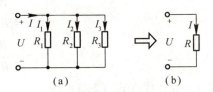

图 2-6　3 个电阻并联电路
（a）并联电路；（b）等效电路

2.1.3　电阻星形、三角形网络互换

图 2-7 所示的电阻混联电路，既不是电阻的串联，也不是电阻的并联，无法用串联、并联的

公式等效化简。通过与图 2-7 所示电路比较，可以发现图中存在星形（Y）连接和三角形（△）连接，如果将 Y 连接与△连接等效互换，则图 2-7 所示电路可变为串、并联电路。

图 2-8（a）为电阻的 Y 连接，图 2-8（b）为电阻的△连接，这两种连接属三端网络。若将 Y 连接与△连接进行等效互换，则要保证 3 个端子中两两之间的伏安关系不变。据此可推算出 Y、△电阻连接之间的等效互换所需要的条件。

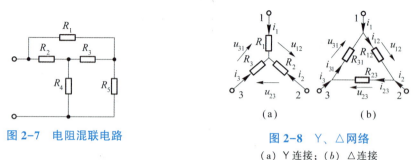

图 2-7 电阻混联电路

图 2-8 Y、△网络
（a）Y 连接；（b）△连接

在图 2-8（b）所示的△连接中，应用 OL、KCL 及 KVL 得

$$\begin{cases} i_1 = i_{12} - i_{31} = \dfrac{u_{12}}{R_{12}} - \dfrac{u_{31}}{R_{31}} \\ i_2 = i_{23} - i_{12} = \dfrac{u_{23}}{R_{23}} - \dfrac{u_{12}}{R_{12}} \\ i_3 = i_{31} - i_{23} = \dfrac{u_{31}}{R_{31}} - \dfrac{u_{23}}{R_{23}} \end{cases} \tag{2-5}$$

同理，在图 2-8（a）所示的 Y 连接中，应用 3 条基本定律得

$$\begin{cases} u_{12} = R_1 i_1 - R_2 i_2 \\ u_{23} = R_2 i_2 - R_3 i_3 \\ u_{31} = R_3 i_3 - R_1 i_1 \end{cases} \tag{2-6}$$

解此方程组可得

$$\begin{cases} i_1 = \dfrac{R_3 u_{12} - R_2 u_{31}}{R_1 R_2 + R_2 R_3 + R_3 R_1} \\ i_2 = \dfrac{R_1 u_{23} - R_3 u_{12}}{R_1 R_2 + R_2 R_3 + R_3 R_1} \\ i_3 = \dfrac{R_1 u_{31} - R_3 u_{23}}{R_1 R_2 + R_2 R_3 + R_3 R_1} \end{cases} \tag{2-7}$$

将式（2-7）代入式（2-5）得

$$\begin{cases} R_{12} = \dfrac{R_1 R_2 + R_2 R_3 + R_3 R_1}{R_3} \\ R_{23} = \dfrac{R_1 R_2 + R_2 R_3 + R_3 R_1}{R_1} \\ R_{31} = \dfrac{R_1 R_2 + R_2 R_3 + R_3 R_1}{R_2} \end{cases} \tag{2-8}$$

式（2-8）是电阻的 Y 连接转换为△连接的参数计算公式。求解方程组（2-8）可得电阻的△连接转换为 Y 连接的参数计算公式，即

$$\begin{cases} R_1 = \dfrac{R_{31}R_{12}}{R_{12}+R_{23}+R_{31}} \\ R_2 = \dfrac{R_{12}R_{23}}{R_{12}+R_{23}+R_{31}} \\ R_3 = \dfrac{R_{23}R_{31}}{R_{12}+R_{23}+R_{31}} \end{cases} \quad (2\text{-}9)$$

为了便于记忆，式（2-8）和式（2-9）可写成如下形式，即

$$\triangle \text{连接电阻} = \frac{\text{Y 连接中各电阻两两乘积之和}}{\text{对面的 Y 连接电阻}}$$

$$\text{Y 连接电阻} = \frac{\triangle \text{连接相邻两电阻之积}}{\triangle \text{连接各电阻之和}}$$

若 Y 连接和△连接中的 3 个电阻相等（即 $R_1=R_2=R_3=R_Y$，$R_{12}=R_{23}=R_{31}=R_\triangle$），则有

$$R_\triangle = 3R_Y \quad (2\text{-}10)$$

注意：△-Y 电路的等效变换属于多端电路的等效，在应用中，除了正确使用电阻变换公式计算各电阻值外，还必须正确连接各对应端子；等效是对外部（端钮以外）电路有效，对内不成立；等效变换用于简化电路，因此不要把本是串、并联的问题视为△-Y 结构进行等效变换，那样会使问题的计算更复杂。

【**例 2-1**】 如图 2-9（a）所示电路，求 ab 端口的等效电阻 R_e。

【**解**】方法一：将端子 a、d、b 及中心点为 c 的 Y 连接的 3 个电阻转换为△连接，如图 2-9（b）所示。在此电路中，可用并、串联进行化简，得等效电阻为

$$R_e = (2//6+2//6)//6\ \Omega = 2\ \Omega$$

方法二：将端子 c、d、b 的△连接的 3 个电阻转换为 Y 连接，如图 2-9（c）所示。在此电路中，可用串、并联进行化简，得等效电阻为

$$R_e = \left(\frac{4}{3}+\frac{2}{3}\right)\Omega = 2\ \Omega$$

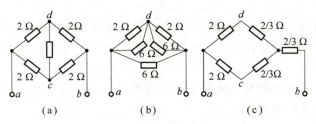

图 2-9 【例 2-1】图示

2.1.4 电压源与电流源（理想电流源与理想电压源）的连接

1. 电压源的串联

图 2-10(a)为 3 个电压源的串联，根据 KVL 得总电压公式为

$$u = u_{s1} + u_{s2} + u_{s3}$$

可以用图 2-10(b)所示的单个电压源 u_s 等效为图 2-10(a)所示的电压源串联电路。当 n 个电压源串联时，总电压公式为

$$u = \sum_{k=1}^{n} u_{sk} \qquad (2-11)$$

注意：当式中 u_{sk} 的参考方向与 u 的参考方向一致时，u_{sk} 在式中取正号；不一致时取负号。

2. 电压源的并联

图 2-11(a)为两个电压源的并联，根据 KVL 得总电压为

$$u = u_{s1} = u_{s2}$$

上式说明：只有电压相等且极性一致的电压源才能并联，此时并联电压源的对外特性与单个电压源一样。可以用图 2-11(b)所示的单个电压源等效为图 2-11(a)所示的电压源并联电路。

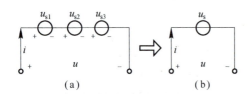

图 2-10 电压源的串联

(a) 电压源串联；(b) 等效电路

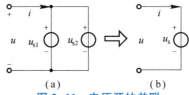

图 2-11 电压源的并联

(a) 电压源并联；(b) 等效电路

注意：不同值或不同极性的电压源是不允许并联的，否则违反 KVL；当电压源并联时，每个电压源中的电流是不确定的。

3. 电流源的串联

图 2-12(a)为 3 个电流源的串联，根据 KCL 得总电流为

$$i = i_{s1} = i_{s2} = i_{s3}$$

上式说明：只有电流相等且输出电流方向一致的电流源才能串联，此时串联电流源的对外特性与单个电流源一样，可以用图 2-12(b)所示的单个电流源等效为图 2-12(a)所示的电流源串联电路。

注意：不同值或不同流向的电流源是不允许串联的，否则违反 KCL；当电流源串联时，每个电流源上的电压是不确定的。

4. 电流源的并联

图 2-13(a)为两个电流源的并联，根据 KCL 得总电流为

$$i = i_{s1} + i_{s2}$$

若 n 个电流源并联，则根据 KCL 可得总电流为

$$i = i_{s1} + i_{s2} + \cdots + i_{sn} = \sum_{k=1}^{n} i_{sk} \quad (2-12)$$

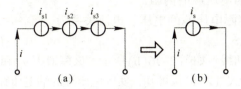

图 2-12 电流源的串联

(a) 电流源串联；(b) 等效电路

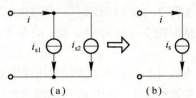

图 2-13 电流源的并联

(a) 电流源并联；(b) 等效电路

注意：当式中 i_{sk} 与 i 的参考方向一致时，i_{sk} 在式中取正号；不一致时取负号。可以用图 2-13（b）所示的单个电流源等效图 2-13（a）所示的电流源并联电路。通过电流源的并联可以得到一个大的输出电流。

5. 电压源和二端网络的并联

图 2-13(a)为电压源和任意二端网络并联。设外电路接电阻 R，根据 KVL 和欧姆定律得端口电压、电流为

$$u = u_s$$
$$i = \frac{u}{R}$$

上式说明，图 2-14（a）所示的电路端口电压、电流只由电压源和外电路决定，与并联的元件无关，对外特性与图 2-14（b）所示的电压为 u_s 的单个电压源一样。因此，电压源和任意二端网络并联可等效为电压源。

6. 电流源和二端网络的串联

图 2-15（a）为电流源和任意二端网络串联。设外电路接电阻 R，根据 KVL 和欧姆定律得端口电压、电流为

$$u = Ri_s$$
$$i = i_s$$

上式说明，图 2-15(a)所示的电路端口电压、电流只由电流源和外电路决定，与串联的元件无关，对外特性与图 2-15(b)所示的电流为 i_s 的单个电流源一样。因此，电流源和任意二端网络串联可等效为电流源。

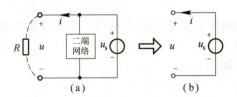

图 2-14 电压源和二端网络的并联

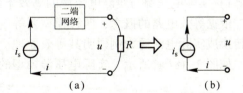

图 2-15 电流源和二端网络的串联

2.1.5 实际电源模型及相互转换

我们曾经讨论过的电压源、电流源是理想的，实际上是不存在的。

1. 实际电压源模型

考虑实际电压源有损耗，其电路模型用理想电压源和电阻的串联组合表示。实际电压源模型如图 2-16(a) 所示，u_s 为理想电压源，R_S 称为电压源的内阻。

依照图 2-16(a) 中 u 和 i 的参考方向，可得实际电压源的电压、电流关系为

$$u = u_s - R_S i \qquad (2\text{-}13)$$

由式 (2-13) 可得实际电压源模型的伏安特性曲线，如图 2-16(b) 所示。该模型用 u_s 和 R_S 两个参数来表征。其中 u_s 为电源的开路电压 u_{oc}。从式 (2-13) 可知，实际电压源的端电压在一定范围内随着输出电流的增大而逐渐下降。因此，一个好的电压源内阻 R_S 趋近于 0。

注意：实际电压源不允许短路。因其内阻小，若短路，则电流很大，可能烧毁电源。

2. 实际电流源模型

考虑实际电流源有损耗，其电路模型用理想电流源和电阻的并联组合表示。实际电流源模型如图 2-16(a) 所示，i_s 为理想电流源，R_S 称为电流源的内阻。

依照图 2-17(a) 中 u 和 i 的参考方向，可得实际电流源的电压、电流关系为

$$i = i_s - \frac{u}{R_S} \qquad (2\text{-}14)$$

式中，i_s 为电流源产生的定值电流，$\frac{u}{R_S}$ 为内阻 R_S 的分流。

由式 (2-14) 可得实际电流源模型的伏安特性曲线，如图 2-17(b) 所示。实际电流源的输出电流在一定范围内随着端电压的增大而逐渐下降。因此，一个好的电流源内阻 R_S 趋近于 ∞。

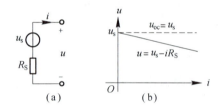

图 2-16 实际电压源

(a) 电路模型；(b) 伏安特性曲线

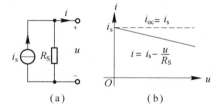

图 2-17 实际电流源

(a) 电路模型；(b) 伏安特性曲线

注意：实际电流源不允许开路。因其内阻很大，若开路，则端电压很大，可能烧毁电源。

3. 实际电压源与实际电流源的等效

1) 实际电压源与实际电流源的等效条件

依据等效电路的概念，两种模型要等效，它们的伏安关系要完全相同。下面以实际电压源转换成实际电流源为例说明其等效原理。

如图 2-18(a) 所示，实际电压源模型的伏安关系为

$$u = u_s - R_{S1} i$$

方程两边同除以实际电压源内阻 R_{S1}，整理得

$$i = \frac{u_s}{R_{S1}} - \frac{u}{R_{S1}} \qquad (2\text{-}15)$$

而如图 2-18(b) 所示的实际电流源，其伏安关系为

$$i = i_s - \frac{u}{R_{S2}} \qquad (2\text{-}16)$$

比较式（2-15）和式（2-16），若令

$$i_s = \frac{u_s}{R_{S1}} \tag{2-17}$$

$$R_{S1} = R_{S2} \tag{2-18}$$

则实际电压源和实际电流源的伏安关系将完全相同。

因此，式（2-17）和式（2-18）为实际电压源和实际电流源的等效条件。

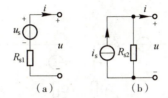

图 2-18　实际电压源与实际电流源的等效

（a）实际电压源；（b）实际电流源

2）实际电压源与实际电流源的等效过程

实际电压源等效为实际电流源，如图 2-19 所示；实际电流源等效为实际电压源，如图 2-20 所示。

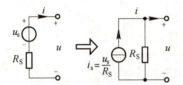

图 2-19　实际电压源等效为实际电流源

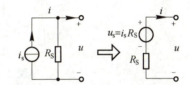

图 2-20　实际电流源等效为实际电压源

注意：实际电源在等效时既要满足参数间的关系，还要满足方向关系。实际电流源与实际电压源外电压与外电流的方向一致；电源等效是电路等效变换的一种方法，等效是对电源外部电路的等效，对电源内部电路是不等效的；理想电压源与理想电流源不能相互转换，两者的定义本身是相互矛盾的，不会有相同的伏安关系。

【例 2-2】 试用实际电压源与电流源等效变换的方法，计算图 2-21 所示电路中通过 2 Ω 电阻的电流 I。

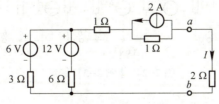

图 2-21　【例 2-2】图示

【解】 首先将左边两个电压源变换成电流源；将 2 A、1 Ω 电流源变换成电压源。画出变换后的电路如图 2-22（a）所示，使电路中两个电流源加以合并后，变换成电压源如图 2-22（b）、图 2-22（c）所示，最后画出等效电路如图 2-22（d）所示。

至此，可求出电路中 2 Ω 电阻中的电流为

$$I = \frac{6}{4+2} \text{ A} = 1 \text{ A}$$

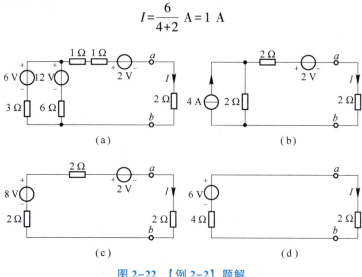

图 2-22 【例 2-2】题解

【例 2-3】 试用电源等效变换的方法，求图 2-23 所示电路中的电流 I。

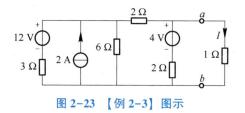

图 2-23 【例 2-3】图示

【解】 等效过程如图 2-24 所示。

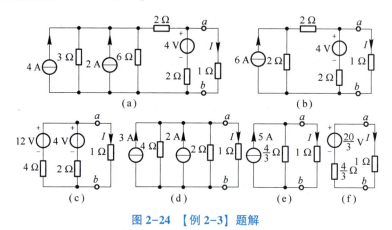

图 2-24 【例 2-3】题解

可得

$$I = \frac{\dfrac{20}{3}}{1+\dfrac{4}{3}} \text{ A} = 2.86 \text{ A}$$

【例 2-4】 用电源等效变换,求图 2-25 所示电路中的电流 i。

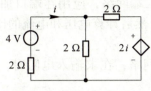

图 2-25 【例 2-4】图示

【解】 本题中存在一个受控源。受控源和独立源一样,可以进行电源转换。转换过程中要特别注意:不要把受控源的控制量换掉了。等效过程如图 2-26 所示。

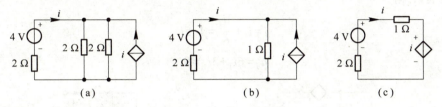

图 2-26 【例 2-4】题解

列 KVL 方程可得

$$i+3i=4$$
$$i=1\text{ A}$$

2.1.6 输入电阻

1. 定义

如图 2-27 (a) 所示,对于一个不含独立源的二端网络,不论其内部如何复杂,其端口电压和端口电流成正比,定义这个比值为二端电路的输入电阻。

如图 2-27 (b)、图 2-27 (c) 所示,如果在端口 a、b 处外施加电压源 u_s 或电流源 i_s,并求得端口电流 i 或端口电压 u,则此二端电路的输入电阻 R_{in} 定义为

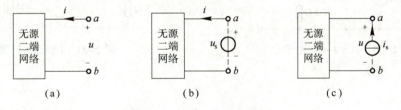

图 2-27 输入电阻的概念

(a) 无源二端网络; (b) 加电压源; (c) 加电流源

$$R_{in}=\frac{u}{i}=\frac{u_s}{i}=\frac{u}{i_s} \tag{2-19}$$

可以看出:二端网络的等效电阻可通过计算输入电阻来求得。

2. 计算方法

(1) 如果二端网络内部仅含电阻,则应用电阻的串、并联和 △-Y 变换等方法求它的等

效电阻，输入电阻等于等效电阻。

（2）对含有受控源和电阻的二端网络，应用在端口加电源的方法求输入电阻。加电压源，求电流；加电流源，求电压，然后计算电压和电流的比值，得出输入电阻。这种计算方法称为电压、电流法。

（3）对含有独立电源的二端网络，在求输入电阻时，要先把独立源置0，即电压源短路，电流源断路。

注意：应用电压、电流法时，端口电压、电流的参考方向对二端网络来说是关联的。

【例2-5】 如图2-28所示，计算含有受控源二端网络的输入电阻。

【解】 因为电路中有受控源，在求输入电阻时，在端口外加电压源，如图2-29所示，由KCL和KVL得

$$i = i_1 + \frac{3i_1}{6} = 1.5i_1$$

$$u_s = 6i_1 + 3i_1 = 9i_1$$

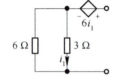
图 2-28 【例 2-5】图示

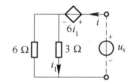
图 2-29 【例 2-5】题解

输入电阻为端口电压和电流的比值，即 $R_{in} = \dfrac{u_s}{i} = \dfrac{9i_1}{1.5i_1} = 6\ \Omega$

【例2-6】 如图2-30所示，计算含有独立电源二端网络的输入电阻。

【解】 本题因含有独立电源，故在求输入电阻时，要先把独立源置0，即电压源短路，电流源断路，如图2-31所示。

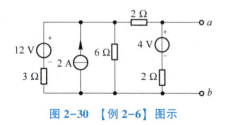
图 2-30 【例 2-6】图示

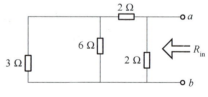
图 2-31 【例 2-6】题解

可得

$$R_{in} = (3 // 6 + 2) // 2\ \Omega = \frac{4}{3}\ \Omega$$

2.2 电阻电路分析的一般方法

对于不能用等效变换化简的电阻电路，我们需用一般分析方法求解。本节将介绍支路电

流法和节点电位法。此类方法的根本思想是,建立电路方程,求解电路方程。

2.2.1 支路电流法

以各支路电流为未知量列写独立电路方程分析电路的方法,称为支路电流法。支路电流法是建立网络方程最直接的方法,是以支路电流为待求量,应用 KCL、KVL 以及 OL,列出与支路电流数目相等的方程,然后联立解出各支路电流的一种方法。应用此方法,还可根据要求进一步求出其他待求量。

对于有 n 个节点、b 条支路的电路,要求解支路电流,未知量共有 b 个。只要列出 b 个独立的电路方程,便可以求解这 b 个变量。

支路电流方程的列写步骤如下。

(1) 标定各支路电流的参考方向。

(2) 从电路的 n 个节点中任意选择 $(n-1)$ 个节点列写 KCL 方程。

注意:n 个节点中只有任意 $(n-1)$ 个节点的电流方程独立。可证明 n 个节点的电流方程中任意 $(n-1)$ 个方程相加,结果与所剩方程相等。所以,任意 $(n-1)$ 个节点电流方程是独立的。

(3) 选择基本回路,结合各元件的伏安关系列写 $[b-(n-1)]$ 个 KVL 方程。

(4) 求解上述方程,得到 b 个支路电流。

(5) 进一步计算支路电压及进行其他分析。

支路电流法列写的是 $(n-1)$ 个节点的 KCL 方程和 $[b-(n-1)]$(网孔数)个 KVL 方程,列写方便、直观,但方程数较多,宜于利用计算机求解。人工计算时,适用于支路数不多的电路。

【**例 2-7**】 如图 2-32 所示,列写电路的支路电流方程。

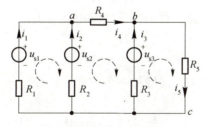

图 2-32 【例 2-7】图示

【**解**】 根据支路电流方程的列写步骤可知以下 4 点。

(1) 如图 2-32 所示电路的支路数 $b=5$,确定待求电流 i_1、i_2、i_3、i_4、i_5,各支路电流的参考方向已标出,根据要求最终应列出 5 个支路电流方程。

(2) 根据 KCL 列写节点电流方程。图 2-32 所示电路中有 $n=3$ 个节点,其中任意 $(n-1)=2$ 个节点电流方程是独立的。取节点 a、b,列写 KCL 方程如下:

$$\begin{cases} -i_1-i_2+i_4=0 \\ i_5-i_4-i_3=0 \end{cases}$$

(3) 根据 KVL 列出回路电压方程。节点电流方程比要求的支路电流方程少,需用回路电压方程补足。选取 $b-(n-1)=5-(3-1)=3$ 个独立回路,选定绕行方向,选取回路的原则

为必取包含一条其他回路未曾用过的新支路。如果选取网孔作为独立回路，则网孔数就是独立回路数。网孔方程为

$$\begin{cases} R_1i_1-R_2i_2-u_{s1}+u_{s2}=0 \\ R_2i_2-R_3i_3+R_4i_4-u_{s2}+u_{s3}=0 \\ R_3i_3+R_5i_5-u_{s3}=0 \end{cases}$$

（4）将 5 个独立方程组联立，得该电路的支路电流方程为

$$\begin{cases} -i_1-i_2+i_4=0 \\ i_5-i_4-i_3=0 \\ R_1i_1-R_2i_2-u_{s1}+u_{s2}=0 \\ R_2i_2-R_3i_3+R_4i_4-u_{s2}+u_{s3}=0 \\ R_3i_3+R_5i_5-u_{s3}=0 \end{cases}$$

【例 2-8】 如图 2-33（a）所示，列写电路的支路电流方程（电路中含有理想电流源）。

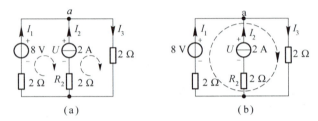

图 2-33 【例 2-8】图示

【解】 方法一：
（1）对节点 a 列 KCL 方程，即

$$-I_1-I_2+I_3=0$$

（2）选两个网孔为独立回路，设电流源两端电压为 U，列 KVL 方程如下：

$$2I_1+U=8+2I_2$$
$$2I_2+2I_3=U$$

（3）由于多出一个未知量 U，需增补一个方程：$U=2I_3$。
联立方程组，得

$$\begin{cases} -I_1-I_2+I_3=0 \\ 2I_1+U=8+2I_2 \\ 2I_2+2I_3=U \\ I_2=2\ \text{A} \end{cases}$$

方法二：由于支路电流 I_2 已知，故只需列写两个方程。
（1）对 a 点列 KCL 方程如下

$$-I_1-2+I_3=0$$

（2）避开电流源支路取回路，如图 2-33（b）所示，选大回路列写 KVL 方程如下：

$$2I_2+2I_3=8$$

注意：本例说明，对含有理想电流源的电路，列写支路电流方程有两种方法，一种是设电流源两端电压，把电流源视为电压源来列写方程，然后增补一个方程，即令电流源所在支

路电流等于电流源的电流即可；另一种方法是避开电流源所在支路列方程，把电流源所在支路的电流作为已知。

【例 2-9】 如图 2-34 所示，列写电路的支路电流方程（电路中含有受控源）。

【解】 （1）对节点列 KCL 方程：$-I_1-I_2+I_3=0$。

（2）选两个网孔为独立回路，列 KVL 方程如下：
$$2I_2+5U=8+2I_1$$
$$2I_2+U=5U$$

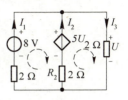

图 2-34 【例 2-9】图示

（3）由于受控源的控制量 U 是未知量，需增补一个方程：$U=2I_3$。

（4）整理以上方程，消去控制量 U，得

$$\begin{cases} -I_1-I_2+I_3=0 \\ 2I_1+10I_3=8+2I_2 \\ 2I_2-8I_3=0 \end{cases}$$

注意：本例求解过程说明，对含有受控源的电路，方程列写需分两步。首先将受控源视为独立源列方程，然后将控制量用支路电流表示，并代入所列的方程，消去控制变量。

2.2.2 节点电位法

以节点电位为未知量列写电路方程分析电路的方法，称为节点电位法。此方法适用于节点较少的电路。节点电位法的基本思想：选节点电位为未知量，节点电位自动满足 KVL，仅列写 KCL 方程就可以求解电路。各支路电流、电压可视为节点电位的线性组合。求出节点电位后，便可方便地得到各支路电压、电流。

1. 节点电位与支路电压和支路电流的关系

在电路中，任选一节点作参考点，其余各节点与参考点之间的电压称为各节点的电位，方向为从节点指向参考点。如图 2-35 所示电路，选节点 4 为参考节点，设节点 1、2、3 点的电位分别为 u_1、u_2、u_3。则 i_1 所在支路的电压为节点 1 的电位 u_1，i_2 所在支路的电压为节点 1 和节点 2 的电位差，依此类推，任一支路电压都可以用节点电位表示。

各支路电流通过支路电压可以求出，图 2-35 所示电路中各节点电位与各支路电流之间的关系为

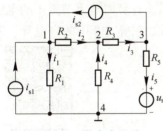

图 2-35 节点电位法

$$i_1=\frac{u_1}{R_1} \quad i_2=\frac{u_1-u_2}{R_2} \quad i_3=\frac{u_2-u_3}{R_3} \quad i_4=\frac{-u_2}{R_4} \quad i_5=\frac{u_3-u_s}{R_5}$$

(2-20)

2. 节点电位法列写的方程

节点电位法列写的方程就是对节点列写 KCL 方程，方程数为 $(n-1)$。

1) 列写各节点 KCL 方程以支路电流为变量，对各节点列 KCL 方程：

$$\begin{cases} i_1+i_2=i_{s1}+i_{s2} \\ -i_2-i_4+i_3=0 \\ -i_3+i_5=-i_{s2} \end{cases}$$

(2-21)

2) 列写节点电位方程

将式（2-20）代入式（2-21）中，可把各支路电流用节点电位表示，即

$$\begin{cases} \dfrac{u_1}{R_1} + \dfrac{u_1-u_2}{R_2} = i_{s1}+i_{s2} \\ -\dfrac{u_1-u_2}{R_2} - \dfrac{u_2}{R_4} + \dfrac{u_2-u_3}{R_3} = 0 \\ -\dfrac{u_2-u_3}{R_3} + \dfrac{u_3-u_s}{R_5} = -i_{s2} \end{cases} \quad (2\text{-}22)$$

将式（2-22）按未知量顺序排列，整理得

$$\begin{cases} \left(\dfrac{1}{R_1}+\dfrac{1}{R_2}\right)u_1 - \dfrac{1}{R_2}u_2 = i_{s1}+i_{s2} \\ -\dfrac{1}{R_2}u_1 + \left(\dfrac{1}{R_2}+\dfrac{1}{R_3}+\dfrac{1}{R_4}\right)u_2 - \dfrac{1}{R_3}u_3 = 0 \\ -\dfrac{1}{R_3}u_2 + \left(\dfrac{1}{R_3}+\dfrac{1}{R_5}\right)u_3 = -i_{s2}+\dfrac{u_s}{R_5} \end{cases} \quad (2\text{-}23)$$

令 $G_k = \dfrac{1}{R_k}$ （$k=1,2,3,4,5$），式（2-23）可简记为

$$\begin{cases} (G_1+G_2)u_1 - G_2 u_2 = i_{s1}+i_{s2} \\ -G_2 u_1 + (G_2+G_3+G_4)u_2 - G_3 u_3 = 0 \\ -G_3 u_2 + (G_3+G_5)u_3 = -i_{s2}+G_5 u_s \end{cases} \quad (2\text{-}24)$$

3) 节点电位方程标准形式

分析式（2-24）可以看出，方程组的第1个等式中，(G_1+G_2)为接在节点1上所有支路的电导之和，称为节点1的自电导，用G_{11}表示；$-G_2$为节点1与节点2之间的互电导，应等于接在节点1与节点2之间的所有支路的电导之和，始终为负值，用G_{12}表示；$i_{s1}+i_{s2}$为流入节点1的电流源电流的代数和，称为等效电流源，用i_{11}表示，计算时流入节点1的电流源为正，流出节点1的电流源为负。用同样的方法可以得出等式2和等式3中的自电导、互电导和等效电流源分别为

$$G_{22}=G_2+G_3+G_4 \quad G_{21}=-G_2 \quad G_{23}=-G_3 \quad i_{22}=0$$
$$G_{33}=G_3+G_5 \quad G_{32}=-G_3 \quad G_{31}=0 \quad i_{33}=-i_{s2}+G_5 u_s$$

由此得3个节点电位方程的标准形式为

$$\begin{cases} G_{11}u_1 + G_{12}u_2 + G_{13}u_3 = i_{11} \\ G_{21}u_1 + G_{22}u_2 + G_{23}u_3 = i_{22} \\ G_{31}u_1 + G_{32}u_2 + G_{33}u_3 = i_{33} \end{cases} \quad (2\text{-}25)$$

新能源汽车

式中，G_{ii}（$i=1,2,3$）为自电导，等于接在节点i上所有支路电导之和（包括电压源与电阻串联支路），恒为正；$G_{ij}=G_{ji}$（$i=1,2,3$；$j=1,2,3$）为互电导，等于接在节点i与节点j之间的所在支路的电导之和，总为负；i_{ii}为流入节点电流源电流的代数和（包括由电压源与电阻串联支路等效的电流源）。

节点电位方程的矩阵标准形式为

$$\begin{bmatrix} G_{11} & G_{12} & G_{13} \\ G_{21} & G_{22} & G_{23} \\ G_{31} & G_{32} & G_{33} \end{bmatrix} \begin{bmatrix} u_1 \\ u_2 \\ u_3 \end{bmatrix} = \begin{bmatrix} i_{11} \\ i_{22} \\ i_{33} \end{bmatrix} \qquad (2-26)$$

注意：当电路不含受控源时，节点电位方程的系数矩阵为对称矩阵。

3. 节点电位法的解题步骤

（1）选定参考节点，标定其余（$n-1$）个独立节点。

（2）对（$n-1$）个独立节点，以节点电位为未知量，列写其 KCL 方程。

（3）求解上述方程，得到（$n-1$）个节点电位。

（4）求各支路电流（用节点电位表示）。

（5）其他分析。

注意：电路中含有理想电压源和受控源时，节点电位方程的列写参见例题。

4. 节点电位法的应用

【**例 2-10**】 如图 2-36 所示，列写含无伴电压源电路的节点电位方程。

【**解**】 方法一：节点编号及参考节点的选取如图 2-36 所示，设流过电压源的电流为 i，把电压源视为电流源，列写节点电位方程。

节点 1：$(G_1+G_2)u_1-G_2u_2=i_{s1}+i_{s2}$

节点 2：$-G_1u_1+(G_2+G_3+G_4)u_2-G_3u_3=0$

节点 3：$-G_3u_2+G_3u_3=-i_{s2}+i$

由于所设电流 i 是未知量，需增补一个方程，即增加节点电位和电压源电压的关系方程：$u_3=u_s$。

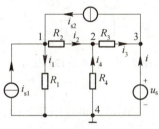

图 2-36 【例 2-10】图示

方法二：如图 2-36 所示，节点 3 的电压等于电源电压，即 $u_3=u_s$，则

节点 1：$(G_1+G_2)u_1-G_2u_2=i_{s1}+i_{s2}$

节点 2：$-G_1u_1+(G_2+G_3+G_4)u_2-G_3u_3=0$

节点 3：$u_3=u_s$

注意：本题说明含有无伴理想电压源的电路，其节点电位方程的列写有以下两种方式。

（1）引入电压源电流 i，把电压源视为电流源列写方程，然后增补节点电位和电压源电压的关系方程。这种方法比较直观，但需增补方程。

（2）选择合适的参考点，使无伴理想电压源电压等于某一节点电位，这种方法列写的方程数少。在一些有多个无伴电压源的电路分析问题中，以上两种方法往往并用。

【**例 2-11**】 如图 2-37 所示，列写含受控源电路的节点电位方程。

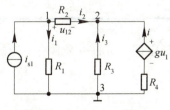

图 2-37 【例 2-11】图示

【**解**】 首先把受控电源作为独立源处理，然后将控制变量用节点电位来表示。选择独立节点和参考节点如图 2-37 所示，列方程如下。

节点 1：$(G_1+G_2)u_1-G_2u_2=i_{s1}$

节点 2：$-G_2u_1+(G_2+G_3)u_2=gu_{12}$

补充方程：$u_1-u_2=u_{12}$

整理得 $\begin{cases}(G_1+G_2)u_1-G_2u_2=i_{s1}\\-(G_2+g)u_1+(G_2+G_3+g)u_2=0\end{cases}$

可见，在有受控源的情况下，$G_{12} \neq G_{21}$，电路中有电流源串联电阻（电导）的支路，该电阻（电导）不起作用。

5. 弥尔曼定理

当网络支路很多，但只有两个节点时，用节点电位法，只需要列一个节点电位方程求出 u_1，再求各支路电流，非常简便。这一特殊情况下的节点电位法，称为弥尔曼定理，其一般表达式为

$$u_1 = \frac{i_{s11}}{G_{11}} \tag{2-27}$$

【例 2-12】 如图 2-38 所示，列写电路的节点电位方程。

【解】 方法一：令 1 号节点的电位为 u_1，可得

$$i_1 = \frac{u_{s1}-u_1}{R_1} \quad i_2 = \frac{u_{s2}-u_1}{R_2} \quad i_3 = \frac{u_{s3}-u_1}{R_3} \quad i_4 = \frac{u_1}{R_4}$$

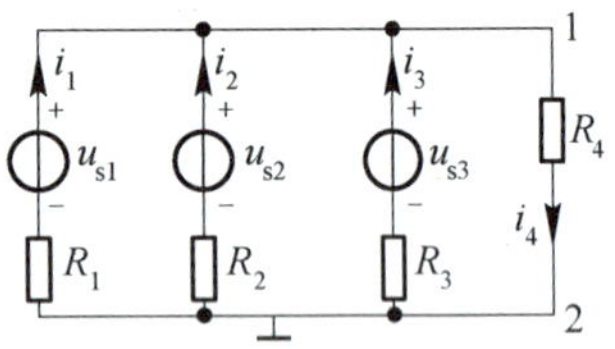

因为 $i_1 + i_2 + i_3 - i_4 = 0$

所以 $\frac{u_{s1}-u_1}{R_1} + \frac{u_{s2}-u_1}{R_2} + \frac{u_{s3}-u_1}{R_3} - \frac{u_1}{R_4} = 0$

整理得

$$u_1 = \frac{\dfrac{u_{s1}}{R_1} + \dfrac{u_{s2}}{R_2} + \dfrac{u_{s3}}{R_3}}{\dfrac{1}{R_1} + \dfrac{1}{R_2} + \dfrac{1}{R_3} + \dfrac{1}{R_4}} = \frac{\sum \dfrac{u_s}{R}}{\sum \dfrac{1}{R}} \tag{2-28}$$

图 2-38 【例 2-12】图示

方法二：可应用弥尔曼定理直接得到方程为

$$u_1 = \frac{\dfrac{u_{s1}}{R_1} + \dfrac{u_{s2}}{R_2} + \dfrac{u_{s3}}{R_3}}{\dfrac{1}{R_1} + \dfrac{1}{R_2} + \dfrac{1}{R_3} + \dfrac{1}{R_4}}$$

2.3 电路定理

本节将介绍叠加定理、戴维南定理、诺顿定理和最大功率传输定理，从另一个角度探索复杂电路的求解方法。

2.3.1 叠加定理

叠加定理是反映线性电路基本性质的一个重要定理。应用该定理，可将一个含有多个独立电源的复杂电路分为若干比较简单的电路去分析。

1. 叠加定理的内容

在线性电路（指由线性电阻、线性受控源和独立电源组成的电路）中，任一支路的电流（或电压）都可以看成是电路中每一个独立电源单独作用于电路时，在该支路产生的电流（或电压）的代数和。

2. 使用叠加定理应注意的问题

(1) 叠加定理只适用于线性电路，而不适用于非线性电路。

(2) 叠加定理只能用来计算线性电路中的电流和电压，而不能直接叠加电路的功率。这是因为功率是电流、电压的二次函数，它们之间不存在正比关系。

(3) 叠加求各分量代数和时，注意其参考方向，即当各分量的参考方向与原支路响应的参考方向一致时取正，反之取负。

(4) 当每个独立电源单独作用于电路时，其他独立电源不作用。电压源处用短路替代，电流源处用开路替代。除此之外，电路中其余元件的参数和连接方式不变。

(5) 当每个独立电源单独作用于电路时，要保留受控源，即受控源不能单独作用于电路。

(6) 叠加的方式是任意的，可以一次使一个独立源单独作用，也可以一次使几个独立源同时作用，方式的选择取决于分析问题的方便。

3. 使用叠加定理分析电路的步骤

(1) 把原电路分解成每个独立电源单独作用的电路（此时不要改变电路的结构）。

(2) 计算每个独立电源单独作用于电路时所产生的分量。

(3) 将分量进行叠加，得到完全响应。

【例 2-13】 电路如图 2-39(a)所示，已知 $U_S = 6$ V，$I_S = 3$ A，$R_1 = 2$ Ω，$R_2 = 4$ Ω，$R_3 = 6$ Ω，试用叠加定理求电路各支路电流，并计算 R_2 上消耗的功率。

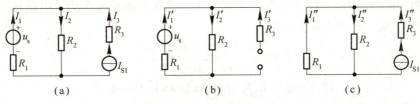

图 2-39 【例 2-13】图示

【解】 由电路结构可知，电路中有两个独立电源，应分为两个电路进行计算，根据叠加定理，每个独立电源单独作用的电路如图 2-39（b）、图 2-39（c）所示，图中规定了各支路电流的参考方向。

在图 2-39（b）所示电路中，各支路电流为

$$I'_1 = I'_2 = \frac{U_S}{R_1 + R_2} = \frac{6}{2+4} \text{ A} = 1 \text{ A}$$

$$I'_3 = 0$$

在图 2-39（c）所示电路中，各支路电流为

$$I''_3 = 3 \text{ A}$$

$$I''_1 = -\frac{R_2}{R_1 + R_2} I''_3 = \frac{4}{2+4} \times 3 = -2 \text{ A} \quad I''_2 = \frac{R_1}{R_1 + R_2} I''_3 = \frac{2}{2+4} \times 3 \text{ A} = 1 \text{ A}$$

根据叠加定理得

$$I_1 = I'_1 + I''_1 = -1 \text{ A}$$

$$I_2 = I'_2 + I''_2 = 2 \text{ A}$$

$$I_3 = I'_3 + I''_3 = 3 \text{ A}$$

R_2 上消耗的功率为

$$P_2 = I_2^2 R_2 = 2^2 \times 4 \text{ W} = 16 \text{ W}$$

应当注意：$\quad P_2' + P_2'' = (I_2')^2 R_2 + (I_2'')^2 R_2 = (1^2 \times 4 + 1^2 \times 4) \text{ W} = 8 \text{ W}$

显然 $\quad P_2 \neq P_2' + P_2''$

所以，功率计算不能用叠加定理直接叠加。

【例 2-14】 试用叠加定理求图 2-40（a）所示电路中电流源电压 U_3，已知 $U_S = 10$ V，$I_S = 5$ A，$R_1 = 6$ Ω，$R_2 = 4$ Ω。

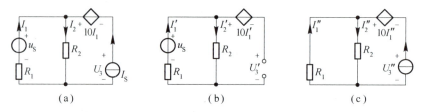

图 2-40 【例 2-14】图示

【解】 该电路中含有两个独立电源，应分为两个电路进行计算，图 2-40（b）为 10 V 电压源 U_S 单独作用而将电流源开路，图 2-40（c）为 4 A 电流源 I_S 单独作用而将电压源短路，分别计算出响应分量 U_3'、U_3''，再进行叠加即可。需要注意：该电路中含有 CCVS，当 U_S 和 I_S 单独作用时，电路中应保留受控电源，受控电源不能单独作用于电路。

在图 2-40（b）所示电路中，有

$$I_1' = I_2' = \frac{U_S}{R_1 + R_2} = \frac{10}{6+4} \text{A} = 1 \text{ A}$$

$$U_3' = -10 I_1' + R_2 I_2' = (-10 \times 1 + 4 \times 1) \text{ V} = -6 \text{ V}$$

在图 2-40（c）所示电路中，有

$$I_1'' = -\frac{R_2}{R_1 + R_2} I_S = -\frac{4}{4+6} \times 5 \text{ A} = -2 \text{ A}$$

$$I_2'' = I_S + I_1'' = 3 \text{ A}$$

$$U_3'' = -10 I_1'' + R_2 I_2'' = (20 + 4 \times 3) \text{ V} = 32 \text{ V}$$

最后进行叠加，得

$$U_3 = U_3' + U_3'' = (-6 + 32) \text{ V} = 26 \text{ V}$$

叠加定理的重要价值并不在于用它来直接计算电路，而在于它表达了线性电路的性质，并常用于电路定理的推导。

在电路分析中，有时只需研究某一支路中的电流、电压或功率，而不用把所有支路的未知量计算出来。在这种情况下，用前面介绍的方法来计算就很复杂，而用戴维南定理、诺顿定理进行计算比较简便。这两个定理的分析对象是二端网络。

2.3.2 戴维南定理

1. 戴维南定理的内容

戴维南定理表述为任何一个线性有源二端网络，对外电路来说，总可以用一个电压源和电阻的串联来等效替代，此电压源的电压等于外电路断开时二端网络端口处的开路电压 u_{oc}，而电阻等于二端网络端口的输入电阻（或等效电阻）R_{eq}。

下面通过图 2-41 所示的电路对戴维南定理进行说明。用图 2-41（b）中的实际电压源替代图 2-41（a）中的线性有源二端网络 N 时，流过外电路的电流 i 和外电路两端的电压 u 保持不变，可说明两电路是等效电路；图 2-41（c）是图 2-41（a）中断开外电路后的线性有源二端网络 N，该网络的端口开路电压 u_{ab} 等于电压源电压 u_{oc}；将图 2-41（c）有源二端网络 N 中所有独立电源置 0 后得到图 2-41（d）中的网络 N_0，该无源二端网络 N_0 的等效电阻就是实际电压源内阻 R_{eq}。可见：图 2-41（c）和图 2-41（d）分别是电压源电压 u_{oc} 和内阻 R_{eq} 的求解电路。

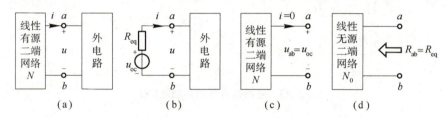

图 2-41 对戴维南定理的图示

（a）连接电路；（b）实际电压源替代有源二端网络；（c）断开有源二端网络；（d）独立电源置 0

戴维南定理常用图 2-42 表示，其中图 2-42（b）被称为图 2-42（a）所示的线性有源二端网络 N 的戴维南等效电路。

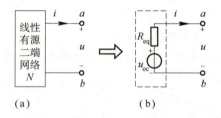

戴维南个人简介

图 2-42 线性有源二端网络 N 的戴维南等效电路

（a）线性有源二端网络；（b）戴维南等效电路

2. 使用戴维南定理分析题目的过程

利用戴维南定理分析电路的关键是正确理解和求出开路电压和等效电阻。

1）开路电压 u_{oc} 的求取方法

（1）计算法：常用于电路结构已知的情况，从电路分析法中选择合适的方法计算出开路电压 u_{oc}。

（2）测量法：当网络结构未知时，用电压表测出开路电压 u_{oc} 即可。

2）等效电阻 R_{eq} 的求取方法

等效电阻为将二端网络内部独立电源全部置 0（电压源短路，电流源开路）后，所得无源二端网络的输入电阻。等效电阻有以下 3 种求取方法。

（1）电阻等效法：当有源二端网络 N 内不含受控源时，则相应的无源二端网络 N_0 为纯电阻二端电路，此时可用电阻串、并联等效变换或 △-Y 等效变换等方法求出 R_{eq}。

（2）开路短路法：在求得开路电压 u_{oc} 之后将两端钮短路，求出短路电流 i_{sc}，从而可得 $R_{eq} = \dfrac{u_{oc}}{i_{sc}}$。

注意：u_{oc} 和 i_{sc} 参考方向要关联，如图 2-43(a) 所示。

（3）外加激励法：在无源二端网络 N_0 的端钮 a、b 间外加电压源 u_s 或电流源 i_s，求出端口处电流 i 或电压 u，则无源二端网络 N_0 的等效电阻为 $R_{eq}=\dfrac{u_s}{i}$ 或 $R_{eq}=\dfrac{u}{i_s}$。如图 2-43(b)、图 2-43(c) 所示。

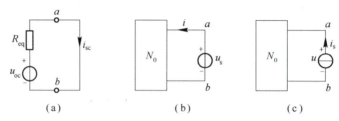

图 2-43　开路短路法和外加激励法

3. 使用戴维南定理分析电路的步骤

（1）确定有源二端网络：将待求电量所在的支路作为外电路从网络中移开，剩下的有源二端网络即为研究对象。

（2）计算有源二端网络的开路电压 u_{oc}。

（3）计算有源二端网络的等效电阻 R_{eq}。

（4）画出戴维南等效电路。

（5）接入外电路，根据题意解出待求电量。

【**例 2-15**】　用戴维南定理求图 2-44(a) 所示电路中的电流 I。已知 $U_S = 9$ V，$I_S = 3$ A，$R_1 = 3\ \Omega$，$R_2 = 10\ \Omega$，$R_3 = 6\ \Omega$。

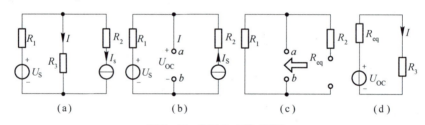

图 2-44　【例 2-15】图示

【**解**】（1）确定有源二端网络。将待求电量 I 所在支路作为外电路从电路中移开，电路的剩余部分构成有源二端网络，如图 2-44(b) 所示。

（2）求有源二端网络的开路电压 U_{OC}，即 U_{ab}。由欧姆定律和基尔霍夫电压定律求得开路电压为

$$U_{OC} = R_1 I_S + U_S = (3\times 3+9)\ \text{V} = 18\ \text{V}$$

（3）求等效电压源内阻 R_{eq}。将图 2-44(b) 所示的电路中的电压源处短路、电流源处开路，得到图 2-44(c) 所示的无源二端网络，其等效电阻为

$$R_{eq} = R_1 = 3\ \Omega$$

（4）画出戴维南等效电路，接入外电路，如图 2-44(c) 所示，求得

$$I = \dfrac{U_{OC}}{R_{eq}+R_3} = \dfrac{18}{3+6}\ \text{A} = 2\ \text{A}$$

【例2-16】 求图2-45(a)所示电路中负载 R_L 消耗的功率。

【解】 (1) 确定有源二端网络。将待求电量 I_L 所在支路作为外电路从电路中移开，电路的剩余部分构成有源二端网络，如图2-45(b)所示。应用电源等效变换将图2-45(b)等效图2-45(c)。

(2) 求有源二端网络的开路电压 U_{OC}。由欧姆定律和基尔霍夫电压定律求得开路电压。

由 KVL 得

$$100I_1 + 200I_1 + 100I_1 = 40$$
$$I_1 = 0.1 \text{ A} \quad U_{OC} = 100I_1 + 50 = 60 \text{ V}$$

(3) 求等效电压源内阻 R_{eq}。将图2-45(c)所示电路中的电压源短路，得到图2-45(d)所示的无源二端网络，其等效电阻为该无源二端网络的输入电阻。

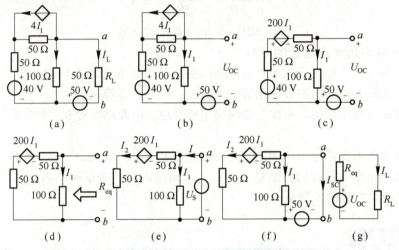

图 2-45 【例 2-16】图示与图解

方法一（外加激励法）：在 a、b 间外加电压源 U_S，如图2-45(e)所示。

由 KVL、KCL 得

$$\begin{cases} I = I_1 + I_2 \\ I_1 = \dfrac{U_S}{100} \\ 100I_2 = 200I_1 + U_S \end{cases}$$

求出端口处电流为

$$I = \dfrac{U_S}{25}$$

则

$$R_{eq} = \dfrac{U_S}{I} = \dfrac{U_S}{\dfrac{U_S}{25}} = 25 \text{ Ω}$$

方法二（开路短路法，保留独立电源）：电路如图2-45(f)所示。

由 KVL、KCL 得

$$\begin{cases} I_1 + I_2 + I_{SC} = 0 \\ 100 I_1 + 50 = 0 \\ 100 I_2 + 50 + 40 = 200 I_1 \end{cases}$$

短路电流为

$$I_{SC} = 2.4 \text{ A}$$

则

$$R_{eq} = \frac{60}{2.4} \ \Omega = 25 \ \Omega$$

（4）画出戴维南等效电路，接入外电路，如图2-45(g)所示，求得

$$I_L = \frac{U_{OC}}{R_{eq} + R_L} = \frac{60}{25 + 50} \text{ A} = 0.8 \text{ A}$$

$$P_L = 50 I_L^2 = 50 \times 0.64 \text{ W} = 32 \text{ W}$$

4. 使用戴维南定理应注意的问题

（1）戴维南定理只适用于线性有源二端网络，但外电路可以是非线性的。
（2）戴维南等效电路只对外电路等效，对电路内部是不等效的。
（3）计算输入端电阻时，有源二端网络中所有独立电源都要置0，即电压源短路，电流源开路。
（4）戴维南等效电路中电压源的方向要与开路电压方向一致。
（5）二端网络中受控源的控制量只能在二端网络内部，二端网络内部的电流或电压也不能是外电路中受控源的控制量。

2.3.3 诺顿定理

对外电路来说，任何一个有源二端网络总可以用一个理想电流源和一个电阻的并联支路来等效。理想电流源的电流等于该有源二端网络两端点间的短路电流，用 i_{sc} 来表示；电阻则是该网络中所有电源都不起作用时（电压源短路、电流源开路）两端点间的等效电阻，用 R_{eq} 表示。诺顿定理常用图2-46表示，其中图2-46(b)被称为图2-46(a)所示的有源二端网络 N 的诺顿等效电路。

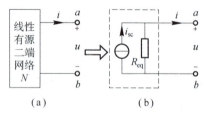

图2-46 有源二端网络 N 的诺顿等效电路
(a) 有效二端网络；(b) 诺顿等效电路

诺顿定理解题步骤、注意事项与戴维南定理有异曲同工之妙，区别在于：戴维南定理建立的等效模型为实际电压源形式，而诺顿定理建立的等效模型为实际电流源形式；在解题时，戴维南定理要求所求支路的开路电源 u_{oc}，而诺顿定理则要求所求支路的短路电流 i_{sc}。

【例 2-17】 应用诺顿定理求图 2-47(a)电路中的电流 I_3。

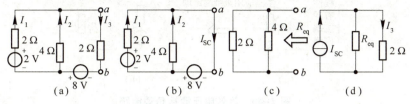

图 2-47 【例 2-17】图示

【解】 (1) 确定有源二端网络。将待求电量 I_3 所在支路作为外电路从电路中移开，电路的剩余部分构成有源二端网络。

(2) 如图 2-47(b)所示，求有源二端网络的短路电流 I_{SC}。由欧姆定律和基尔霍夫电压定律可列方程，即

$$\begin{cases} I_1 + I_2 = I_{SC} \\ 4I_2 = 8 \\ 2I_1 = 8+2 \end{cases}$$

得

$$I_{SC} = 7 \text{ A}$$

(3) 求等效电压源内阻 R_{eq}。将图 2-47(b)所示电路中的电压源短路，得到图 2-47(c)所示的无源二端网络，其等效电阻为

$$R_{eq} = \frac{4}{3} \text{ }\Omega$$

(4) 画出诺顿等效电路，接入外电路，如图 2-47(d)所示，求得

$$I_S = \frac{7 \times \frac{4}{3}}{2 + \frac{4}{3}} \text{ A} = 2.8 \text{ A}$$

在应用戴维南或诺顿定理求解电路时，当 $R_{eq} = 0$ 时，戴维南等效电路成为一个电压源，此时对应的诺顿等效电路不存在；当 $R_{eq} = \infty$ 时，诺顿等效电路成为一个电流源，此时对应的戴维南等效电路不存在。其他情况下，两种等效电路同时存在。

2.3.4 最大功率传输定理

1. 最大功率传输定理的内容

一个线性有源二端网络，当其所接负载不同时，二端网络传输给负载的功率不同，讨论负载为何值时能从电路获取最大功率以及最大功率的值是多少的问题，就是最大功率传输定理所要表述的。

将线性有源二端网络等效成戴维南电源模型，如图 2-48 所示。

R_L 的功率为

$$P = R_L \left(\frac{u_{oc}}{R_{eq} + R_L} \right)^2$$

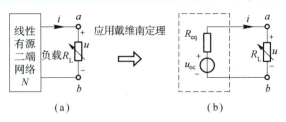

图 2-48 等效电压源接负载电路

为了求出这一极大值点，对 P 求导，且令导数为 0，即

$$\frac{dP}{dR_L}=0$$

得

$$R_L=R_{eq}$$

结论：要使线性有源二端网络电路传输给负载的功率最大，则负载电阻 R_L 应等于一端口电路的等效内阻。

此条件为最大功率匹配条件。将其代入功率表达式中，得负载获取的最大功率为

$$P_{max}=\frac{u_{oc}^2}{4R_{eq}}$$

注意：最大功率传输定理用于二端网络电路给定负载电阻可调的情况；二端网络电路等效电阻消耗的功率一般并不等于端口内部消耗的功率，因此当负载获取最大功率时，电路的传输效率并不一定是 50%；计算最大功率问题时，应结合应用戴维南定理或诺顿定理最方便。

2. 最大功率传输定理的应用

【例 2-18】 图 2-49（a）所示电路中负载电阻 R_L 为何值时其上获得最大功率？最大功率是多大？

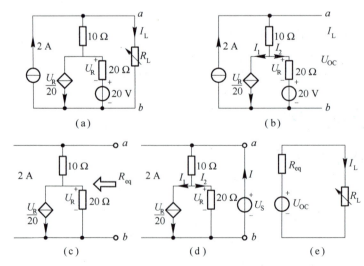

图 2-49 【例 2-18】图示与图解

【解】 (1) 应用戴维南定理，确定有源二端网络，将待求电量 I_L 所在支路作为外电路从电路中移开，电路的剩余部分构成有源二端网络，如图 2-49（b）所示。

(2) 求有源二端网络的开路电压 U_{OC}。
因为

$$I_1 = I_2 = \frac{U_R}{20}$$

$$I_1 + I_2 = 2 \text{ A}$$

解得

$$I_1 = I_2 = 1 \text{ A}$$

则

$$U_{OC} = (2 \times 10 + 20 I_2 + 20) \text{ V} = 60 \text{ V}$$

(3) 求等效电压源内阻 R_{eq}。将图 2-49（b）所示电路中的电压源处短路、电流源处开路，得到如图 2-49（c）所示的无源二端网络，用外加电源法在 a、b 间外加电压源 U_S，如图 2-49（d）所示。
因为

$$I = I_1 + I_2$$

$$I_1 = I_2 = \frac{U_R}{20}$$

$$U_S = 10I + U_R$$

解得

$$U_S = 10I + 20 \times \frac{I}{2} = 20I$$

$$R_{eq} = \frac{U_S}{I} = 20 \text{ }\Omega$$

(4) 画出戴维南等效电路，接入外电路，如图 2-49（e）所示，由最大功率传输定理得：$R_{eq} = R_L = 20 \text{ }\Omega$ 时，其上获得最大功率。
最大功率为

$$P_{max} = \frac{U_{OC}^2}{4R_{eq}} = \frac{60^2}{4 \times 20} \text{ W} = 45 \text{ W}$$

本章小结

本章主要介绍了电阻电路的基本分析方法和部分基本定理。

首先介绍了等效变换法。串联电路的等效电阻等于各电阻之和；并联电路的等效电导等于各电导之和；混联电路的等效电阻可由电阻串、并联计算得出。电阻 Y 连接和 △ 连接可以等效变换，对称情况下等效变换条件为 $R_\triangle = 3R_Y$。此外，实际电压源和实际电流源也可以相互等效变换。

其次介绍了分析电路的一般方法：支路电流法和节点电位法。支路电流法是基尔霍夫定律的直接应用，其基本步骤是，首先选定电流的参考方向，以 b 个支路电流为未知量，列 $(n-1)$ 个节点电流方程和 $m=[b-(n-1)]$ 个网孔电压方程，联立方程求解支路电流。节点电位法是在电路中选择参考节点，以 $(n-1)$ 个节点电位为未知量列方程，再根据节点电位与支路电流的关系，求得各支路电流。

在分析电路时，除了应用以上的方程分析法外，还可以采用一些电路的基本定理，来简化求解过程。这些定理包括叠加定理、戴维南定理、诺顿定理、最大功率传输定理。叠加定理一般不直接计算电路，它的价值在于表达线性电路的线性性质，常用于电路定理的推导。在电路分析中，有时只需研究某一支路中的电流、电压或功率，在这种情况下，用戴维南定理、诺顿定理进行计算比较简便。最大功率传输定理所要表述的是一个线性有源二端网络负载为何值时电路获取最大功率的问题。

实验 2.1　电压源和电流源等效变换仿真实验　　　　实验 2.2　叠加定理验证仿真实验

习题 2

2-1　电路如习题图 2-1 所示，若：(1) 电阻 $R=1\ \Omega$；(2) 电阻 $R=2\ \Omega$，试分别求等效电阻 R_{ab}。

2-2　求习题图 2-2 所示电桥电路中的电流 I。

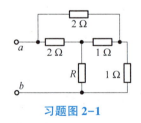
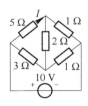

习题图 2-1　　　　　　　　　　　习题图 2-2

2-3　求习题图 2-3 所示电路的等效电路。

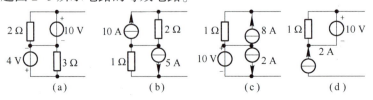

习题图 2-3

2-4　求习题图 2-4 所示电路中的电流 I。

2-5　用等效变换求习题图 2-5 所示电路中的电压 U。

2-6　用等效变换求习题图 2-6 所示电路中的电压 U。

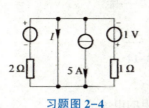

习题图 2-4

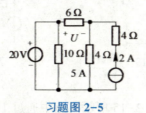

习题图 2-5

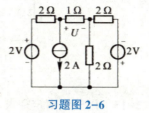

习题图 2-6

2-7　求习题图 2-7 所示电路中的开路电压 U_{ab}。

2-8　利用电源的等效变换求习题图 2-8 所示电路中的电压 u。

2-9　利用电源的等效变换求习题图 2-9 所示电路中的电流 i。

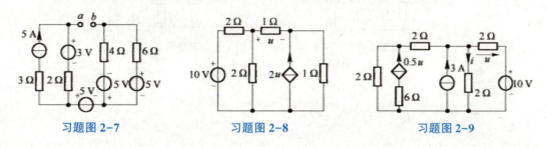

习题图 2-7　　　　　习题图 2-8　　　　　习题图 2-9

2-10　用支路电流法、节点电位法求习题图 2-10 所示的各支路电流，并比较此 2 种方法的优劣。

2-11　用节点电位法求习题图 2-11 所示电路的节点电压。

2-12　用节点电位法求习题图 2-12 所示电路的节点电压。

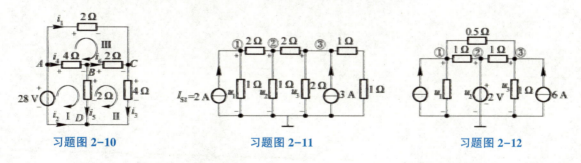

习题图 2-10　　　　　习题图 2-11　　　　　习题图 2-12

2-13　如习题图 2-13 所示电路中：

(1) 当将开关 S 合在 a 点时，求电流 I_1、I_2、和 I_3；

(2) 当将开关 S 合在 b 点时，利用 (1) 的结果，用叠加定理计算电流 I_1、I_2 和 I_3。

2-14　电路如习题图 2-14 所示。已知 $E_1=6\text{ V}$，$E_2=2\text{ V}$，$I_S=1\text{ A}$，$R_1=4\text{ Ω}$，$R_2=R_3=2\text{ Ω}$，$R=8\text{ Ω}$，试用戴维南定理求通过电阻 R 的电流 I。

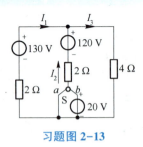

习题图 2-13

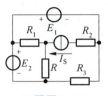

习题图 2-14

2-15 用戴维南定理求习题图 2-15 所示电路中通过 1 Ω 电阻的电流 I。

2-16 用戴维南定理求图 2-16 所示电路中的电流 I。

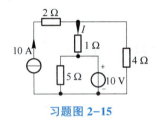

习题图 2-15

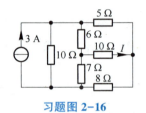

习题图 2-16

第 3 章 一阶暂态电路

教学目的与要求：理解稳态和暂态的概念；掌握换路定理与确定电压和电流初始值的方法；掌握一阶 RC、RL 电路零输入响应、零状态响应与全响应的暂态分析；掌握三要素法求解一阶暂态电路的方法。

重点：一阶 RC 电路零输入响应、零状态响应与全响应的暂态分析；三要素法求解一阶暂态电路的方法。

难点：三要素法求解一阶暂态电路的方法。

知识点思维导图如图 3-1 所示。

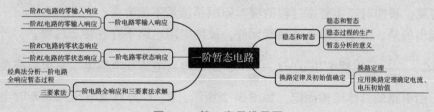

图 3-1 第 3 章思维导图

3.1 稳态和暂态

3.1.1 稳态和暂态

电路包括两个工作状态：稳态和暂态。

稳态是指电路中的电压和电流在给定条件下已达到某一稳态值（对交流来讲是其幅值达到稳定），我们把直流电路和电压（电流）呈周期性变化的交流电路称为稳态电路。

具有储能元件（L 或 C）的电路在电路接通、断开或电路的参数、结构、电源等发生改变时，电路不能从原来的稳态立即到达新的稳态，需要经过一定的时间才能到达。这种电路从一个稳态经过一定时间过渡到另一个新的稳态的物理过程，称为电路的暂态过程。对电路的暂态过程中电压或电流随时间的变化规律的研究，称为暂态分析。

3.1.2 暂态过程的产生

电路中的暂态过程是由电路的接通、断开、短路，电源或电路中的参数突变等原因引起的。我们把电路状态的这些改变统称为换路。然而，并不是所有的电路在换路时都产生暂态过程，换路只是产生暂态过程的外在原因，其内在原因是电路中具有储能元件（电容或电感）。我们知道，储能元件所储存的能量是不能突变的。因为能量的突变意味着无穷大功率的存在，即 $p = \dfrac{\mathrm{d}W}{\mathrm{d}t}$，这在实际中是不可能的。由于换路时电容和电感分别所储存的能量 $\dfrac{1}{2}Cu_C^2(t)$ 和 $\dfrac{1}{2}Li_L^2(t)$ 不能突变，故电容电压 $u_C(t)$ 和电感电流 $i_L(t)$ 只能连续变化，而不能突变。由此可见，换路时产生暂态过程的根本原因是能量不能突变。

需要指出的是，由于电阻不是储能元件，故纯电阻电路不存在暂态过程。另外，由于电容电流 $i_C = C\dfrac{\mathrm{d}u_C(t)}{\mathrm{d}t}$，电感电压 $u_L = L\dfrac{\mathrm{d}i_L(t)}{\mathrm{d}t}$，所以电容电流和电感电压是可以突变的，但其是否突变，由电路的具体结构而定。如图 3-2 所示，R、C 与直流电压源断开时电容两端电压 $u_C(t) = 0$ V，电容中无电荷，电容储存的能量为 $\dfrac{1}{2}Cu_C^2(t)$，整个电路处于稳态；在 0 时刻开关闭合，R、C 与直流电压源串联导通，发生换路；由于电容中的电场能不能瞬时跃变，能量的积蓄需要一个过程，故此时的电容储存的能量还是 0，电容两端电压 $u_C(t)$ 仍然为 0 V，在 $0 \leqslant t \leqslant t_1$ 时间是电容充电的过程，此时 $u_C(t)$ 逐渐增大，电容储存的能量也逐渐增大，到达 t_1（理论上 t_1 应为 ∞）时电荷充满 $u_C(t) = U_S$，电容储存的能量达到最大值 $\dfrac{1}{2}u_C^2(t)$，此时电路处于新的稳态。这是一阶 RC 电路充电过程（零状态响应）的描述过程。显然，暂态分析需要了解一个时刻，即换路的 0 时刻；两个电路，即原电路和新电路；3 个状态，即原稳态、暂态和新稳态。

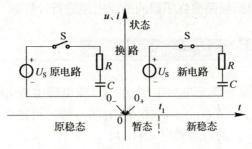

图 3-2 暂态过程的描述

火花塞工作原理

3.1.3 暂态分析的意义

认识和掌握暂态过程，才能在工程实际中既能充分利用它，又能设法防止它的危害。一方面，在电子技术中常利用 RC 电路的暂态过程来实现振荡信号的产生、信号波形的变换或产生延时从而做成电子继电器等；另一方面，电路在暂态过程中也会出现过高的电压或过大的电流，而过电压或过电流有时会损坏电气设备，造成严重事故，在实际应用中须采取保护措施。另外，掌握暂态过程，可以为设计、制造、选择、整定各种控制电器、保护装置提供理论依据。

3.2 换路定理及初始值确定

分析电路的暂态过程，主要是研究换路后电压或电流的变化规律，而电流或电压在换路后初始值的确定是分析暂态过程的重要依据。对于含有一个储能元件的电路，当电路的无源元件都是线性和时不变时，电路方程将是一阶线性常微分方程，相应的电路称为一阶电路。本章只讨论一阶电路的暂态分析。

3.2.1 换路定理

在稳态电路中，电感元件中储有磁场能 $\frac{1}{2}Li_L^2$，当换路时磁场能不能跃变，反映为电感元件中的电流 i_L 不能跃变；在稳态电路中电容元件中储有电场能 $\frac{1}{2}Cu_C^2$，换路时电场能不能跃变，反映为电容元件上的电压 u_C 不能跃变。

设 $t=0$ 为换路瞬间，而以 $t=0_-$ 表示换路前的终了瞬间；$t=0_+$ 表示换路后暂态的初始瞬间。从 $t=0_-$ 到 $t=0_+$ 的换路瞬间，电容元件两端的电压和通过电感元件的电流不能跃变。这就是换路定理，用公式表示为

$$u_C(0_+) = u_C(0_-)$$

$$i_L(0_+) = i_L(0_-)$$

其中 $u_C(0_-)$ 或 $i_L(0_-)$ 是根据换路前终了瞬间的原电路进行计算的。

3.2.2 应用换路定理确定电流、电压初始值

在换路瞬间,由换路定理确定电容电压 $u_C(0_+)$ 或电感电流 $i_L(0_+)$ 初始值;电路中其他电压和电流的初始值如 (i_C、$u_L(0_+)$、$u_R(0_+)$、$i_R(0_+)$ 等) 可按以下原则和步骤计算确定。

(1) 按换路前 ($t=0_+$) 的电路确定 $u_C(0_-)$、$i_L(0_-)$。

(2) 根据换路定理确定 $u_C(0_+)$、$i_L(0_+)$。

(3) 画出换路后 $t=0_+$ 时刻的电路图,方法是,若 $u_C(0_+)$ 为 0,则把电容视为短路;若 $u_C(0_+)$ 不为 0,则把电容用 $u_C(0_+)$ 的电压源替代;若 $i_L(0_+)$ 为 0,则把电感视为开路;若 $i_L(0_+)$ 不为 0,则把电感用 $i_L(0_+)$ 的电流源替代。

(4) 按换路后 $t=0_+$ 时刻的新电路,根据电路的基本定律求出 $t=0_+$ 时刻各支路的电流及各元件上的电压值。

【例 3-1】 如图 3-3(a)、图 3-3(b)所示电路中,$U=100$ V,$R_2=99$ Ω,$R_1=1$ Ω,求:

(1) 如图 3-3(a)所示,求当 S 闭合瞬间 ($t=0_+$) 及达到稳定状态时电路中各电流和电压的数值;

(2) 如图 3-3(b)所示,求当 S 闭合瞬间 ($t=0_+$) 及达到稳定状态时电路中各电流和电压的数值。

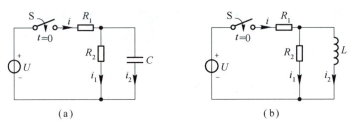

图 3-3 【例 3-1】图示

【解】 (1) 按换路前 ($t=0_-$) 的电路确定 $u_C(0_-)$:$u_C(0_-) = 0$ V

根据换路定理确定 $u_C(0_+)$:$u_C(0_+) = u_C(0_-) = 0$ V

画出换路后 ($t=0_+$) 的电路图,方法是,因为 $u_C(0_+)$ 为 0,则把电容视为短路,如图 3-4(a)所示。

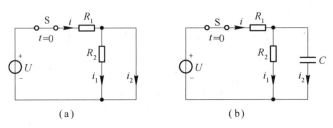

图 3-4 电路换路后瞬间电路及稳态电路

$$i(0_+) = i_2(0_+) = \frac{U}{R_1} = \frac{100}{1} \text{ A} = 100 \text{ A}$$

$$i_1(0_+) = 0 \text{ A}$$

$$u_{R_1}(0_+) = 100 \text{ V}$$

$$u_{R_2}(0_+) = 0 \text{ V}$$

电路到达新的稳态时，如图 3-4（b）所示，此时电容相当于断路，则

$$i_2(\infty) = 0 \text{ A}$$

$$i(\infty) = i_1(\infty) = \frac{U}{R_1 + R_2} = \frac{100}{1+99} \text{ A} = 1 \text{ A}$$

$$u_C(\infty) = u_{R_2}(\infty) = i_1(\infty) R_2 = 1 \times 99 \text{ V} = 99 \text{ V}$$

$$u_{R_1}(\infty) = i(\infty) R_1 = 1 \times 1 \text{ V} = 1 \text{ V}$$

（2）按换路前（$t=0_-$）的电路确定 $i_2(0_-)$：$i_2(0_-) = 0$ A。
根据换路定理确定 $i_2(0_+)$：$i_2(0_+) = i_2(0_-) = 0$ A。
画出换路后（$t=0_+$）的电路图，因为 $i_2(0_+)$ 为 0，则把电感视为断路，如 3-5(a)所示。

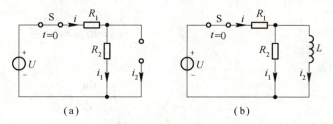

图 3-5　电路换路后瞬间电路及稳态电路

$$i(0_+) = i_1(0_+) = \frac{U}{R_1 + R_2} = \frac{100}{1+99} \text{ A} = 1 \text{ A}$$

$$u_L(0_+) = u_{R_2}(0_+) = i_1(0_+) R_2 = 1 \times 99 \text{ V} = 99 \text{ V}$$

$$u_{R_1}(0_+) = i(0_+) R_1 = 1 \times 1 \text{ V} = 1 \text{ V}$$

电路到达新的稳态时，如图 3-5（b）所示，电感相当于短路，则

$$i(\infty) = i_2(\infty) = \frac{U}{R_1} = \frac{100}{1} \text{ A} = 100 \text{ A}$$

$$i_1(\infty) = 0 \text{ A}$$

$$u_L(\infty) = u_{R_2}(\infty) = 0 \text{ V}$$

$$u_{R_1}(\infty) = 100 \text{ V}$$

3.3　一阶电路零输入响应

在电路分析中，通常将电路元件在外部激励源（电源）或内部储能作用下的电压或电流称为响应。换路后电路中元件电压或电流随时间变化的规律称为时域响应。如果无外界激励源（电源）作用，仅由电路本身初始储能的作用所产生的响应称为零输入响应；如果电

路没有初始储能,仅由外界激励源(电源)作用产生的响应称为零状态响应;既有初始储能又有外界激励源(电源)所产生的响应称为全响应。

3.3.1 一阶 RC 电路的零输入响应

一阶 RC 电路的零输入响应是指无电源激励,输入信号为 0,在电容元件的初始值 $u_C(t)$ 作用下所产生的电路响应。RC 电路的零输入响应实际上就是电容元件的放电过程。图 3-6 为一阶 RC 电路的零输入响应电路。

在换路前,开关 S 闭合在"1"的位置上,电源对电容元件充电,达到稳态时,$u_C = U$。在 $t=0$ 时,将开关 S 从位置"1"合到位置 2,使电路脱离电源,输入信号为 0,此时,电容元件上的电压初始值 $u_C(0_+) = u_C(0_-) = U$。在 $t>0$ 时,电容元件经过电阻 R 开始放电。

下面用经典法对一阶 RC 电路的零输入响应进行分析。

根据 KVL,列出 $t \geq 0$ 时的电路微分方程,即

$$u_R + u_C = 0$$

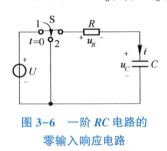

图 3-6 一阶 RC 电路的零输入响应电路

而

$$u_R = Ri, \quad i = C\frac{du_C}{dt}$$

代入上式得

$$RC\frac{du_C}{dt} + u_C = 0$$

上式为一阶常系数线性齐次微分方程,令它的通解为

$$u_C = Ae^{pt}$$

代入方程中,并消去公因子 Ae^{pt},得出该微分方程的特征方程为

$$RCp + 1 = 0$$

其特征根为

$$p = -\frac{1}{RC}$$

因此,该微分方程的通解为

$$u_C = Ae^{-\frac{t}{RC}}$$

式中 A 为积分常数,由电路的初始条件确定,即

$$u_C(0_+) = u_C(0_-) = U$$
$$U = A = u_C(0_+)$$

所以

$$u_C = Ue^{-\frac{t}{RC}} \tag{3-1}$$

式(3-1)中,令

$$\tau = RC$$

τ 称为 RC 电路的时间常数。当电阻的单位为 Ω,电容的单位为 F 时,τ 的单位为 s。τ 值的大小决定电压 u_C 衰减的快慢。当 $t=\tau$ 时,电容两端的电压值为

$$u_C = Ue^{-\frac{t}{\tau}} = Ue^{-1} = 0.368U$$

可见,时间常数 τ 为电压 u_C 衰减到其初始值的 0.368 倍所需要的时间。电容电压 u_C 随时间的变化曲线如图 3-7(a)所示,可以证明,指数曲线上的任意点的次切距的长度都等

于 τ。以初始点为例，因为 $\left.\dfrac{du_C}{dt}\right|_{t=0} = -\dfrac{U_0}{\tau}$，即过初始点的切线与横轴相交于 $t=\tau$ 的点处。

理论上暂态过程要持续到 $t=\infty$ 才结束。指数曲线开始时变化较快随之变化逐渐缓慢，表 3-1 列出了 $e^{-\frac{t}{\tau}}$ 衰减的情况。

表 3-1 $e^{-\frac{t}{\tau}}$ 衰减的情况

t	τ	2τ	3τ	4τ	5τ
$e^{-\frac{t}{\tau}}$	e^{-1}	e^{-2}	e^{-3}	e^{-4}	e^{-5}
$e^{-\frac{t}{\tau}}$ 的值	0.368	0.135	0.050	0.018	0.007

实际上当 $t=5\tau$ 时，就足以达到稳定状态了。这时
$$u_C(t) = Ue^{-5} = 0.007U = (0.7\%)U \approx 0 \text{ V}$$

因此，定义 $t_s = (3\sim5)\tau$ 为暂态过程的持续时间。表 3-1 反映了电路中能量储存或释放的速度。τ 越大，则暂态过程时间愈长，u_C 衰减（电容放电）越慢，其变化曲线如图 3-7（b）所示。从物理学的角度来理解：因为在一定初始电压 U 下，电容 C 愈大，则存储的电荷愈多，而电阻 R 越大，则放电电流越小，这些因素都促使电容放电变慢。

RC 电路放电过程中电容的放电电流和电阻上的电压分别为

$$i = C\dfrac{du_C}{dt} = -\dfrac{U}{R}e^{-\frac{t}{\tau}} \tag{3-2}$$

$$u_R = Ri = -Ue^{-\frac{t}{\tau}} \tag{3-3}$$

以上两式中的负号表示放电电流的实际方向与图中的参考方向相反。电流 i_C 和 u_R 随时间的变化曲线如图 3-7（a）所示。

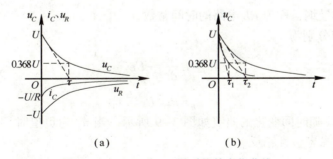

图 3-7 i_C、u_R 和 u_C 随时间的变化曲线
(a) i_C、u_R 随时间变化；(b) u_C 随时间变化

3.3.2 一阶 RL 电路的零输入响应

图 3-8 为一阶 RL 电路的零输入响应电路。在换路前，开关 S 合在"1"的位置上，电感元件中通有电流 $i(0_-) = \dfrac{U}{R}$。在 $t=0$ 时将开关从位置"1"合到位置"2"，使电路脱离电

源，RL 电路被短路。此时，$i_L(0_+)=i_L(0_-)=\dfrac{U}{R}$，电感元件已储有能量，逐渐被电阻 R 消耗。

根据 KVL 列出 $t \geq 0$ 时的电路微分方程，即

$$u_R+u_L=0$$

又由 $u_R=Ri$ 和 $u_L=L\dfrac{\mathrm{d}i}{\mathrm{d}t}$ 代入上式得

$$\dfrac{L}{R}\dfrac{\mathrm{d}i}{\mathrm{d}t}+i=0$$

上式为一阶常系数线性齐次微分方程。其特征方程为

$$\dfrac{L}{R}p+1=0$$

特征根为

$$p=-\dfrac{R}{L}$$

因此，该微分方程的通解为

$$i=A\mathrm{e}^{pt}=A\mathrm{e}^{-\frac{R}{L}t}$$

由初始条件可确定

$$A=i(0_+)=\dfrac{U}{R}$$

所以，RL 电路的零输入响应为

$$i=A\mathrm{e}^{-\frac{R}{L}t}=\dfrac{U}{R}\mathrm{e}^{-\frac{R}{L}t} \tag{3-4}$$

令

$$\tau=\dfrac{L}{R}$$

则它也具有时间的量纲，称为 RL 电路的时间常数。

u_L、u_R 的响应分别为

$$u_L=L\dfrac{\mathrm{d}i}{\mathrm{d}t}=-U\mathrm{e}^{-\frac{t}{\tau}} \tag{3-5}$$

$$u_R=Ri=U\mathrm{e}^{-\frac{t}{\tau}} \tag{3-6}$$

所求 i、u_L、u_R 随时间变化的曲线如图 3-9 所示。当 u_L 为负值时，表示此时电感元件的实际电压极性与参考极性相反。

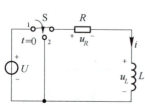

图 3-8　一阶 RL 电路的零输入响应电路

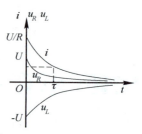

图 3-9　i、u_L、u_R 随时间变化的曲线

【例 3-2】 如图 3-10 所示，直流电压 $U_S=35$ V，$L=398$ mH，$R_L=0.189$ Ω，电压表量程为 100 V，内阻 $R_V=5$ kΩ。开关未断开时，电路中电流已经恒定不变。在 $t=0$ 时，断开开关。求：

(1) 一阶 RL 电路的时间常数；
(2) 电流 i 的初始值；
(3) 电流 i 和电压表处的电压 u_V；
(4) 开关刚断开时，电压表处的电压。

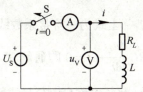

图 3-10 【例 3-2】图示

【解】 (1) 时间常数 $\tau = \dfrac{L}{R_L+R_V} = \dfrac{0.398}{0.189+5\times10^3}$ s $= 79.6$ μs

(2) 开关断开前，由于电流已恒定不变，电感 L 两端电压为 0，故

$$i(0_-) = \frac{U_S}{R_L} = \frac{35}{0.189} \text{ A} = 185.2 \text{ A}$$

由于电感中电流不能跃变，故电流的初始值为

$$i(0_+) = i(0_-) = 185.2 \text{ A}$$

(3) 按 $i = i(0_+)e^{-\frac{t}{\tau}}$，可得

$$i = 185.2 e^{-12\,560t} \text{ A}$$

电压表处的电压为

$$u_V = -R_V i = -5\times10^3 \times 185.2 e^{-12\,560t} \text{ V} = -926 e^{-12\,560t} \text{ kV}$$

(4) 开关刚断开时，电压表处的电压为

$$u_V(0_+) = -926 \text{ kV}$$

在这个时刻电压表要承受很高的电压，其绝对值将远大于直流电源的电压 U，而且初始瞬间的电流也很大，可能损坏电压表。由此可见，切断电感电流时必须考虑磁场能量的释放。如果磁场能量较大，而又必须在短时间内完成电流的切断，则必须考虑如何熄灭因此而出现的电弧（一般出现在开关处）。

3.4 一阶电路零状态响应

零状态响应就是电路在零初始状态下（储能元件初始储能为零）由外施激励源引起的响应。

3.4.1 一阶 RC 电路零状态响应

一阶 RC 电路零状态是指换路前电容元件未储有能量（即 $u_C(0_-)=0$ V）而由直流电源激励所产生的电路响应。RC 电路的零状态响应实际上就是电容元件的充电过程。

图 3-11 为一阶 RC 电路的零状态响应电路。$t=0$ 时将开关 S 合上，电路与恒定电压 U 的直流电压源接通，对电容元件开始充电。根据 KVL 得

$$u_R + u_C = U$$

而 $u_R = Ri$，$i = C\dfrac{du_C}{dt}$ 代入上式，得

$$RC\frac{du_C}{dt}+u_C=U$$

上式为一阶常系数线性非齐次微分方程，它的解由该方程的特解 u'_C 和对应的齐次方程 $RC\frac{du_C}{dt}+u_C=0$ 的通解 u''_C 组成。特解 $u'_C=u_C(\infty)=U$，又称强制分量或稳态分量；通解 $u''_C=Ae^{-\frac{1}{RC}t}$，也称自由分量或暂态分量。故微分方程的解为

$$u_C=u'_C+u''_C=U+Ae^{-\frac{1}{RC}t}$$

若 $u_C(0_+)=u_C(0_-)=0\ \text{V}$，则由此初始条件代入上式得

$$A=-U$$

又因时间常数 $\tau=RC$，故零状态响应中的电容电压的表达式为

$$u_C=U-Ue^{-\frac{t}{\tau}}=U(1-e^{-\frac{t}{\tau}}) \tag{3-7}$$

零状态响应中的电容电流的表达式为

$$i=C\frac{du_C}{dt}=\frac{U}{R}e^{-\frac{t}{\tau}} \tag{3-8}$$

由此可得电阻元件 R 上的电压为

$$u_R=Ri=Ue^{-\frac{t}{\tau}} \tag{3-9}$$

u_C 随时间的变化曲线如图 3-12（a）所示，图中同时画出了稳态分量 u'_C 和暂态分量 u''_C 的曲线。暂态分量 u''_C 的大小随时间按指数规律逐渐衰减，直至消失。电容电压 u_C 从初始值零开始，随时间按指数规律逐渐增长至稳态值。i 和 u_R 随时间变化的曲线如图 3-12（b）所示。

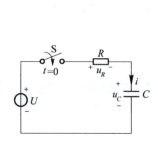

图 3-11　一阶 RC 电路的零状态响应电路

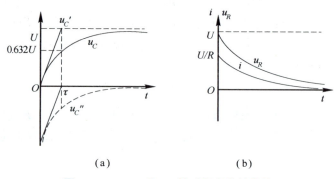

图 3-12　u_C、i 和 u_R 随时间变化的曲线

【例 3-3】　电路如图 3-13 所示，开关断开已经很久，$t=0$ 时闭合开关，试求 $t\geq 0$ 时的电容电压 $u_C(t)$。

【解】　求初始值：

$$u_C(0_+)=u_C(0_-)=0\ \text{V}$$

求稳态值：

$$U_C=4\ \text{V}$$

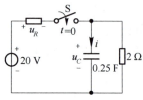

图 3-13　【例 3-3】图示

求时间常数：

$$\tau=2\ \Omega\times 0.25\ \text{F}=0.5\ \text{s}$$

代入一阶 RC 电路的零状态响应公式，得
$$u_C(t) = 4(1-e^{-2t}) \text{ V} (t \geq 0)$$

3.4.2　一阶 RL 电路的零状态响应

图 3-14 所示为一阶 RL 电路的零状态响应电路，开关 S 未闭合之前，由于电路开路，故电流 $i(0_-) = 0$ A，当 S 闭合接通直流电压源后，电路将产生零状态响应。因为换路前电感元件未储有能量，当开关 S 闭合瞬间，$i_L(0_+) = i_L(0_-) = 0$ V。根据 KVL 得

$$u_R + u_L = U$$

又由 $u_R = Ri$ 和 $u_L = L\dfrac{di}{dt}$ 代入上式得

$$\frac{L}{R}\frac{di}{dt} + i = \frac{U}{R}$$

它是一阶常系数线性非齐次微分方程，它的通解为

$$i = i' + i''$$

其中，i' 为特解，即稳态分量或强制分量。
显然

$$i' = i(\infty) = \frac{U}{R}$$

i'' 为通解，即暂态分量或自由分量，它的解为对应的齐次微分方程的解，即

$$i'' = Ae^{-\frac{Rt}{L}}$$

所以

$$i = i' + i'' = \frac{U}{R} + Ae^{-\frac{Rt}{L}}$$

由初始条件可知

$$A = -\frac{U}{R}$$

又因 RL 电路的时间常数为

$$\tau = \frac{L}{R}$$

则零状态响应电流为

$$i = \frac{U}{R}(1 - e^{-\frac{t}{\tau}}) \tag{3-10}$$

在电感电路的零状态响应中，电感和电阻电压分别为

$$u_L = L\frac{di}{dt} = Ue^{-\frac{t}{\tau}} \tag{3-11}$$

$$u_R = Ri = U(1 - e^{-\frac{t}{\tau}}) \tag{3-12}$$

i、u_L、u_R 随时间变化的曲线如图 3-15 所示。

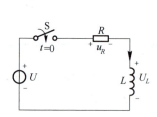

图 3-14 一阶 RL 电路的零状态响应电路

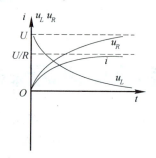

图 3-15 i、u_L、u_R 随时间变化的曲线

【例 3-4】 电路如图 3-16 所示,开关断开已经很久,$t=0$ 时开关闭合,求 $t \geq 0$ 时的电感电流 $i_L(t)$。

【解】 求初始值：$i_L(0_+) = i_L(0_-) = 0$ A

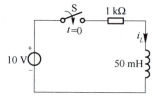

图 3-16 【例 3-4】图示

求稳态值：

$$i = \frac{10}{1 \times 10^3} \text{A} = 10 \text{ mA}$$

求时间常数：

$$\tau = \frac{50 \text{ mH}}{1 \times 10^3 \text{ }\Omega} = 50 \text{ }\mu\text{s}$$

代入一阶 RL 电路的零状态响应公式,得

$$i_L(t) = 10 \times (1 - e^{-2 \times 10^4 t}) \text{ mA} (t \geq 0)$$

3.5 一阶电路全响应和三要素法求解

当一个非零初始状态的一阶电路受到激励时,电路的响应称为全响应。

3.5.1 经典法分析一阶电路全响应暂态过程

一阶 RC 电路的全响应电路如图 3-17 所示,开关 S 闭合前原稳态电路中电容电压为 U_0,开关 S 闭合后,新电路中又有新的激励源 U_S,此电路为全响应。根据 KVL,有

$$RC \frac{du_C}{dt} + u_C = U_S$$

初始条件为

$$u_C(0_+) = u_C(0_-) = U_0$$

方程的通解为

$$u_C = u_C' + u_C''$$

取换路后达到稳定状态的电容电压为特解,则

$$u_C' = U_S$$

u_C'' 为上述方程对应的齐次方程的通解,即

$$u_C'' = Ae^{-\frac{t}{RC}}$$

其中 $\tau = RC$ 为电路的时间常数,所以有

$$u_C = U_S + Ae^{-\frac{t}{\tau}}$$

根据初始条件 $u_C(0_+) = u_C(0_-) = U_0$,得积分常数为

$$A = U_0 - U_S$$

所以电容电压为

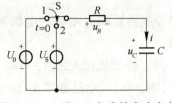

图 3-17　一阶 RC 电路的全响应电路

$$u_C = U_S + (U_0 - U_S)e^{-\frac{t}{\tau}} \qquad (3\text{-}13)$$

这就是电容电压在 $t \geq 0$ 时的全响应。

3.5.2　三要素法

若将式(3-13)改写成下列形式,即

$$u_C = U_0 e^{-\frac{t}{\tau}} + U_S(1 - e^{-\frac{t}{\tau}})$$

上式右边的第 1 项正是电路的零输入响应,因为如果把电压源置 0,故电路的响应恰好就是 $U_0 e^{-\frac{t}{\tau}}$;右边的第 2 项则是电路的零状态响应,因为它正好是 $u_C(0_+) = 0$ V 时的响应。这说明在一阶电路中,全响应是零输入响应和零状态响应的叠加。这是线性电路叠加性质的体现。所以,一般情况下一阶电路的全响应可以表示为

全响应 = 零输入响应 + 零状态响应

从式(3-13)又可以看出,右边的第 1 项是稳态分量,它等于外施的直流电压;而第 2 项则是瞬态分量,它随时间的增长而按指数规律逐渐衰减为 0。所以,全响应又可以表示为

全响应 = 稳态分量 + 瞬态分量

一阶电路全响应 $f(t)$ 的一般形式为

$$f(t) = f(\infty) + [f(0_+) - f(\infty)]e^{-\frac{t}{\tau}} \qquad (3\text{-}14)$$

只要求出 $f(0_+)$、$f(\infty)$ 和 τ 这 3 个要素,就可以根据式(3-14)直接写出直流激励下的一阶电路的全响应。这种方法称为三要素法。

如果电路中仅含一个储能元件(L 或 C),电路的其他部分由电阻和独立电源或受控源连接而成,则这种电路仍是一阶电路。在求解这类电路时,可以把储能元件以外的部分,应用戴维南定理或诺顿定理进行等效变换,然后求得储能元件上的电压和电流。如果还要求其他支路的电压和电流,则可以按照变换前的原电路进行。用三要素法来计算一阶电路的暂态过程,不必列写和求解微分方程,比较简单。但这种方法只适合于含一个储能元件的一阶电路在直流(或阶跃)信号激励下的过程,而经典法本身则适用于任何线性电路的暂态分析。

应用三要素法求解一阶暂态电路的简要步骤如下。

(1)应用换路定理确定初始值 $f(0_+)$。

(2)求解稳态值 $f(\infty)$:取换路后的新电路,将其中的电感元件视作短路,电容视作开路,获得直流电阻性电路,应用电阻电路的方法求解稳态值 $f(\infty)$。

(3) 求时间常数：对含有电容的一阶电路：$\tau=RC$；对含有电感的一阶电路：$\tau=\dfrac{L}{R}$。其中 R 是换路后的电路除去电源和储能元件后在储能元件两端所得的无源二端网络的输入电阻。

(4) 将结果代入式（3-14）中，求得结果。

【例 3-5】 电路如图 3-18（a）所示，换路前已处于稳态，试求换路后（$t \geq 0$）的 $u_C(t)$、$i(t)$。

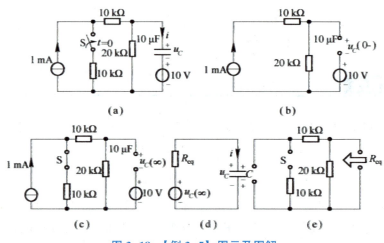

图 3-18 【例 3-5】图示及图解

【解】 （1）换路前原电路如图 3-18（b）所示，$t=0_-$ 时，有
$$u_C(0_-) = (1 \times 10^{-3} \times 20 \times 10^3 - 10)\text{V} = 10\text{ V}$$
则根据换路定理，有 $u_C(0_+) = u_C(0_-) = 10\text{ V}$。

(2) 换路后新电路如图 3-18（c）所示，$t=\infty$ 时稳态值为
$$u_C(\infty) = \left(1 \times 10^{-3} \dfrac{10}{10+10+20} \times 20 \times 10^3 - 10\right)\text{V} = -5\text{ V}$$

(3) 图 3-18（d）为换路后新电路的戴维南等效电路，R_{eq} 的等效电路如图 3-18（e）所示，则有
$$R_{eq} = (10+10)//20\text{ k}\Omega = 10\text{ k}\Omega$$
则时间常数为
$$\tau = R_{eq}C = 10 \times 10^3 \times 10 \times 10^{-6}\text{ s} = 0.1\text{ s}$$

(4) 根据全响应公式，得
$$u_C(t) = u_C(\infty) + [u_C(0_+) - u_C(\infty)]e^{-\frac{t}{\tau}}$$
$$= \{-5 + [10-(-5)]e^{-\frac{t}{0.1}}\}\text{V}$$
$$= (-5 + 15e^{-10t})\text{V} \quad (t \geq 0_+)$$

(5) $u_C(t)$ 与 $i(t)$ 随时间变化的曲线如图 3-19 所示。
$$i(t) = C\dfrac{du_C(t)}{dt} = -1.5e^{-10t}\text{ mA} \quad (t \geq 0_+)$$

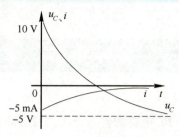

图 3-19 $u_C(t)$ 与 $i(t)$ 随时间变化的曲线

【例 3-6】 如图 3-20（a）所示，原电路已达到稳定状态，$t=0$ 时合上 S，求 $t \geq 0$ 时的 $i_L(t)$。

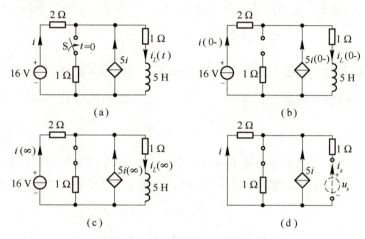

图 3-20 【例 3-6】图示及图解

【解】 （1）换路前原电路如图 3-20（b）所示，$t=0_-$ 时有
$$\begin{cases} i_L(0_-) = 5i(0_-) + i(0_-) \\ 8i(0_-) = 16 \text{ A} \end{cases}$$
得
$$i_L(0_-) = 12 \text{ A}$$
则根据换路定理有
$$i_L(0_+) = i_L(0_-) = 12 \text{ A}$$
（2）换路后新电路如图 3-20（c）所示，求 $t=\infty$ 时稳态值为
$$i(\infty) = 3.2 \text{ A} \quad i_L(\infty) = 9.6 \text{ A}$$
（3）R_{eq} 的等效电路如图 3-20（d）所示，则有
$$R_{eq} = \frac{u_s}{i_s} = \frac{1 \times i_s - 2i}{i_s} = 1 - \frac{2i}{i_s} = 1 - \frac{2i}{-8i} = \frac{5}{4} \text{ Ω}$$
$$\tau = \frac{L}{R_{eq}} = 4 \text{ s}$$
（4）根据全响应公式，得
$$i_L(t) = [9.6 + (12-9.6)e^{-\frac{t}{4}}] \text{ A} = (9.6 + 2.4e^{-\frac{t}{4}}) \text{ A}$$
（5）$i_L(t)$ 随时间变化的曲线如图 3-21 所示。

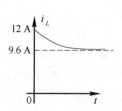

图 3-21 $i_L(t)$ 随时间变化的曲线

本章小结

本章主要介绍一阶线性 RC、RL 电路的暂态分析，暂态即为电路从一种状态过渡到另一种新的状态的过程。产生暂态的内因是电路含储能元件 L 或 C；外因是换路，其实质是能量不能跃变。分析暂态时一个很重要的定理是换路定理，即 $u_C(0_+) = u_C(0_-)$、$i_L(0_+) = i_L(0_-)$。

一阶电路零输入响应是指输入信号为 0，仅由储能元件的初始储能所激发的响应。一阶 RC 电路的零输入响应中，电容两端电压 $u_C = U \mathrm{e}^{-\frac{1}{RC}t}$；一阶 RL 电路的零输入响应中，电感中的电流 $i_L = \dfrac{U}{R} \mathrm{e}^{-\frac{R}{L}t}$。

一阶电路零状态响应是指电路在零初始状态下，由外施激励源引起的响应。一阶 RC 电路零状态响应中，电容两端电压 $u_C = U(1 - \mathrm{e}^{-\frac{t}{RC}})$；一阶 RL 电路零状态响应中，电感中的电流 $i_L = \dfrac{U}{R}(1 - \mathrm{e}^{-\frac{R}{L}t})$。

一阶电路全响应是指当一个非零初始状态的一阶电路受到激励时的电路响应。一阶电路的全响应是由初始值 $f(0_+)$、稳态解 $f(\infty)$ 和时间常数 τ 3 个要素决定的。全响应 $f(t)$ 可写成一般形式，即

$$f(t) = f(\infty) + [f(0_+) - f(\infty)] \mathrm{e}^{-\frac{t}{\tau}}$$

此方法称为三要素法。

实验 3　一阶 RC 电路特性的仿真实验

习题 3

3-1　电路如习题图 3-1 所示。设开关 S 闭合前电路已处于稳态。在 $t = 0$ 时，将开关 S 闭合，试求 $t = 0_+$ 瞬间的 u_C、i_1、i_2、i_3、i_C 的初始值。

3-2　电路如习题图 3-2 所示。换路前电路已处于稳态，$t = 0$ 时将开关 S 合上。试求暂态过程的初始值 $i_L(0_+)$，$i(0_+)$，$i_S(0_+)$ 及 $u_L(0_+)$。

3-3　电路如习题图 3-3 所示。在 $t = 0$ 时合上开关 S，时间常数 τ 为多少？

3-4　电路如习题图 3-4 所示。在 $t = 0$ 时断开开关 S，时间常数 τ 应为多少？

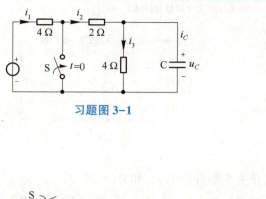
习题图 3-1

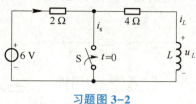
习题图 3-2

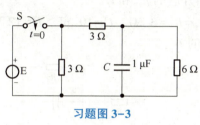
习题图 3-3

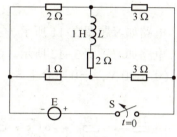
习题图 3-4

3-5 电路如习题图 3-5 所示。开关 S 原已合在 a 位置上,试求当开关 S 在 $t=0$ 时合到 b 位置后电容元件的端电压 u_C。

3-6 电路如习题图 3-6 所示。当开关 S 闭合时电路已处于稳态,试求开关 S 打开后的电流 i。

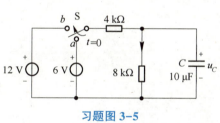
习题图 3-5

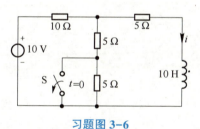
习题图 3-6

3-7 电路如习题图 3-7 图所示。开关 S 闭合前电路已处于稳态,$t=0$ 时开关 S 合上,求 $t \geq 0$ 时的电流 i_L。

3-8 电路如习题图 3-8 所示。S 闭合前电路已处于稳态。当 $t=0$ 时 S 闭合,求 $t \geq 0$ 时的 u_C。

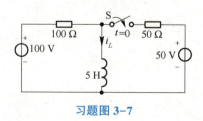
习题图 3-7

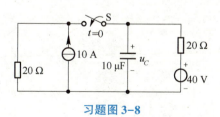
习题图 3-8

3-9 电路如习题图 3-9 所示。在开关 S 闭合前电路已处于稳态。用三要素法求 $t \geq 0$ 时的 u_C 和 i_1。

3-10 电路如习题图 3-10 所示。用三要素法求 $t \geq 0$ 时的 i_1 和 i_2。

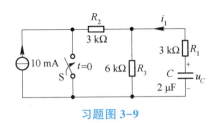

习题图 3-9

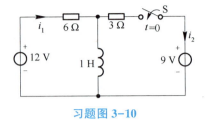

习题图 3-10

3-11 电路如习题图 3-11 所示。求开关 S 断开后的 u_C 和 i_L。

3-12 电路如习题图 3-12 所示。已知 $R_1=R_2=R_3=3 \text{ k}\Omega$，$C=10^3 \text{ pF}$，$E=12 \text{ V}$，开关 S 断开前，$u_C(0_-)=0 \text{ V}$，$t=0$ 时合上 S，求 $t \geq 0$ 后的 U_{R3}。

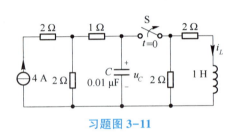

习题图 3-11

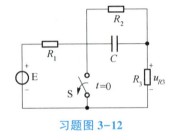

习题图 3-12

第 4 章 正弦稳态电路

教学目的与要求：理解正弦量基本概念；掌握正弦量的相量表示方法；掌握 RLC 串联电路的分析方法；掌握阻抗三角形、电压三角形和功率三角形等概念；掌握正弦交流电路的有功功率、无功功率、视在功率、功率因数的概念和计算方法；理解串、并联谐振的条件；了解交流电路的频率特性以及非正弦周期信号的频率分析方法。

重点：RLC 串联电路的分析方法；阻抗三角形、电压三角形和功率三角形概念和应用；正弦交流电路的有功功率、无功功率、视在功率、功率因数的概念和计算方法。

难点：正弦量的相量表示方法；阻抗三角形、电压三角形和功率三角形概念和应用

知识点思维导图如图 4-1 所示。

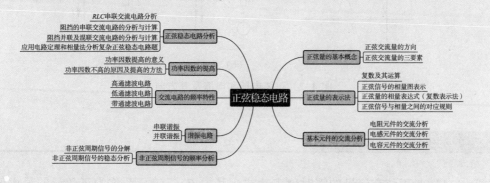

图 4-1 第 4 章思维导图

交流电路中的电流（或电压）是随时间变化的。而随时间按正弦规律变化的交变电流（或电压）是工程技术中应用最广泛的一种，也是交变信号中最基本的信号。正弦交流电压变换容易，输送和分配方便，其供电性能好，效率高；交流电器结构简单、价格便宜、维修方便。从计算与分析的角度考虑，正弦周期函数是最简单的周期函数，测量与计算也比较容易，是分析一切非正弦周期函数的基础。正弦稳态分析是实现系统频率域分析的基础。正弦交流电和正弦稳态电路分析，在理论和技术领域中都占有十分重要的地位。

4.1 正弦量的基本概念

电路中的电压、电流的大小和方向都会随时间做周期性变化，称为交流信号。若交流信号按正弦规律变化则称为正弦交流信号，如图 4-2（a）所示。

正弦交流电路中的电压、电流及电动势，其大小和方向均随时间进行正弦变化，正弦交流信号可用时间正弦函数或余弦函数表示，本书采用正弦函数来表示。其数学表达式为

$$\begin{aligned} e &= E_m \sin(\omega t + \varphi_e) \\ u &= U_m \sin(\omega t + \varphi_u) \\ i &= I_m \sin(\omega t + \varphi_i) \end{aligned} \tag{4-1}$$

4.1.1 正弦交流量的方向

由于正弦电压和电流的方向是周期性变化的，故在电路图上所标的方向是指它们的参考方向，即代表正半周的方向。在负半周时，由于所标的参考方向与实际方向相反，则其值为负，图 4-2（b）、图 4-2（c）所示的箭头方向代表电流实际方向；图中⊕⊖代表电压的实际方向（极性）。因此，在分析交流电路时，不同瞬时交流量的比较是没有意义的，这也是其区别于直流电的基本特征。

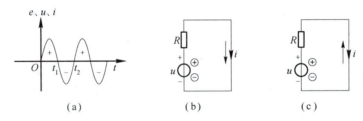

图 4-2 正弦电压和电流及其方向

4.1.2 正弦交流量的三要素

式（4-1）是正弦交流量的瞬时值表达式，其中 E_m、U_m、I_m 称为正弦量的最大值或幅值；ω 称为角频率；φ_e、φ_u、φ_i 称为初相位。如果已知幅值、角频率和初相位，则上述正弦量就能唯一地确定，所以称它们为正弦量的三要素。

1. 最大值、瞬时值、有效值

最大值是反映正弦量变化幅度的值，又称幅值或峰值，规定用大写字母加下标 m 表示，即 E_m、U_m、I_m。

瞬时值是正弦量任一时刻的值，规定用小写字母表示，分别为 e、u、i。

平常所说的电压高低、电流大小或电器上标的电压和电流指的是有效值。有效值是通过交流电在电路中做功的效果来定义的，描述为交流电流 i 通过电阻 R 在一个周期 T 内产生的热量与直流电流 I 通过电阻 R 在时间 T 内产生的热量相等时，这个直流电流 I 的数值称为交流电流的有效值。数学表达为

$$I^2RT = \int_0^T i^2 R \mathrm{d}t$$

则其有效值表达式为

$$I = \sqrt{\frac{1}{T}\int_0^T i^2 \mathrm{d}t} \tag{4-2}$$

将式（4-1）的正弦量 $i = I_m \sin(\omega t + \varphi_i)$ 代入式（4-2）中，可得

$$I = \sqrt{\frac{1}{T}\int_0^T I_m^2 \sin^2(\omega t + \varphi_i) \mathrm{d}t}$$

$$= \sqrt{\frac{I_m^2}{2T}\int_0^T [1 - \cos 2(\omega t + \varphi_i)] \mathrm{d}t}$$

$$= \frac{I_m}{\sqrt{2}} = 0.707 I_m \tag{4-3}$$

同理可得

$$U = \frac{U_m}{\sqrt{2}} \quad E = \frac{E_m}{\sqrt{2}}$$

可见，正弦交流量的最大值是其有效值的 $\sqrt{2}$ 倍，通常所说的交流电压 220 V 是指有效值，其最大值约为 311 V。

2. 周期、频率、角频率

反映交流电变化快慢的物理量是频率 f，即交流电每秒钟变化的次数，单位为赫兹（Hz），而周期 T 为其交变一次所需的时间，单位为秒（s），它们互为倒数的关系。目前世界各国电力系统的供电频率有 50 Hz 和 60 Hz 两种，这种频率称为工业频率，简称工频。不同技术领域中的频率要求是不一样的，有的高达数千兆赫兹，称为高频交流信号。正弦交流量表达式中反映交流电变化快慢的特征量是角频率 ω。ω、T、f 的关系为

$$\omega = \frac{2\pi}{T} = 2\pi f \tag{4-4}$$

角频率的单位是弧度/秒（rad/s），它的含义是正弦量每秒变化的弧度数；它同样可以反映正弦量变化的快慢。在交流发电机中，ω 又与发电机转动的角速度相联系。

3. 相位、初相位与相位差

任一瞬时的角度（$\omega t + \varphi$）称为正弦量的相位角或相位，它与交流量的瞬时值相联系。$t = 0$ 时的相位角 φ 叫作初相位角或初相位，它是正弦量初始值大小的标志。事实上，初相位的大小与我们讨论它时所取的计时起点有关，如果将图 4-3 中的计时起点左移到图中虚线

处，则初相位为 $\varphi_u = 0$。

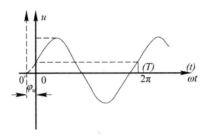

图 4-3 角频率与初相位的示意

在一个正弦电路中，当存在有两个以上的正弦信号时，它们一般不是同时达到最大值或零值的，即它们之间存在着不同相位。相位差是用来描述它们之间的先后关系的。例如

$$u = U_m \sin(\omega t + \varphi_u)$$
$$i = I_m \sin(\omega t + \varphi_i)$$

则它们的相位差为

$$\varphi = (\omega t + \varphi_u) - (\omega t + \varphi_i) = \varphi_u - \varphi_i \tag{4-5}$$

可见，同频正弦量的相位差也就是其初相位之差。

同频正弦量的相位差 φ 一般有以下 3 种情况。

（1） $\varphi = \varphi_u - \varphi_i > 0$（小于 $180°$），即 $\varphi_u > \varphi_i$，这种情况为先 u 后 i，称作 u 超前 i，如图 4-4（a）所示。

（2） $\varphi = \varphi_u - \varphi_i = 0$，即 $\varphi_u = \varphi_i$，称为同相位，同相位时两个正弦量同时增，同时减，同时达到最大值，同时过 0，如图 4-4（b）所示。

（3） $\varphi = \varphi_u - \varphi_i = \pm\pi$，称为反相位，如图 4-4（c）所示。

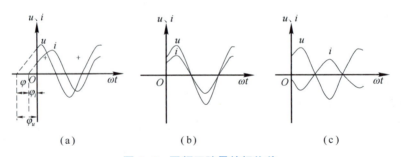

图 4-4 同频正弦量的相位差

需要说明的是，虽然几个同频正弦量的相位都在随时间不停地变化，但它们之间的相位差始终不变，且与计时起点的选择无关。正是由于相位差的存在，使交流电路中出现许多新的物理现象；同时也使交流电路问题的分析和计算要比直流电路复杂，但内容更丰富。

上述关于相位关系的讨论，只是对同频率的正弦量而言的。两个不同频率的正弦量的相位差则不再是一个常数，而是随时间变化的，在这种情况下讨论它们的相位关系是没有任何意义的。当电路中所有的激励都是同频率的正弦量时，电路中所有的响应也将是与激励同频率的正弦量。这时电路处在正弦稳态下，这种电路称为正弦稳态交流电路。

【例 4-1】 已知同频率的 3 个正弦电压 u_1、u_2、u_3 的有效值分别为 3 V、4 V、5 V，若 u_1 比 u_2 超前 45°，u_2 又比 u_3 超前 30°，试任意选择一个电压作为参考正弦量，写出 3 个电压的正弦表达式。

【解】 以 u_2 为参考正弦量，则

$$u_2 = 4\sqrt{2}\sin(\omega t) \text{ V}$$

$$u_1 = 3\sqrt{2}\sin(\omega t + 45°) \text{ V}$$

$$u_3 = 5\sqrt{2}\sin(\omega t - 30°) \text{ V}$$

【例 4-2】 已知正弦电压 $u_1 = 311\sin(314t + 60°)$ V，试求：
(1) 角频率 ω、频率 f、周期 T、最大值 U_m 和初相位 φ_u；
(2) 在 $t = 0$ s 和 $t = 0.001$ s 时电压的瞬时值；
(3) 用交流电压表去测量电压时，其读数应为多少？

【解】 (1) $\omega = 314$ rad/s，$f = \dfrac{\omega}{2\pi} = 50$ Hz，$T = \dfrac{1}{f} = 0.02$ s

$U_m = 311$ V，$\varphi_u = 60°$

(2) $t = 0$ s 时，$u = 311\sin 60° = 269.3$ V

$t = 0.001$ s 时，$u = 311\sin\left(100\pi \times 0.001 + \dfrac{\pi}{3}\right)$ V $= 304.2$ V

(3) 用交流电压表去测量电压时，其读数应为有效值，即

$$U = \dfrac{U_m}{\sqrt{2}} = 220 \text{ V}$$

4.2 正弦量的表示法

用三角函数或波形图来表达正弦量是最基本的表示方法，但要用其进行电路分析与计算却是比较麻烦的。由于在正弦交流电路中一般使用同频正弦量，所以我们常用正弦量的相量表示法进行分析与计算。

4.2.1 复数及其运算

在数学中，一个复数 A 可表示为代数型、指数型或极坐标型，即

$A = a + jb$　　代数型

$A = |A|e^{j\varphi}$　　指数型

$A = |A|\angle\varphi$　　极坐标型

式中 $j = \sqrt{-1}$ 为复数单位，a 和 b 分别为复数 A 的实部和虚部；$|A|$ 和 φ 分别是 A 的模和辐角。复数 A 也可以表示为复平面上的一个点或由原点指向该点的有向线段（矢量），如图 4-5 所示。

由图 4-5 可知，复数代数型与极坐标型（或指数型）之间的关

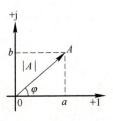

图 4-5　复数的表示

系为

$$|A| = \sqrt{a^2+b^2} \tag{4-6}$$

$$\varphi = \arctan \frac{b}{a} \tag{4-7}$$

$$a = \text{Re}[A] = |A|\cos\varphi \tag{4-8}$$

$$b = \text{Im}[A] = |A|\sin\varphi \tag{4-9}$$

式（4-8）和式（4-9）中 Re[A] 和 Im[A] 分别表示取 A 的实部和虚部。若两个复数相等，则其实部和虚部分别相等，或模和辐角分别相等。

两个复数相加（减），等于把它们的实部和虚部分别相加（减）。

例如，若 $A = a_1 + jb_1$，$B = a_2 + jb_2$ 则

$$\begin{aligned} A \pm B &= (a_1 + jb_1) \pm (a_2 + jb_2) \\ &= (a_1 \pm a_2) + j(b_1 \pm b_2) \end{aligned} \tag{4-10}$$

复数的加、减运算宜采用代数型。

两个复数相乘（除）等于将它们的模相乘（除）、辐角相加（减）。

例如，若 $A = |A|e^{j\varphi_A} = |A|\angle\varphi_A$，$B = |B|e^{j\varphi_B} = |B|\angle\varphi_B$，则

$$A \cdot B = |A||B| \angle \varphi_A + \angle \varphi_B = |A||B|e^{j(\varphi_A+\varphi_B)}$$

$$\frac{A}{B} = \frac{|A|}{|B|} \angle \varphi_A - \angle \varphi_B = \frac{|A|}{|B|}e^{j(\varphi_A-\varphi_B)} \tag{4-11}$$

复数的乘、除运算采用极坐标型或指数型较为方便。

复数在复平面上进行代数运算有一定的几何意义。例如，复数的加、减运算可采用矢量的平行四边形法则或多边形法则作图完成。复数 A、B 相乘，相当于把矢量 A 的模 |A| 扩大 |B|（B 的模）倍后，再绕原点按逆时针方向旋转 φ_B；复数 A 除以 B，相当于把矢量 A 的模 |A| 缩小 |B| 倍后，再按顺时针方向旋转 φ_B。

4.2.2 正弦信号的相量图表示

相量图是能够确切表达正弦量三要素的直观图示法，可以由复平面内长为幅值、以角速度 ω 旋转的矢量来表示，如正弦电压 $u = U_m\sin(\omega t + \varphi_u)$ 便可作为图 4-6（a）所示的旋转矢量。此矢量大小为 U_m，以角速度 ω 在复平面内旋转，任意时刻其矢端的纵坐标值与正弦波的瞬时值对应，其与实轴的夹角即为相位角 $(\omega t + \varphi_u)$。为了与空间矢量区别，我们约定用大写字母头上加"·"表示，如图中的 $\dot{U}_m$。

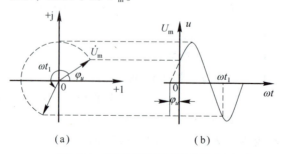

图 4-6　正弦量的相量图表示法

应用相量图分析正弦量时，由于其频率相同（即矢量的旋转速度相同），它们之间的相对位置在任意时刻均不会改变。所以，只需将它们作为不动量来处理，这样不会影响分析的结果。此外，工程计算中多用其有效值衡量大小，所以多用有效值相量表示正弦量。例如，电压 u_1 和 u_2 的瞬时值分别为

$$u_1 = U_{m1}\sin(\omega t + \varphi_1)$$
$$u_2 = U_{m2}\sin(\omega t + \varphi_2)$$

其相量图如图 4-7（a）所示，其中 $\dot{U}_1$ 和 $\dot{U}_2$ 分别为 u_1 和 u_2 的有效值相量，其大小分别为 $U_1 = \dfrac{U_{m1}}{\sqrt{2}}$、$U_2 = \dfrac{U_{m2}}{\sqrt{2}}$。若电压 $u = u_1 + u_2$，其相量和 $\dot{U}$ 可以在图 4-7（b）中根据平行四边形法则方便地画出，和相量的有效值和初相位角也随之确定。若通过三角函数变换求解 u，则相当复杂。

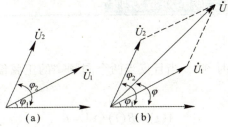

特高压工程

图 4-7　同频率正弦量的相量图与相量和
（a）相量图；（b）相量和

4.2.3　正弦量的相量表达式（复数表示法）

用相量图的方法可以清楚地表示所讨论的各正弦量间的相互关系，也可通过作相量图求得所需结果，但在实际中由于作图精度的限制，特别是在分析复杂电路时，这种方法还是比较困难的。相量的数学表达式（复数表示法）才是分析正弦交流电路的一般方法。

可以将图 4-6（a）中的相量用以下形式表示。

相量的指数形式，即

$$\dot{U} = U_m e^{j\varphi_u} \tag{4-12}$$

相量的极坐标形式，即

$$\dot{U} = U_m \angle \varphi_u \tag{4-13}$$

相量的代数形式，即

$$\dot{U} = U_m \cos\varphi_u + j U_m \sin\varphi_u \tag{4-14}$$

上面的 3 个式子称为电压的振幅相量。

电压有效值相量可表示为

$$\dot{U} = U e^{j\varphi_u} = U \angle \varphi_u = U\cos\varphi_u + jU\sin\varphi_u \tag{4-15}$$

其中 $U_m = \sqrt{2}\,U$。有效值相量的表示方法是最常见的。

相量的代数形式与相量的极坐标形式（或相量的指数形式）之间的关系如图 4-8 所示。

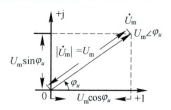

图 4-8 相量的代数形式与相量的极坐标形式（或相量的指数形式）之间的关系

注意：正弦信号是代数量，并非矢量或复数量，所以，相量不等于正弦信号。但是，它们之间有相应的对应关系，即

$$u = U_m \sin(\omega t + \varphi_u) \leftrightarrow \dot{U} = U_m e^{j\varphi_u} = U_m \angle \varphi_u = U_m \cos\varphi_u + jU_m \sin\varphi_u \tag{4-16}$$

$$u = \sqrt{2} U \sin(\omega t + \varphi_u) \leftrightarrow \dot{U} = U e^{j\varphi_u} = U \angle \varphi_u = U \cos\varphi_u + jU \sin\varphi_u \tag{4-17}$$

式（4-16）和式（4-17）中双向箭头符号"↔"表示正弦信号与相量之间的对应关系。

4.2.4 正弦信号与相量之间的对应规则

1) 唯一性规则

唯一性规则是指对所有时刻 t，当且仅当两个同频率的正弦信号相等时，其对应的相量才相等。即

$$A(t) = B(t) \leftrightarrow \dot{A} = \dot{B} \tag{4-18}$$

2) 线性规则

线性规则是指若 k_1 和 k_2 均为实常数，且 $A(t) \leftrightarrow \dot{A}$，$B(t) \leftrightarrow \dot{B}$，则

$$k_1 A(t) + k_2 B(t) \leftrightarrow k_1 \dot{A} + k_2 \dot{B} \tag{4-19}$$

3) 微分规则

微分规则是指若 $A(t) \leftrightarrow \dot{A}$，则

$$\frac{d}{dt}A(t) \leftrightarrow j\omega \dot{A} \tag{4-20}$$

【例 4-3】 设 $i = \sqrt{2} I \sin(\omega t + \varphi_i)$，对 i 求导，分别求其相量的极坐标形式，验证正弦信号与相量之间的微分规则。

【解】 i 的相量的极坐标形式为

$$i = \sqrt{2} I \sin(\omega t + \varphi_i) \leftrightarrow \dot{I} = I \angle \varphi_i$$

对 i 求导，即

$$\frac{di}{dt} = \omega\sqrt{2} I \sin\left(\omega t + \varphi_i + \frac{\pi}{2}\right)$$

结果相量的极坐标形式为

$$\frac{di}{dt} = \omega\sqrt{2} I \sin\left(\omega t + \varphi_i + \frac{\pi}{2}\right) \leftrightarrow \dot{I}' = \omega I \angle \varphi_i + \frac{\pi}{2} = j\omega I \angle \varphi_i = j\omega \dot{I}$$

比较两式可知，正弦量的导数是一个同频率正弦量，其相量等于原正弦量的相量乘以 ωj，即

$$\frac{d}{dt}A(t) \leftrightarrow j\omega \dot{A}$$

【例 4-4】 电路中的某一节点 A，在该节点处电流流向如图 4-9（a）所示。已知 $i_1 = 5\sqrt{2}\sin(\omega t - 36.9°)$ A，$i_2 = 10\sqrt{2}\sin(\omega t + 53.1°)$ A，试求电流 i。

【解】 由已知条件可得

$$i_1 \leftrightarrow \dot{I}_1 = 5\angle -36.9°$$

$$i_2 \leftrightarrow \dot{I}_2 = 10\angle 53.1°$$

根据基尔霍夫电流定律，有

$$i = i_1 + i_2$$

设正弦电流 i 的有效值相量为 $\dot{I}$，则由线性和唯一性规则可得

$$\dot{I} = \dot{I}_1 + \dot{I}_2 = 5\angle -36.9° + 10\angle 53.1° = (4-j3) + (6+j8) = 10 + j5 = 11.18\angle 26.6° \text{ A}$$

因此，正弦电流 i 的表达式为

$$i = 11.18\sqrt{2}\sin(\omega t + 26.6°) \text{ A}$$

其相量图如图 4-9（b）所示。

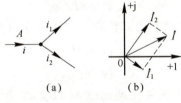

图 4-9 【例 4-4】图示

4.3 基本元件的交流分析

4.3.1 电阻元件的交流分析

1. 电阻元件在交流电路中的伏安特性

如图 4-10（a）所示，设电阻 R 的端电压与电流采用关联参考方向。当正弦电流为

$$i(t) = \sqrt{2}I\sin(\omega t + \varphi_i)$$

通过电阻时，由欧姆定律可知电阻元件的端电压为

$$u(t) = Ri(t) = \sqrt{2}RI\sin(\omega t + \varphi_i) \qquad (4-21)$$

$$= \sqrt{2}U\sin(\omega t + \varphi_u)$$

式中，U 和 φ_u 分别是电压 u 的有效值和初相位。

上式表明，电阻元件的电流、电压是同频率的正弦量，两者的有效值满足 $U = RI$，而初相是相同的。电阻元件的电流、电压波形如图 4-10（b）所示。

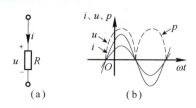

图 4-10　电阻元件及其伏安关系

(a) 电阻元件；(b) 伏安关系

2. 电阻元件在交流电路中的伏安特性的相量形式和相量模型

设正弦电流 i 和电压 u 对应的有效值相量分别为 $\dot{I}$ 和 $\dot{U}$，根据正弦信号与相量之间线性规则和唯一性规则，式（4-21）对应的相量表达式为

$$\dot{U} = R\dot{I} \qquad (4-22)$$

该式表明了电阻 R 的电流、电压的相量关系，称为电阻元件在交流电器中的伏安特性的相量形式。将式（4-22）中的相量表示成极坐标型，可得

$$U \angle \varphi_u = RI \angle \varphi_i$$

按照复数相等定义，上式等号两边复数的模和辐角分别相等，即

$$\begin{cases} U = RI \\ \varphi_u = \varphi_i \end{cases} \qquad (4-23)$$

根据式（4-23）画出的电阻元件模型如图 4-11（a）所示。它以相量形式的伏安特性描述电阻元件特性，故称为相量模型。电阻元件的电流、电压相量图如图 4-11（b）所示。

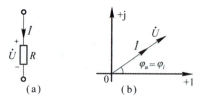

图 4-11　电阻元件的相量模型和伏安特性的相量图

(a) 相量模型；(b) 伏安特性相量图

盗电的危害和法律责任

3. 电阻元件在交流电路中的功率关系

电阻元件在正弦交流电路中的瞬时功率可表示为

$$p = ui = U_m I_m \sin^2(\omega t + \varphi_i) = 2UI \sin^2(\omega t + \varphi_i) \qquad (4-24)$$

电阻元件的功率随时间的变化情况如图 4-10（b）所示，其始终为正值，即始终消耗电能。

在 1 个周期内功率的平均值称为平均功率，又称为有功功率，单位为瓦特（W）或千瓦（kW）。根据平均功率的定义，得

$$P = \frac{1}{T}\int_0^T p\,\mathrm{d}t = \frac{1}{T}\int_0^T 2UI\sin^2(\omega t + \varphi_i)\,\mathrm{d}t$$
$$= UI = I^2 R = \frac{U^2}{R} \qquad (4-25)$$

工程上关心的只是其平均功率，而不细究其瞬时功率。

4.3.2 电感元件的交流分析

1. 电感元件在交流电路中的伏安特性

如图 4-12（a）所示，设电感元件 L 的端电压与电流采用关联参考方向。当正弦电流为

$$i(t)=\sqrt{2}I\sin(\omega t+\varphi_i)$$

通过电感时，其端电压为

$$u(t)=L\frac{\mathrm{d}i(t)}{\mathrm{d}t}=\sqrt{2}\omega LI\cos(\omega t+\varphi_i)=\sqrt{2}\omega LI\sin\left(\omega t+\varphi_i+\frac{\pi}{2}\right) \quad (4-26)$$

$$=\sqrt{2}U\sin(\omega t+\varphi_u)$$

式中，U 和 φ_u 分别为电感电压的有效值和初相位。

由式（4-26）可知，电感电压和电流是同频率的正弦量，其波形如图 4-12（b）所示。

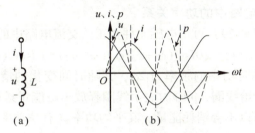

图 4-12 电感元件及其伏安关系

（a）电感元件；（b）伏安关系

2. 电感元件在交流电路中的伏安特性的相量形式和相量模型

若设电感电流、电压与有效值相量的对应关系为

$$i(t)=\sqrt{2}I\sin(\omega t+\varphi_i)\leftrightarrow \dot{I}=I\angle\varphi_i$$

$$u(t)=\sqrt{2}U\sin(\omega t+\varphi_u)\leftrightarrow \dot{U}=U\angle\varphi_u$$

则根据正弦信号与相量之间的微分、线性和唯一性规则，可得式（4-26）的相量表达式为

$$\dot{U}=\mathrm{j}\omega L\dot{I}=\mathrm{j}X_L\dot{I}=(\mathrm{j}X_L)\dot{I} \quad (4-27)$$

该式称为电感元件在交流电器中的伏安特性的相量形式。其中 $X_L=\omega L$ 称为感抗，单位为欧姆（Ω），表示其限流作用的大小；$\mathrm{j}X_L$ 称为复感抗，式中 j 是电压领先于电流 90° 相位关系的表示。式（4-27）可以改写为

$$U\angle\varphi_u=\omega LI\angle\left(\varphi_i+\frac{\pi}{2}\right)=X_LI\angle\left(\varphi_i+\frac{\pi}{2}\right)$$

根据两复数相等的定义，可得

$$U=X_LI=\omega LI \quad (4-28)$$

$$\varphi_u=\varphi_i+\frac{\pi}{2} \quad (4-29)$$

由式（4-28）可知，电感的电流、电压有效值的关系除与 L 有关外，还与角频率 ω 有关，又因为 $\omega=2\pi f$，对给定的电感 L，当 I 一定时，ω 或 f 越高则 U 越大；ω 或 f 越低则 U 越小。也就是说，电感对高频电流有较大的阻碍作用，这种阻碍作用是由电感元件中感应电动势反抗电流变化而产生的。在电子电路中使用的滤波电感或高频扼流圈，就是利用电感的

这种特性以达到抑制高频电流通过的目的。在直流情况下，$f=0$ 则 $\omega=0$、$U=0$，此时电感相当于短路。

式（4-29）表明电感电压的相位超前电流 90°。根据式（4-27）画出的电感元件的相量模型如图 4-13（a）所示，电感电流、电压相量图如图 4-13（b）所示。

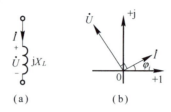

图 4-13　电感元件相量模型和伏安特性的相量图
(a) 电感元件相量模型；(b) 伏安特性的相量图

3. 电感元件在交流电路中的功率关系

根据功率定义及式（4-29）可得电感元件在正弦交流电路中的瞬时功率为

$$p=u(t)i(t)=2UI\sin(\omega t+\varphi_i)\cos(\omega t+\varphi_i)=UI\sin 2(\omega t+\varphi_i) \quad (4-30)$$

由上式可知，电感元件瞬时功率的频率为 2ω，其随时间变化的情况如图 4-12（b）所示。$p>0$ 时表示电源输出电能给线圈，$p<0$ 时表示线圈释放出磁能量送回电源。对理想线性电感而言，不考虑其电阻，所以不会消耗能量，其平均功率（有功功率）为

$$P=\frac{1}{T}\int_0^T p\,\mathrm{d}t=0$$

为了表达这种电能与磁场能互换的速率，或电磁互换的规模，将瞬时功率的幅值定义为无功功率，用 Q_L 表示，则有

$$Q_L=UI=I^2X_L=\frac{U^2}{X_L} \quad (4-31)$$

无功功率的单位用乏（var）或千乏（kvar）表示。

【例 4-5】　$L=2$ H 的电感元件接到 $u=200\sqrt{2}\sin(314t+30°)$ V 的电源上，求通过该元件的电流 i。

【解】　利用相量关系运算，有

$$\dot{U}=200\angle 30° \text{ V}$$

$$X_L=\omega L=314\times 2 \text{ Ω}=628 \text{ Ω}$$

$$\dot{I}_L=\frac{\dot{U}}{jX_L}=\frac{220\angle 30°}{j628} \text{ A}=0.3\angle -60° \text{ A}$$

所以

$$i=0.3\sqrt{2}\sin(314t-60°) \text{ A}$$

4.3.3　电容元件的交流分析

1. 电容元件在交流电路中的伏安特性

如图 4-14（a）所示，设电容元件 C 的端电压、电流采用关联参考方向。当电容端电压为

$$u(t)=\sqrt{2}U\sin(\omega t+\varphi_u)$$

时，通过 C 的电流为

$$i(t)=C\frac{du}{dt}=\sqrt{2}C\omega U\cos(\omega t+\varphi_u)=\sqrt{2}C\omega U\sin\left(\omega t+\varphi_u+\frac{\pi}{2}\right) \quad (4\text{-}32)$$
$$=\sqrt{2}I\sin(\omega t+\varphi_i)$$

式中，I 和 φ_i 分别是电容电流的有效值和初相位。

式（4-32）表明，电容电压、电流是同频率的正弦量，其波形如图 4-14（b）所示。

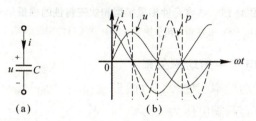

图 4-14　电容元件及其伏安关系
（a）电容元件；（b）伏安关系

2. 电容元件在交流电路中的伏安特性的相量形式和相量模型

如果电容电压、电流与其相量之间的对应关系为

$$u(t)=\sqrt{2}U\sin(\omega t+\varphi_u) \leftrightarrow \dot{U}=U\angle\varphi_u$$
$$i(t)=\sqrt{2}I\sin(\omega t+\varphi_i) \leftrightarrow \dot{I}=I\angle\varphi_i$$

由正弦信号与相量之间的微分、线性和唯一性规则，可得式（4-32）的相量表达式为

$$\dot{I}=j\omega C\dot{U} \quad (4\text{-}33)$$

或

$$\dot{U}=\frac{1}{j\omega C}\dot{I}=-j\frac{1}{\omega C}\dot{I}=-jX_C\dot{I} \quad (4\text{-}34)$$

式中，$X_C=\dfrac{1}{\omega C}$ 称为容抗，单位为欧姆（Ω），反映其阻碍电流作用的强弱；$-jX_C$ 称为复容抗。

式（4-33）和式（4-34）称为电容元件伏安特性的相量形式。

若将式（4-34）中的电流、电压相量表示成极坐标型，即

$$U\angle\varphi_u=\frac{1}{j\omega C}I\angle\varphi_i=-j\frac{1}{\omega C}I\angle\varphi_i=\frac{1}{\omega C}I\angle\varphi_i-\frac{\pi}{2}=X_CI\angle\left(\varphi_i-\frac{\pi}{2}\right)$$

则由复数相等定义，可得

$$U=\frac{1}{\omega C}I=X_CI \quad (4\text{-}35)$$

和

$$\varphi_u=\varphi_i-\frac{\pi}{2} \quad (4\text{-}36)$$

式（4-35）表明，对于给定的电容 C，当 U 一定时，ω 或 f 越高，电容进行充、放电的速率越快，单位时间内移动的电荷量越大，故 I 就越大；反之，ω 或 f 越低，I 就越小。在直流情况下，$\omega=0$，$I=0$，电容相当于开路，所以电容元件具有隔直流的作用。

由式（4-36）可知，电容电压的相位滞后电流90°。根据式（4-34）画出电容元件的相量模型如图4-15（a）所示，电容元件伏安特性的相量形式如图4-15（b）所示。

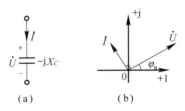

图4-15 电容元件相量模型和伏安特性的相量形式
(a) 电容元件相量模型；(b) 伏安特性相量形式

3. 电容元件在交流电路中的功率关系

为了同电感元件的无功功率相比较，也假设 $i(t)=\sqrt{2}I\sin(\omega t+\varphi_i)$ 为参考正弦量，根据电容元件的伏安特性，电容两端电压为

$$u(t)=U\sin\left(\omega t+\varphi_i-\frac{\pi}{2}\right)=-\sqrt{2}U\cos(\omega t+\varphi_i)$$

于是得出瞬时功率为

$$p=ui=-2UI\sin(\omega t+\varphi_i)\cos(\omega t+\varphi_i)=-UI\sin2(\omega t+\varphi_i) \qquad (4-37)$$

由上式可知，电容元件瞬时功率的频率为 2ω，随时间变化的情况如图4-14（b）所示。当 $p>0$ 时表示电容被充电，$p<0$ 时说明电容释放电能送回电源。理想线性电容元件不消耗电能，其平均功率（有功功率）为

$$P=\frac{1}{T}\int_0^T p\,\mathrm{d}t=0$$

为了表示这种电能和电场能互换的规模，定义其无功功率为

$$Q_C=-UI=-I^2X_C=-\frac{U^2}{X_C}=-\omega CU^2 \qquad (4-38)$$

无功功率的单位也为乏（var）或千乏（kvar）。

【例4-6】 $C=5\ \mu F$ 的电容元件接到 $u=200\sqrt{2}\sin(314t+60°)$ V 的电源上，求电容电流 i。

【解】 利用相量关系运算得

$$\dot{U}=200\angle 60°\ \text{V}$$

$$X_C=\frac{1}{\omega C}=\frac{1}{314\times 5}\times 10^6\ \Omega=637\ \Omega$$

$$\dot{I}=\frac{\dot{U}}{-jX_C}=\frac{200\angle 60°}{-j637}\ \text{A}=0.314\angle 150°\ \text{A}$$

所以

$$i=0.314\sqrt{2}\sin(314t+150°)\ \text{A}$$

【例4-7】 有一LC并联电路接在220 V 的工频交流电源上，已知 $L=2$ H，$C=4.75\ \mu F$，试求：（1）感抗与容抗；（2）I_L、I_C 与总电流 I；（3）画出相量图；（4）Q_L、Q_C 与总无功功率。

【解】 已知电路接在工频交流电源上，所以电源的频率 $f=50$ Hz。

（1）感抗 $X_L=2\pi fL=2\pi\times 50\times 2\ \Omega=628\ \Omega$

容抗 $X_C = \dfrac{1}{2\pi fC} = \dfrac{1}{314 \times 4.75 \times 10^{-6}}\ \Omega = 670\ \Omega$

(2) $I_L = \dfrac{U}{X_L} = \dfrac{220}{628}\ \text{A} = 0.350\ \text{A}$ $I_C = \dfrac{U}{X_C} = \dfrac{220}{670}\ \text{A} = 0.328\ \text{A}$

(3) 以电压 $\dot{U}$ 为参考,作相量图如图 4-16 所示。

$\dot{I}_L$ 与 $\dot{I}_C$ 反相位,则总电流 $I = I_L - I_C = 0.022$ A。

(4) 由相量关系可见,当 L 中电流为正值时,C 中电流必然为负值(总是反相)。也就是说,当 L 吸收功率时,C 必然释放出功率;反之亦然。

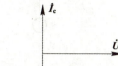

图 4-16 【例 4-7】图解

故

$$Q_L = I_L^2 X_L = UI_L = 77\ \text{var}$$
$$Q_C = -I_C^2 X_C = -UI_C = -72.16\ \text{var}$$

总无功功率为

$$Q = Q_L + Q_C = 4.84\ \text{var}$$

将电阻元件、电感元件、电容元件在正弦交流电路中的基本关系列在表 4-1 中,以作比较。

表 4-1 电阻元件、电感元件、电容元件在正弦交流电路中的基本关系

电路参数	相量模型(参考方向)	基本关系	阻抗	电压、电流关系				功率	
				瞬时值	有效值	相量式	相量图	有功功率	无功功率
R		$u = iR$	R	设 $i = \sqrt{2}I\sin\omega t$ 则 $u = \sqrt{2}RI\sin\omega t$	$U = RI$	$\dot{U} = R\dot{I}$	i、u 同向	UI I^2R	0
L		$u_L = L\dfrac{\mathrm{d}i}{\mathrm{d}t}$	jX_L	设 $i = \sqrt{2}I\sin\omega t$ 则 $u = \sqrt{2}\omega LI\sin(\omega t + 90°)$	$U = X_L I$ $X_L = \omega L$	$\dot{U} = jX_L\dot{I}$	u 超前 $i\ 90°$	0	UI $I^2 X_L$
C		$i_C = C\dfrac{\mathrm{d}u}{\mathrm{d}t}$	$-jX_C$	设 $i = \sqrt{2}I\sin\omega t$ 则 $u = \sqrt{2}CI\sin(\omega t - 90°)$	$U = X_C I$ $X_C = \dfrac{1}{\omega C}$	$\dot{U} = -jX_C\dot{I}$	u 滞后 $i\ 90°$	0	$-UI$ $-I^2 X_C$

4.4 正弦稳态电路分析

4.4.1 RLC 串联交流电路分析

设由 R、L、C 串联组成的交流电路如图 4-17(a)所示。

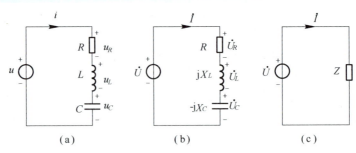

图 4-17 R、L、C 串联交流电路分析

设电流为

$$i = \sqrt{2} I \sin \omega t$$

1. 瞬时值关系

根据 KVL 可列出瞬时值表达式为

$$u = u_R + u_L + u_C = Ri + L\frac{di}{dt} + \frac{1}{C}\int i\, dt \tag{4-39}$$

2. 相量关系

将图 4-17（a）变为由 R、L、C 相量模型组成的图 4-17（b），根据 KVL 得相量形式的表达式为

$$\dot{U} = \dot{U}_R + \dot{U}_L + \dot{U}_C \tag{4-40}$$

由 R、L、C 交流电路的伏安特性的相量形式将式（4-40）展开，得

$$\dot{U} = \dot{U}_R + \dot{U}_L + \dot{U}_C = \dot{I}R + \dot{I}(jX_L) + \dot{I}(-jX_C) = \dot{I}[R+(X_L-X_C)j] = \dot{I}Z \tag{4-41}$$

由式（4-41）可得

$$Z = \frac{\dot{U}}{\dot{I}} = R + j(X_L - X_C) = R + jX = |Z|\angle\varphi \tag{4-42}$$

式（4-42）中 $X = X_L - X_C$，称为电抗（感抗与容抗统称为电抗）；Z 是一个复数，称为复阻抗，简称阻抗。阻抗模为

$$|Z| = \sqrt{R^2 + (X_L - X_C)^2} \tag{4-43}$$

式（4-42）中的 φ 称为阻抗角，因为 $Z = \frac{\dot{U}}{\dot{I}} = \frac{U}{I}\angle(\varphi_u - \varphi_i)$，所以 φ 也等于总电压与电流的相位差，即

$$\varphi = \arctan\frac{(X_L - X_C)}{R} = \varphi_u - \varphi_i \tag{4-44}$$

阻抗不同于正弦量的复数表示，它不是一个相量，而是一个复数计算量。根据二端网络等效的原理，可将图 4-17（a）等效为图 4-17（c）。

3. 相量图

图 4-17 所示的 R、L、C 串联交流电路的相量图如图 4-18 所示。若 $X_L > X_C$，则 $U_L > U_C$，整个电路 $\dot{U}$ 超前 $\dot{I}$，相位差为 φ，电路为感性电路，其相量图如图 4-18（a）所示；若 $X_L < X_C$，则 $U_L < U_C$，整个电路 $\dot{U}$ 滞后于 $\dot{I}$，相位差为 φ，电路为容性电路，其相量图如图 4-18（b）

所示；若 $X_L=X_C$，则 $U_L=U_C$，整个电路 $\dot{U}$ 和 $\dot{I}$ 同相位，相位差为 0，电路为纯阻性电路，又称为谐振电路，其相量图如图 4-18（c）所示。

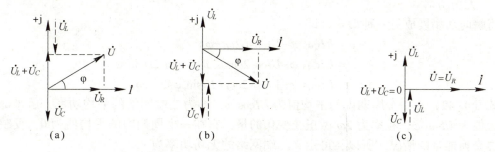

图 4-18 *R*、*L*、*C* 串联交流电路相量图

（a）感性电路相量图；（b）容性电路相量图；（c）谐振电路相量图

为了便于分析，将图 4-18 中由电压相量 $\dot{U}$、$\dot{U}_R$ 及（$\dot{U}_L+\dot{U}_C$）所组成的直角三角形称为电压三角形，如图 4-19 所示。

4. 有效值关系

利用电压三角形可求得有效值关系式为

$$I=\frac{U}{|Z|}=\frac{U}{\sqrt{R^2+(X_L-X_C)^2}} \tag{4-45}$$

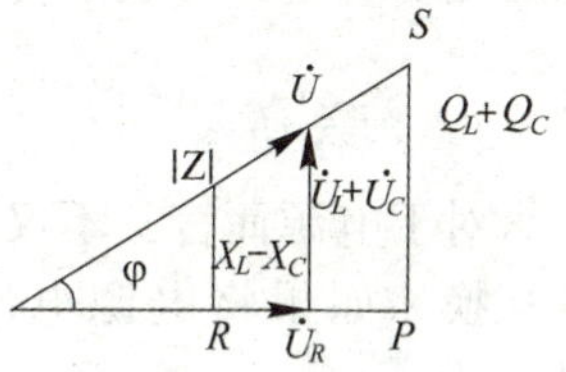

图 4-19 电压、阻抗和功率三角形

$$\varphi=\arctan\frac{U_L+U_C}{U_R}=\arctan\frac{X_L-X_C}{R}$$

$$\begin{cases} U=\sqrt{U_R^2+(U_L+U_C)^2} \\ U_R=U\cos\varphi \\ U_L+U_C=U\sin\varphi \end{cases} \tag{4-46}$$

将电压三角形的有效值同除以 *I* 得到阻抗三角形，如图 4-19 所示。

5. 功率关系

1）瞬时功率

假设 *R*、*L*、*C* 串联交流电路的电流为 $i=I_m\sin\omega t=\sqrt{2}I\sin\omega t$，则电压为 $u=U_m\sin(\omega t+\varphi)=\sqrt{2}U\sin(\omega t+\varphi)$，$\varphi$ 为 *u* 超前 *i* 的角度。

其瞬时功率为

$$\begin{aligned} p &= ui = \sqrt{2}U\sin(\omega t+\varphi)\sqrt{2}I\sin\omega t \\ &= 2UI\sin\omega t\sin(\omega t+\varphi) \\ &= 2UI\left[\frac{1}{2}\cos\varphi-\frac{1}{2}\cos(2\omega t+\varphi)\right] \\ &= UI\cos\varphi-UI\cos(2\omega t+\varphi) \end{aligned} \tag{4-47}$$

2）平均功率（有功功率）

平均功率的公式为

$$P=\frac{1}{T}\int_0^T p\,dt=\frac{1}{T}\int_0^T[UI\cos\varphi-UI\cos(2\omega t+\varphi)]\,dt=UI\cos\varphi \tag{4-48}$$

另外，通过分析 *R*、*L*、*C* 串联交流电路可知，只有电阻元件消耗功率，所以其有功功

率为

$$P = U_R I = UI\cos\varphi = I^2 R$$

3）无功功率

将瞬时功率展成另一种形式，即

$$\begin{aligned} p &= UI\cos\varphi - UI\cos(2\omega t+\varphi) \\ &= UI\cos\varphi - UI\cos 2\omega\cos\varphi + UI\sin 2\omega\sin\varphi \\ &= UI\cos\varphi(1-\cos 2\omega) + UI\sin\varphi\sin 2\omega \end{aligned} \quad (4\text{-}49)$$

式（4-49）在一个周期内的平均值为 $UI\cos\varphi$，即为二端网络的平均功率，后半部分是以最大值为 $UI\sin\varphi$，频率为 2ω 做正弦变化的量，它在一个周期内的平均值为 0，反映网络与外界交换能量的情况。所以，可定义二端网络的无功功率为

$$Q = UI\sin\varphi \quad (4\text{-}50)$$

通过分析 R、L、C 串联交流电路可知，只有电感和电容元件存在无功功率，故电路中总的无功功率又可表示为

$$Q = I^2(X_L - X_C) = I(U_L - U_C) = UI\sin\varphi$$

4）视在功率

对于电源而言，不仅要为电阻 R 提供有功能量，而且还要与无功负荷 L 及 C 间进行能量互换。如果将电源电压与电流的有效值相乘，则得出视在功率（或者称为电源的容量）为

$$S = UI = |Z|I^2 \quad (4\text{-}51)$$

为了区别有功功率和无功功率，视在功率的单位用伏安（VA）或千伏安（kVA）表示。交流电气设备是按照规定的额定电压 U_N 和额定电流 I_N 来设计使用的，变压器的容量就是以额定电压和额定电流的乘积，即所谓额定视在功率来表示，即

$$S_N = U_N I_N$$

综上所述，有功功率 P、无功功率 Q、视在功率 S 之间满足的关系为

$$\begin{aligned} P &= S\cos\varphi \\ Q &= S\sin\varphi \\ S &= \sqrt{P^2 + Q^2} = UI \\ \varphi &= \arctan\frac{Q}{P} \end{aligned} \quad (4\text{-}52)$$

P、Q、S 构成的直角三角形称为功率三角形，如图 4-19 所示，功率三角形与电压三角形、阻抗三角形是相似三角形。这对于我们分析计算串联电路是非常重要且又相当方便的。其中

$$\lambda = \cos\varphi = \frac{P}{S} \quad (4\text{-}53)$$

称为功率因数，它反映了有功功率的利用率，是电力供电系统中一个非常重要的质量参数。从这个意义上讲，φ 又被称为功率因数角。

5）复功率

由前述知识可知，正弦稳态电路中的 P、Q、S 可组成功率三角形，关系如式（4-52）所示，考虑到复数 $F = a + jb$ 亦满足

$$|F| = \sqrt{a^2 + b^2}, \quad \angle F = \arctan\frac{b}{a} \quad (4\text{-}54)$$

比较式（4-52）和（4-54），可以看出 P、Q、S 和 $\varphi=\arctan\dfrac{Q}{P}$ 之间的关系与复数的代数式和极坐标式之间的关系是相同的。所以，定义以有功功率 P 为实部、无功功率 Q 为虚部构成的复数，称为复功率，用 $\bar{S}$ 表示，单位为伏安（VA）。即

$$\bar{S}=P+jQ=\sqrt{P^2+Q^2}\angle\arctan\dfrac{Q}{P}=S\angle\varphi$$

复功率并不是正弦稳态电路中定义的一种新的功率，而是一个辅助计算功率的复数。由复功率的定义可以看出，一旦能够计算出某二端网络吸收（发出）的复功率，就相当于同时计算出了 P、Q、S 和 λ 这 4 个量。下面就来讨论复功率的计算方法。

根据复功率的定义可知

$$\bar{S}=S\angle\varphi=UI\angle(\varphi_u-\varphi_i)=U\angle\varphi_u\cdot I\angle-\varphi_i=\dot{U}\dot{I}^* \qquad (4\text{-}55)$$

式中，$\dot{I}^*$ 为 $\dot{I}$ 的共轭复数。

若已知二端网络的端电压相量 $\dot{U}$ 和端电流相量 $\dot{I}$，就可以根据式（4-4-17）计算出该端口网络的复功率 $\bar{S}$，然后根据 $\bar{S}$ 的定义即可求出该端口网络的 P、Q、S 和 λ 这 4 个量。单个阻抗上的复功率也可以使用下面的方法计算，即

$$\bar{S}=\dot{U}\dot{I}^*=Z\dot{I}\dot{I}^*=ZI^2$$

利用复功率进行计算的另一个优点是复功率是守恒的（证明略），即

$$\bar{S}_{总}=\sum_{k=1}^{n}\bar{S}_k \quad \bar{S}_{总}=P_{总}+jQ_{总}$$

即任何一个二端网络的复功率等于电路各部分复功率之和。也就意味着任何一个二端网络总的有功功率等于电路各部分有功功率之和：$P_{总}=\sum\limits_{k=1}^{n}P_k$；总的无功功率等于电路各部分无功功率之和：$Q_{总}=\sum\limits_{k=1}^{n}Q_k$；因为 $S_k=\sqrt{P_k^2+Q_k^2}$，则总的视在功率不等于各部分视在功率之和：$S_{总}\neq\sum\limits_{k=1}^{n}S_k$，$S_{总}=\sqrt{P_{总}^2+Q_{总}^2}$。正弦稳态二端网络功率关系如表 4-2 所示。

表 4-2 正弦稳态二端网络功率关系

符号	名称	公式	备注
P	平均功率	$P=UI\cos\varphi=\mathrm{Re}[\dot{U}\dot{I}^*]=I^2\mathrm{Re}[Z]$	有功功率，$\varphi=\varphi_u-\varphi_i$
Q	无功功率	$Q=UI\sin\varphi=\mathrm{Im}[\dot{U}\dot{I}^*]=I^2\mathrm{Im}[Z]$	动态元件瞬时功率最大值
S	视在功率	$S=UI=|\dot{U}\dot{I}^*|=I^2|Z|$	瞬时功率交变分量最大值
$\bar{S}$	复功率	$\bar{S}=\dot{U}\dot{I}^*=P+jQ$	辅助计算功率的复数
λ	功率因数	$\lambda=\cos\varphi=\dfrac{P}{S}=\dfrac{R}{|Z|}=\dfrac{G}{|Y|}$	反映了有功功率的利用率

【例 4-8】 两个感性负载并联接到 220 V 的工频电源上，已知 $P_1=2.5$ kW，$\cos\varphi_1=0.5$；$S_2=4$ kVA，$\cos\varphi_2=0.707$，求它们的总视在功率及电路的功率因数。

【解】因为
$$P_1 = S_1 \cos \varphi_1$$

则
$$S_1 = \frac{P_1}{\cos \varphi_1} = \frac{2.5}{0.5} \text{ kVA} = 5 \text{ kVA}$$

$$Q_1 = \sqrt{S_1^2 - P_1^2} = 4.33 \text{ kvar}$$

又因为
$$P_2 = S_2 \cos \varphi_2 = 4 \times 0.707 \text{ kW} = 2.8 \text{ kW}$$
$$Q_2 = S_2 \sin \varphi_2 = 4 \times 0.707 \text{ kW} = 2.8 \text{ kW}$$

总的有功功率为
$$P_总 = P_1 + P_2 = (2.5 + 2.8) \text{ kW} = 5.3 \text{ kW}$$

总的无功功率为
$$Q_总 = Q_1 + Q_2 = (4.33 + 2.8) \text{ kvar} = 7.13 \text{ kvar}$$

总的视在功率为
$$S_总 = \sqrt{P_总^2 + Q_总^2} = \sqrt{5.3^2 + 7.13^2} \text{ kVA} = 8.88 \text{ kVA}$$

电路的功率因数为
$$\cos \varphi = \frac{P_总}{S_总} = \frac{5.3}{8.88} = 0.597$$

【例 4-9】 有一个 RLC 串联电路，$u = 220\sqrt{2} \sin(314t + 30°)$ V，$R = 30$ Ω，$L = 254$ mH，$C = 80$ μF。计算：

(1) 感抗、容抗及阻抗；
(2) 电流的有效值 I 及瞬时值 i；
(3) 画出相量图；
(4) U_R、U_L、U_C 及 u_R、u_L、u_C；
(5) P 及 Q。

【解】 (1) 感抗为
$$X_L = \omega L = 314 \times 254 \times 10^{-3} \text{ Ω} = 80 \text{ Ω}$$

容抗为
$$X_C = \frac{1}{\omega C} = \frac{1}{314 \times 80 \times 10^{-6}} \text{ Ω} = 40 \text{ Ω}$$

阻抗为
$$|Z| = \sqrt{R^2 + (X_L - X_C)^2} = 50 \text{ Ω}$$

其阻抗三角形如图 4-20 (a) 所示。

(2) 电流的有效值为
$$I = \frac{U}{|Z|} = 4.4 \text{ A}$$

阻抗角为
$$\varphi = \arctan \frac{X_L - X_C}{R} = 53.1°$$

已知 $\varphi_u=30°$，$\varphi=\varphi_u-\varphi_i=53.1°>0$（感性），则 $\varphi_i=\varphi_u-\varphi=-23.1°$。

故 $i=4.4\sqrt{2}\sin(314t-23.1°)$ A。

(3) 相量图如图4-20（b）所示。

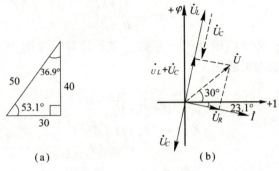

图4-20 【例4-9】图解

(4) $U_R=IR=132$ V $U_L=IX_L=352$ V $U_C=IX_C=176$ V

由相量图可得

$$u_R=132\sqrt{2}\sin(314t-23.1°) \text{ V}$$

$$u_L=352\sqrt{2}\sin(314t+66.9°) \text{ V}$$

$$u_C=176\sqrt{2}\sin(314t-113.1°) \text{ V}$$

(5) $P=I^2R=581$ W

$$Q=Q_L+Q_C=IU_L-IU_C=774 \text{ var}$$

4.4.2 阻抗的串联交流电路的分析与计算

图4-21（a）是两个阻抗串联的电路。

根据KVL可写出它的相量表示式为

$$\dot{U}=\dot{U}_1+\dot{U}_2=Z_1\dot{I}+Z_2\dot{I}=(Z_1+Z_2)\dot{I}$$

两个串联电路的阻抗可用一个等效阻抗 Z 来代替，在同样电压的作用下，电路中电流的有效值和相位保持不变，根据图4-21（b）所示的等效电路可写出

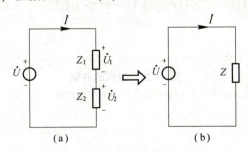

图4-21 复阻抗的串联

$$\dot{U}=(Z_1+Z_2)\dot{I}=Z\dot{I}$$

$$Z = Z_1 + Z_2$$
$$Z = R + jX = (R_1 + R_2) + j(X_1 + X_2) = |Z| \angle \varphi$$
$$|Z| = \sqrt{(R_1 + R_2)^2 + (X_1 + X_2)^2}$$
$$\varphi = \arctan \frac{X_1 + X_2}{R_1 + R_2}$$

对于复杂交流电路，必须用相量式（复数）进行计算。原则上，只要用复数形式，直流电路的规律与分析方法均可适用。

注意：一般情况下，有
$$U \neq U_1 + U_2$$
$$|Z|I \neq |Z_1|I + |Z_2|I$$

所以
$$|Z| \neq |Z_1| + |Z_2|$$

由此可见，只有等效阻抗才等于各串联阻抗之和。在一般情况下，等效阻抗可写为
$$Z = \sum Z_n = \sum R_n + j \sum X_n = |Z| \angle \varphi$$

式中
$$|Z| = \sqrt{(\sum R_n)^2 + (\sum X_n)^2}$$
$$\varphi = \arctan \frac{\sum X_n}{\sum R_n}$$

在上列各式的 X 中，感抗 X_L 取正号，容抗 X_C 取负号。$\sum X_n$ 的正、负决定电路的性质。

4.4.3 阻抗并联及混联交流电路的分析与计算

1. 阻抗并联

图 4-22（a）所示为两个阻抗并联的电路。

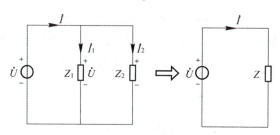

图 4-22 阻抗的并联
(a) 阻抗并联；(b) 等效电路

由 KCL 得其相量表达式为
$$\dot{I} = \dot{I}_1 + \dot{I}_2 = \frac{\dot{U}}{Z_1} + \frac{\dot{U}}{Z_2} = \left(\frac{1}{Z_1} + \frac{1}{Z_2}\right)\dot{U}$$

两个并联的阻抗也可用一个等效阻抗 Z 来代替，根据图 4-22（b）所示的等效电路可写出

$$\dot{I} = \frac{1}{Z}\dot{U}$$

$$\frac{1}{Z} = \frac{1}{Z_1} + \frac{1}{Z_2} \text{ 或 } Z = \frac{Z_1 Z_2}{Z_1 + Z_2}$$

一般有

$$I \neq I_1 + I_2$$

即

$$\frac{U}{|Z|} \neq \frac{U_1}{|Z_1|} + \frac{U_2}{|Z_2|}$$

所以

$$\frac{1}{|Z|} \neq \frac{1}{|Z_1|} + \frac{1}{|Z_2|}$$

则多个阻抗并联时有

$$\dot{I} = \sum \dot{I}_n$$

$$\frac{1}{Z} = \sum \frac{1}{Z_n}$$

注意：
$$I \neq \sum \frac{1}{|Z_n|} \quad \frac{1}{|Z|} \neq \sum \frac{1}{|Z_n|}$$

这只是代数和。

我们还可以把阻抗的倒数定义为导纳，记为 Y，即

$$Y = \frac{1}{Z} \text{ 或 } Y = \frac{\dot{I}_m}{\dot{U}_m} = \frac{\dot{U}}{\dot{I}}$$

导纳的量纲为西门子（S）。

两个阻抗并联时的等效导纳为 $Y = Y_1 + Y_2$。

多个阻抗并联时的等效导纳为 $Y = \sum Y_n$。

2. 混联交流电路的分析与计算

一般的实际负载，常为 RL 的组合或 RC 的组合，由它们连接的电路常具有混联的方式。分析此类电路，常用的方法有两种：一种是已知参数的电路，可借助相量图进行分析与计算；另一种是由广义阻抗或复杂参数（数值及相位角不特殊）组成的电路，一般用复数（相量式）进行分析与计算。实用中后者的情况居多，而前者技巧性较强。下面，我们通过例题介绍这两种分析方法。

【例 4-10】 图 4-23 所示的电路中，若 $R_1 = 3\ \Omega$，$R_2 = 8\ \Omega$，$X_L = 4\ \Omega$，$X_C = 6\ \Omega$，求：

（1）电路的等效复阻抗 Z；

（2）若 $\dot{U} = 220\angle 0°$ V，求 $\dot{I}_1$、$\dot{I}_2$、$\dot{I}$；

（3）P、Q、S 及 $\cos\varphi$。

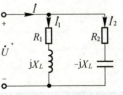

图 4-23 【例 4-10】电路

【解】 $Z = \frac{(R_1 + jX_L)(R_2 - jX_C)}{R_1 + R_2 + j(X_L - X_C)} = \frac{48 + 14j}{11 - 2j}\ \Omega = (4 + 2j)\ \Omega$

(2)
$$\dot{I}_1 = \frac{\dot{U}}{R_1 - jX_L} = \frac{220\angle 0°}{5\angle 53.1°} \text{ A} = 44\angle -53.1° \text{ A}$$

$$\dot{I}_2 = \frac{\dot{U}}{R_1 - jX_L} = \frac{220\angle 0°}{10\angle -36.9°} \text{ A} = 22\angle 36.9° \text{ A}$$

$$\dot{I} = \frac{\dot{U}}{Z} = \frac{220\angle 0°}{4.47\angle 26.7°} \text{ A} = 49.2\angle -26.7° \text{ A}$$

(3)
$$P = I_1^2 R_1 + I_2^2 R_2 = 9.68 \text{ kW}$$

$$Q = I_1^2 X_L - I_2^2 X_C = 4.84 \text{ kvar}$$

$$\cos\varphi = \frac{P}{S} = 0.89$$

$$S = UI = 10.824 \text{ kVA}$$

【例 4-11】 图 4-24（a）所示电路中，$I_1 = 10$ A，$I_2 = 10\sqrt{2}$ A，$U = 200$ V，$R_1 = 5$ Ω，$R_2 = X_L$，试求 I、X_C、X_L 及 R_2。

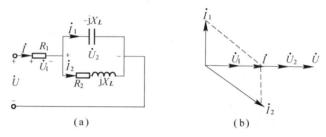

图 4-24 【例 4-11】图示

【解】 设电压 $\dot{U}_1$ 及 $\dot{U}_2$ 如图 4-24（a）中所示，由 $R_2 = X_L$，显然 $\dot{I}_2$ 比 $\dot{U}_2$ 滞后 45°，以 $\dot{U}_2$ 为参考相量，作相量图如图 4-24（b）所示。

得
$$I = 10 \text{ A}$$

且与 $\dot{U}_2$ 同相位，则 $U_1 = I_1 R_1 = 50$ V 也与 $\dot{U}_2$ 同相位。

从而
$$U_2 = U - U_1 = 150 \text{ V} \qquad (3\text{ 个电压同相位})$$

得
$$X_C = \frac{U_2}{I_1} = 15 \text{ Ω}$$

$$\sqrt{R_2^2 + X_L^2} = \sqrt{2} R_2 = \frac{U_2}{I_2} = \frac{15}{\sqrt{2}} \text{ Ω} = 7.5\sqrt{2} \text{ Ω}$$

$$R_2 = X = 7.5 \text{ Ω}$$

4.4.4 应用电路定理和相量法分析复杂正弦稳态电路

运用相量和相量模型分析正弦稳态电路的方法称为相量法。应当指出的是，相量模型是一种假想的模型，是为了简化正弦稳态电路分析使用的一种工具。实际上并不存在参数是虚数的元件，也不会有用虚数来计算的电流和电压。

【**例 4-12**】 电路的相量模型如图 4-25 所示，运用节点电位法求各节点的电压相量。

【**解**】 电路中含有一个独立电压源支路，可选择连接该支路的节点 4 为参考点，这时节点 1 的电位 $\dot{U}_1=\dot{U}_S=3\angle 0°$ V 是一个已知量，从而用节点电位法分析时可少列一个方程。设节点 2、3 的电位为 $\dot{U}_2$、$\dot{U}_3$，则可列出相应的节点方程。

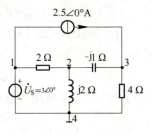

图 4-25 【例 4-12】图示

节点 2 的节点方程为

$$-\frac{1}{2}\dot{U}_1+\left[\frac{1}{2}+\frac{1}{j2}+\frac{1}{(-j1)}\right]\dot{U}_2-\frac{1}{(-j1)}\dot{U}_3=0$$

节点 3 的节点方程为

$$-\frac{1}{(-j1)}\dot{U}_2+\left[\frac{1}{4}+\frac{1}{(-j1)}\right]\dot{U}_3=2.5\angle 0°$$

将 $\dot{U}_1=3\angle 0°$ 代入节点 2、节点 3 方程，并整理得

$$\left.\begin{array}{r}(1+j1)\dot{U}_2-j2\dot{U}_3=3\angle 0°\\ j4\dot{U}_2-(1+j4)\dot{U}_3=-10\angle 0°\end{array}\right\}$$

故解得

$$\dot{U}_2=4.53\angle 39.6°\text{ V}$$

$$\dot{U}_3=3.04\angle 20.6°\text{ V}$$

【**例 4-13**】 电路相量模型如图 4-26（a）所示，运用戴维南定理求负载 R_L 上的电压 U_L。

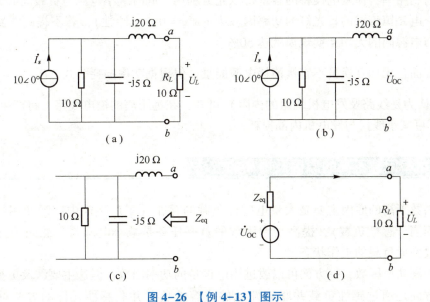

图 4-26 【例 4-13】图示

【**解**】 （1）将负载 R_L 断开，电路如图 4-26（b）所示。由于电阻与电容的并联阻抗为

$$Z_{RC} = \frac{10 \times (-j5)}{10 + (-j5)} \Omega = 4.46 \angle -63.4° \Omega = (2-j4) \Omega$$

故开路电压为

$$\dot{U}_{OC} = Z_{RC} \dot{I}_S = 4.46 \angle -63.4° \times 10 \angle 0° \text{ V} = 44.6 \angle -63.4° \text{ V}$$

（2）将图4-26（b）所示电路的电流源开路，如图4-26（c）所示。求其等效内阻抗为

$$Z_{eq} = Z_{RC} + Z_L = [(2-j4) + j20] \Omega = (2+j16) \Omega$$

（3）画出戴维南等效电路，如图3-26（d）所示。由图求得

$$\dot{U}_L = \dot{U}_{OC} \times \frac{R_L}{Z_{eq} + R_L} = 44.6 \angle -63.4° \times \frac{10}{(2+j16) + 10} \text{V} = 22.3 \angle -116.5° \text{ V}$$

4.5 功率因数的提高

交流电路中功率因数的高低是供电系统中密切关注的事情，提高输电网络的功率因数对国民经济的发展有着非常重要的意义。

4.5.1 功率因数提高的意义

一方面，由功率因数的公式 $\cos\varphi = \frac{P}{S}$ 可知：当视在功率一定时，提高功率因数将提高有功功率的利用率，使发电设备的容量得以充分利用，同时减小电源与负载间的无功互换规模。例如，电磁镇流式的日光灯的功率因数为 $\cos\varphi = 0.5$（感性），若不提高线路的功率因数，则其与电源间的无功互换规模就达50%。

另一方面，无功互换虽不直接消耗电源能量，但根据功率损耗公式 $\Delta P = I^2 r = \left(\frac{P}{U\cos\varphi}\right)^2 r$（其中 r 可认为是线路及发电机绕组的内阻）可知，在远距离的输电线路上将产生功率损耗。提高 $\cos\varphi$ 可减小线损与发电机内部损耗。

4.5.2 功率因数不高的原因及提高的方法

功率因数不高的原因主要是大量电感性负载的存在（工厂生产中广泛使用的三相异步电动机就相当于感性负载），提高功率因数的首要任务是减小电源与负载间的无功互换规模，而不改变原负载的工作状态。

为了提高功率因数，一方面可以改进用电设备的功率因数，但这主要涉及更换或改进设备；另一方面是通过感性负载并联容性元件或容性负载并联感性元件的方法补偿其无功功率。

由于大量电感性负载的存在，感性负载并联电容成为提高功率因数的主要方法，其电路

如图4-27（a）所示。以电压为参考相量做出图4-27（b）所示的相量图，其中φ_1为原感性负载的阻抗角，φ为并联C后电路总电流和电压间的相位差。并联电容后电路电流减小，负载电流与负载的功率因数仍不变，而电路的功率因数得到提高。

由图4-27（b）还可看出，其有功分量（与$\dot{U}$同相的分量）$I_1\cos\varphi_1=I\cos\varphi$不变；无功分量（与$\dot{U}$垂直的分量）变小，实际是由电容C补偿了一部分无功分量。有功功率P不变，无功功率Q减小，显然提高了电能的利用率。

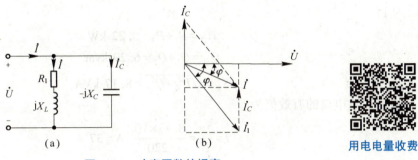

图 4-27　功率因数的提高

若C值增大，I_C也将增大，I将进一步减小，但并不是C越大I越小；若再增大C，则电流将领先于电压，成为容性负载。一般将补偿为另一种性质的情况称作过补偿，补偿后仍为同样性质的情况称作欠补偿，而恰好补偿为阻性（$\dot{I}$与$\dot{U}$同相位）的情况称作完全补偿。

供电部门对用户负载的功率因数是有要求的，一般应在0.9以上；工矿企业配电时也必须考虑这一因素，常在变配电室中安装大型电容来统一调节。

下面介绍提高功率因数与需要并联电容的电容量间的关系。设有一感性负载，其端电压为U，功率为P，功率因数为$\cos\varphi_1$，为了使功率因数提高到$\cos\varphi$，则可计算所需并联电容C的值。

从图4-27（b）可知

$$I_1\cos\varphi_1=I\cos\varphi=\frac{P}{U}$$

流过电容的电流为

$$I_C=I_1\sin\varphi_1-I\sin\varphi=\frac{P}{U}(\tan\varphi_1-\tan\varphi)$$

又因为

$$I_C=\frac{U}{X_C}=U\omega C$$

所以

$$C=\frac{P}{\omega U^2}(\tan\varphi_1-\tan\varphi)$$

【例4-14】　两个负载并联，接到220 V、50 Hz的电源上。一个负载的功率$P_1=2.8$ kW，功率因数$\cos\varphi_1=0.8$（感性）；另一个负载的功率$P_2=2.42$ kW，功率因数$\cos\varphi_2=0.5$（感性）。试求：

(1) 电路的总电流的有效值和总功率因数；

(2) 要使电路的功率因数提高到 0.92，需并联多大的电容？此时，电路的总电流为多少？

【解】 (1) 因为 $P_1 = 2.8$ kW，功率因数 $\cos\varphi_1 = 0.8$ （感性），则

$$Q_1 = P_1 \tan\varphi_1 = 2.8 \times 0.75 \text{ kvar} = 2.1 \text{ kvar}$$

又因为 $P_2 = 2.42$ kW，功率因数 $\cos\varphi_2 = 0.5$ （感性），则

$$Q_2 = P_2 \tan\varphi_2 = 2.42 \times 1.732 \text{ kvar} = 4.19 \text{ kvar}$$

所以

$$P_总 = P_1 + P_2 = 5.22 \text{ kW}$$

$$Q_总 = Q_1 + Q_2 = 6.29 \text{ kvar}$$

$$S_总 = \sqrt{P_总^2 + Q_总^2} = 8.17 \text{ kVA}$$

电路的总电流的有效值为

$$I = \frac{S_总}{U} = \frac{8.17 \times 10^3}{220} \text{ A} = 37 \text{ A}$$

电路的总功率因数为

$$\cos\varphi' = \frac{P_总}{S_总} = \frac{5.22}{8.17} = 0.64$$

(2) 因为

$$\cos\varphi = 0.92 \quad \varphi = 23.1°$$
$$\cos\varphi' = 0.64 \quad \varphi' = 50.3°$$

所以

$$C = \frac{P}{\omega U^2}(\tan 50.3° - \tan 23.1°) = 0.00034(1.2 - 0.426) \text{ F} = 263 \text{ μF}$$

电路总电流为

$$I = \frac{P}{U\cos\varphi} = \frac{5220}{220 \times 0.92} \text{ A} = 25.8 \text{ A}$$

【例 4-15】 某学校有 1 000 只 220 V、40 W 的日光灯，采用电磁镇流式，本身功耗为 8 W。其功率因数 $\cos\varphi_1 = 0.5$，若改用功率因数 $\cos\varphi = 0.95$ 的电子式镇流器，功耗为 0.1 W，电路电流可减小多少？仅此一项可使变压器的输出功率减少多少？

【解】 $\cos\varphi_1 = 0.5$ 时，有

$$I = \frac{P}{U\cos\varphi_1} = \frac{(40+8) \times 1\,000}{220 \times 0.5} \text{ A} = 436.4 \text{ A}$$

$\cos\varphi = 0.95$ 时，有

$$I' = \frac{P}{U\cos\varphi} = \frac{40 \times 1\,000}{220 \times 0.95} \text{ A} = 191.4 \text{ A} \quad \text{（电子式镇流器功耗略）}$$

故

$$\Delta I = I - I' = 245.0 \text{ A}$$

变压器输出功率是指其视在功率，则

$$\Delta S = IU - I'U = \Delta IU \approx 54 \text{ kVA}$$

4.6 交流电路的频率特性

正弦交流电路中的感抗和容抗都与频率有关,当其频率发生变化时,电路中各处的电流和电压的幅值与相位也会发生变化,这就是所谓的频率特性。幅值关于频率的关系称作幅频特性,相位关于频率的特性称作相频特性,它在电子技术的应用中具有很重要的意义。交流电路中的任一无源双口网络,如图4-28所示,其输出电流(或电压)与输入电流(或电压)之比称为电路的传递函数,它关于频率的函数用 $T(j\omega)$ 表示。

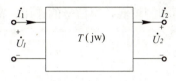

图4-28 双口网络

例如,输出电压 $\dot{U}_2$ 与输入电压 $\dot{U}_1$ 之比表示为 $T(j\omega)=\dfrac{\dot{U}_2}{\dot{U}_1}$,称为转移电压比。

前面所讨论的电压和电流都是时间的函数,在时间领域内对电路进行分析,所以称为时域分析。本节是在频率领域内对电路进行分析,称为频域分析。本节主要讨论由 RC 电路组成的几种滤波电路。所谓滤波,是指利用容抗或感抗随频率而改变的特性对不同频率的输入信号产生的响应,让需要的某一频率的信号顺利通过,而抑制不需要的其他频率的信号。

4.6.1 高通滤波电路

图4-29所示为 RC 高通滤波电路,其传递函数为

$$T(j\omega)=\dfrac{\dot{U}_2}{\dot{U}_1}=\dfrac{R}{R-j\dfrac{1}{\omega C}}=\dfrac{j\omega RC}{1+j\omega RC}$$

$$=\dfrac{\omega RC}{\sqrt{1+(\omega RC)^2}}\angle\arctan\dfrac{1}{\omega RC}$$

$$=A(\omega)\angle\varphi(\omega)$$

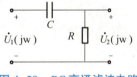

图4-29 RC 高通滤波电路

其中幅频特性为

$$A(\omega)=\dfrac{\omega RC}{\sqrt{1+(\omega RC)^2}} \tag{4-56}$$

相频特性为

$$\varphi(\omega)=\arctan\dfrac{1}{\omega RC} \tag{4-57}$$

高通滤波电路的频率特性如表4-3所示。

表4-3 高通滤波电路的频率特性

ω	0	ω_0	∞

续表

ω	0	ω_0	∞
$A(\omega)$	0	0.707	1
$\varphi(\omega)$	$\dfrac{\pi}{2}$	$\dfrac{\pi}{4}$	0

该电路的特性曲线如图 4-30 所示。由图可见，上述 RC 电路具有使高频信号较易通过而抑制较低频率信号的作用，故称高通滤波器。

图 4-30 高通滤波电路的频率特性曲线

4.6.2 低通滤波电路

低频信号易通过而抑制高频信号的电路称为低通滤波电路。图 4-31 的电路为典型的低通滤波电路。

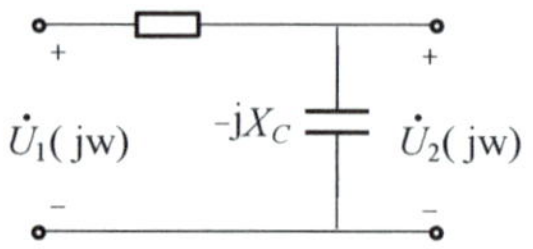

其传递函数为

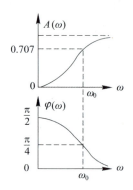

图 4-31 低通滤波电路

$$T(j\omega) = \frac{\dot{U}_2}{\dot{U}_1} = \frac{\dfrac{1}{j\omega C}}{R+\dfrac{1}{j\omega C}} = \frac{1}{1+j\omega RC}$$

$$= \frac{1}{\sqrt{1+(\omega RC)^2}} \angle -\arctan \omega RC$$

$$= A(\omega) \angle \varphi(\omega)$$

其中幅频特性为

$$A(\omega) = \frac{1}{\sqrt{1+(\omega RC)^2}} \tag{4-58}$$

相频特性为

$$\varphi(\omega) = -\arctan \omega RC \tag{4-59}$$

低通滤波电路的频率特性如表 4-4 所示。

表 4-4 低通滤波电路的频率特性

ω	0	ω_0	∞
$A(\omega)$	1	0.707	0
$\varphi(\omega)$	0	$-\dfrac{\pi}{4}$	$-\dfrac{\pi}{2}$

其特性曲线如图 4-32 所示

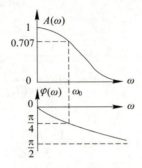

图 4-32 低通滤波电路的频率特性曲线

当 $A(\omega)$ 下降到最低限度 0.707 时，$\omega=\omega_0$，称为截止频率。将频率范围 $0<\omega<\omega_0$ 称为通频带。当 $\omega<\omega_0$ 时，$A(\omega)$ 变化不大，接近等于 1；当 $\omega>\omega_0$ 时，$A(\omega)$ 明显下降。这表明 RC 电路具有使低频信号较易通过而抑制较高频率信号的作用，故称低通滤波器。

4.6.3 带通滤波电路

具有上、下限两个截止频率，只允许 f 在 $\Delta f = f_H - f_L$ 内的信号通过的电路称为带通滤波电路。典型带通滤波电路如图 4-33（a）所示，其等效电路如图 4-33（b）所示。

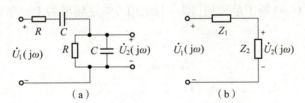

图 4-33 带通滤波电路及其等效电路

则

$$Z_1 = R - j\frac{1}{\omega C} = \frac{1+j\omega RC}{j\omega RC}$$

$$Z_2 = \frac{R\left(-j\dfrac{1}{\omega C}\right)}{R - j\dfrac{1}{\omega C}} = \frac{R}{1+j\omega RC}$$

其传递函数为

$$T(j\omega) = \frac{\dot{U}_2(j\omega)}{\dot{U}_1(j\omega)} = \frac{Z_2}{Z_1+Z_2} = \frac{\dfrac{R}{1+j\omega RC}}{\dfrac{1+j\omega RC}{j\omega RC}+\dfrac{R}{1+j\omega RC}} \quad (4-60)$$

$$= \frac{1}{3+j\left(\omega RC - \dfrac{1}{\omega RC}\right)} = \frac{1}{\sqrt{3^2+\left(\omega RC-\dfrac{1}{\omega RC}\right)^2}} \angle \arctan\frac{1-(\omega RC)^2}{3\omega RC}$$

其中幅频关系为

$$A(\omega) = \frac{1}{\sqrt{3^2+\left(\omega RC-\dfrac{1}{\omega RC}\right)^2}} \quad (4-61)$$

相频关系为

$$\varphi(\omega) = \arctan\frac{1-(\omega RC)^2}{3\omega RC} \quad (4-62)$$

带通滤波电路的频率特性如表 4-5 所示。

表 4-5 带通滤波电路的频率特性

ω	0	ω_0	∞
$A(\omega)$	0	$\dfrac{1}{3}$	0
$\varphi(\omega)$	$\dfrac{\pi}{2}$	0	$-\dfrac{\pi}{2}$

其特性曲线如图 4-34 所示，当 $\omega=\omega_0=\dfrac{1}{RC}$ 时，输入电压 $\dot{U}_1$ 与输出电压 $\dot{U}_2$ 同向，$\dfrac{U_2}{U_1}=\dfrac{1}{3}$。同时也规定，当 $A(\omega)$ 等于最大值（即 $\dfrac{1}{3}$）的 70.7% 处频率的上、下限之间宽度称为通频带宽度，简称通频带，即

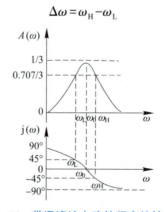

图 4-34 带通滤波电路的频率特性曲线

4.7 谐振电路

在交流电路中，凡含有电感和电容的电路，当电路的功率因数 $\cos\varphi = 1$ 时，称电路工作在谐振状态。这种谐振状态在电子技术中有着广泛的应用。

4.7.1 串联谐振

1. 串联谐振条件

在 RLC 串联情况下发生的谐振称为串联谐振。如图 4-35 所示的电路，若满足串联谐振的条件即 $X_L = X_C$ 或 $2\pi fL = \dfrac{1}{2\pi fC}$，则总阻抗 $Z = R$，$\dot{U}$ 与 $\dot{I}$ 同相位，$\varphi = \arctan\dfrac{X_L - X_C}{R} = 0$，$\cos\varphi = 1$，这时电路发生谐振现象。

根据串联谐振的条件得到谐振时的频率 f_0，即

$$2\pi f_0 L = \dfrac{1}{2\pi f_0 C}$$

可得

$$f_0 = \dfrac{1}{2\pi\sqrt{LC}} \tag{4-63}$$

由此可见，当改变电路参数 L、C 或改变电源频率都可满足式（4-63）而出现谐振现象。

2. 串联谐振的特点

（1）谐振时电路的阻抗 $|Z_0| = \sqrt{R^2 + (X_L - X_C)^2} = R$，其为最小值，呈纯电阻性。

（2）电压一定时，谐振时的电流 $I_0 = \dfrac{U}{\sqrt{R^2 + (X_L - X_C)^2}} = \dfrac{U}{R}$，其为最大值，随频率变化的关系如图 4-36 所示（X_L、X_C 关于频率的关系也在其中）。

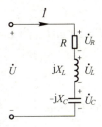

图 4-35 串联谐振

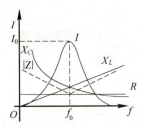

图 4-36 串联谐振电流、阻抗与频率的关系

（3）谐振时电感与电容上的电压大小相等、相位相反，即 $\dot{U}_L = -\dot{U}_C$，故又称串联谐振为电压谐振。谐振时电路的相量图如图 4-37 所示。如果谐振时 $X_L = X_C \gg R$，则谐振电压 $U_L = U_C \gg U$，将使电路出现过压现象，电力技术中一般不允许工作在此状态。在电子技术的

工程应用中,把谐振时的 U_L 或 U_C 与总电压 U 之比称为电路的品质因数,用 Q 表示。

即

$$Q = \frac{U_L}{U} = \frac{U_C}{U} = \frac{\omega_0 L}{R} = \frac{1}{\omega_0 RC} \quad (4-64)$$

(4) 谐振时,只有电阻消耗能量,电容和电感之间进行电场能和磁场能的转换。

3. 串联谐振电路的选频性与通频带

串联谐振电路电压一定时,电路中的电阻 R 越小,谐振时的电流 $I_0 = \dfrac{U}{R}$ 就越大,所得到的 I-f 曲线就越尖锐,如图 4-38 所示。在电子技术中,常用这种特性来选择信号或抑制干扰。显然,曲线越尖锐其选频特性就越强。通常也用所谓通频带宽度来反映谐振曲线的尖锐程度,或者选择性优劣。与带通滤波电路中的定义相类似,与 $0.707 I_0$ 对应的两频率 f_H、f_L 之间的宽度 Δf 定义为通频带宽度,即

$$\Delta f = f_H - f_L = \frac{f_0}{Q} \quad (4-65)$$

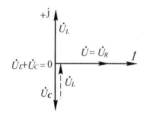

图 4-37 串联谐振时的相量图

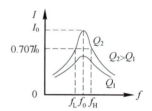

图 4-38 串联谐振 I-f 曲线

式(4-65)中 Q 值的大小与选频特性的优劣有着直接的联系。Q 值越大,选频性越强。串联谐振电路用于频率选择的典型例子是收音机的调谐电路(选台),如图 4-39 所示。其作用是将由天线接收到的无线电信号,经磁棒感应到 LC 的串联电路中,调节可变电容 C 的值,便可选出 $f=f_0$ 的电台信号,它在 C 两端的电压最高,然后经放大电路进行放大,这就是收音机的调谐过程。

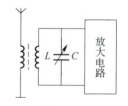

图 4-39 收音机的调谐电路

【例 4-16】 RLC 串联谐振电路,$U = 10$ V,$R = 10$ Ω,$L = 20$ mH。当 $C = 200$ pF,$I = 1$ A 时,求 ω,U_L,U_C 和 Q。

【解】 令 $U = 10 \angle 0°$,则

$$\omega = \frac{1}{\sqrt{LC}} = \frac{1}{\sqrt{20 \times 10^{-3} \times 200 \times 10^{-12}}} \text{ rad/s} = 5 \times 10^5 \text{ rad/s}$$

$$U_L = U_C = \frac{\omega L}{R} U = 10\,000 \text{ V}$$

$$Q = \frac{U_L}{U} = 1\,000$$

4.7.2 并联谐振

LC 并联情况下发生的谐振称为并联谐振。电子技术中,实用的并联谐振电路如图 4-40 所示。

1. 并联谐振条件

由 KCL 可得

$$\dot{I} = \dot{I}_1 + \dot{I}_2 = \frac{\dot{U}}{R+j\omega L} + \frac{\dot{U}}{-j\frac{1}{\omega C}}$$

$$= \dot{U}\left[\frac{R}{R^2+\omega^2 L^2} - j\left(\frac{\omega L}{R^2+\omega^2 L^2} - \omega C\right)\right] \quad (4-66)$$

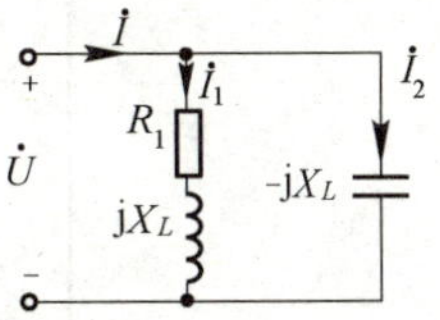

图 4-40 并联谐振电路

谐振时,$\dot{I}$ 与 $\dot{U}$ 同相位,电路为纯电阻性,所以式(4-66)中虚部为零,即

$$\frac{\omega L}{R^2+\omega^2 L^2} - \omega C = 0 \quad (4-67)$$

由此可得谐振频率为

$$\omega_0 = \sqrt{\frac{1}{LC} - \frac{R^2}{L^2}} \quad \text{或} \quad f_0 = \frac{1}{2\pi}\sqrt{\frac{1}{LC} - \frac{R^2}{L^2}} \quad (4-68)$$

在电子技术中,R 一般只是电感线圈的内阻,$R \ll \omega_0 L$,式(4-68)中 $\frac{R^2}{L^2}$ 项可以忽略,故

$$\omega_0 \approx \frac{1}{\sqrt{LC}} \quad \text{或} \quad f_0 \approx \frac{1}{2\pi\sqrt{LC}} \quad (4-69)$$

这就是实用并联谐振电路的谐振频率(或谐振条件)。

2. 并联谐振的特点

(1) 由式(4-67)可知,谐振时的电路阻抗 $|Z_0| = \frac{R^2+\omega_0^2 L^2}{R} = \frac{L}{RC}$ 是最大值,因此在电源电压 U 一定的情况下,电流 I 将在谐振时达到最小值,即 $I = I_0 = \frac{U}{|Z_0|}$。阻抗模与电压电流的谐振曲线如图 4-41 所示。

(2) 由于电源电压与电路中电流同向,电路对电源呈现电阻性,故 $|Z_0|$ 相当于一个电阻。

(3) 并联谐振时电路的相量关系如图 4-42 所示。可见,$\dot{I}_1$ 的无功分量 $\dot{I}_1' = -\dot{I}_2$,$R \ll \omega_0 L$ 时,可近似认为 $\dot{I}_1 \approx -\dot{I}_2$,亦即电路中的谐振量是电流,故又称电流谐振。这种谐振电路在电子技术中常用来选频。电子音响设施中的中频变压器便是其典型的应用例子。正弦信号发生器,也是利用此电路来选频的。

可以推证,此电路的品质因数($R \ll \omega_0 L$ 时)为

$$Q = \frac{I_2}{I} = \frac{I_1'}{I} \approx \frac{I_1}{I} \approx \frac{\omega_0 L}{R} \approx \frac{1}{\omega_0 RC} \qquad (4-70)$$

即在谐振时，支路电流是总电流的 Q 倍，也就是谐振时电路的阻抗模为支路阻抗模的 Q 倍。在 L 和 C 值不变时，R 值越小，品质因数 Q 值越大，其选频特性就越强。

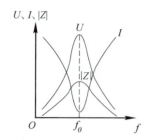

图 4-41 并联谐振时阻抗模、电压和电流与频率的关系

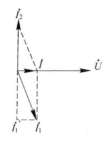

图 4-42 并联谐振时的相量图

4.8 非正弦周期信号的频率分析

现代工程技术中，非正弦周期信号的应用也相当广泛，特别是在控制技术、测量技术、无线电工程等领域。在数学分析中由傅里叶级数法可知，任何一个非正弦周期信号只要满足狄利克雷条件，都可以看作多个不同频率的正弦信号的叠加。因此，分析这类信号的基本方法仍可归结为正弦分析法，只是频率不同而已。

4.8.1 非正弦周期信号的分解

1. 傅里叶级数表达式

电工电子技术中的非正弦周期信号，如矩形波、三角波、锯齿波及整流后的波形等，都能满足数学上的所谓狄利克雷条件（周期函数在一个周期内包含有限个最大值和最小值以及有限个第一类间断点），故可以将其展开为傅里叶三角级数。

设周期为 T 的某一非正弦信号为 $f(t)$，则其展开的傅里叶级数表达式为

$$f(t) = A_0 + \sum_{k=1}^{\infty} A_{km} \sin(k\omega t + \varphi_k) \qquad (4-71)$$

式中，A_0 为常数，即直流分量；$A_{1m}\sin(\omega t + \varphi_1)$ 是与非正弦周期信号同频率 $\left(\omega = \dfrac{2\pi}{T}\right)$ 的正弦波，称为基波（或一次谐波）；其后各项的频率是基波频率的整数倍，分别称为二次谐波、三次谐波……，统称高次谐波。这种分解分析的方法称作谐波分析法。

根据傅里叶三角级数的收敛性，A_{km} 的大小随频次的升高而减小。实用中，只需考虑直流成分和前几次谐波就够了，亦即其主要成分在低频分量中。

为确定级数中常数 A_0、A_{km} 和 φ_k，利用三角公式，可将式（4-71）写为

$$f(t) = A_0 + \sum_{k=1}^{\infty}(B_{km}\sin k\omega t + C_{km}\cos k\omega t) \qquad (4-72)$$

其中

$$B_{km} = A_{km}\cos\varphi_k$$
$$C_{km} = A_{km}\sin\varphi_k$$

则

$$A_{km} = \sqrt{B_{km}^2 + C_{km}^2} \quad \varphi_k = \arctan\frac{C_{km}}{B_{km}}$$

A_0、B_{km} 和 C_{km} 可由下面的公式定出，即

$$A_0 = \frac{1}{T}\int_0^T f(t)\mathrm{d}t$$

$$B_{km} = \frac{2}{T}\int_0^T f(t)\sin k\omega t \mathrm{d}t \qquad (4-73)$$

$$C_{km} = \frac{2}{T}\int_0^T f(t)\cos k\omega t \mathrm{d}t$$

2. 非正弦周期信号平均值

非正弦周期信号的平均值就是其直流分量，即 $A_0 = \frac{1}{T}\int_0^T f(t)\mathrm{d}t$，对于电流和电压可得

$$I_0 = \frac{1}{T}\int_0^T i(t)\mathrm{d}t$$
$$U_0 = \frac{1}{T}\int_0^T u(t)\mathrm{d}t \qquad (4-74)$$

3. 非正弦周期信号有效值

非正弦周期性电流 i 的有效值可通过公式 $I = \sqrt{\frac{1}{T}\int_0^T i^2 \mathrm{d}t}$ 计算。经过计算，可得电流的有效值与组成它的各次谐波之间的关系为

$$I = \sqrt{I_0^2 + I_1^2 + I_2^2 + \cdots + I_k^2} \qquad (4-75)$$

式中，$I_1 = \frac{I_{1m}}{\sqrt{2}}$，$I_2 = \frac{I_{2m}}{\sqrt{2}}\cdots$ 为各次电流谐波分量的有效值。

因为本身都是正弦波，所以有效值等于各相应幅值的 $\frac{1}{\sqrt{2}}$。同理可得：非正弦电压 u 的有效值为

$$U = \sqrt{U_0^2 + U_1^2 + U_2^2 + \cdots + U_R^2}$$

式中，$U_1 = \frac{U_{1m}}{\sqrt{2}}$，$U_2 = \frac{U_{2m}}{\sqrt{2}}\cdots$ 为各次电压谐波分量的有效值。

4. 平均功率

设非正弦周期电压和电流分别为

$$u = U_0 + \sum_{k=1}^{\infty} U_{km}\sin(k\omega t + \varphi_{uk})$$

$$i = I_0 + \sum_{k=1}^{\infty} I_{km}\sin(k\omega t + \varphi_{ik})$$

任意端的瞬时功率为 $p = ui$，它的平均功率仍定义为 $P = \dfrac{1}{T}\int_0^T p \, dt = \dfrac{1}{T}$，不同频率的正弦电压与电流乘积的上述积分为零；同频率的正弦电压与电流乘积的上述积分不为零。这样可以得到

$$P = U_0 I_0 + U_1 I_1 \cos\varphi_1 + U_2 I_2 \cos\varphi_2 + \cdots + U_k I_k \cos\varphi_k \qquad (4\text{-}76)$$

即平均功率等于恒定分量构成的功率和各次谐波平均功率的代数和。

非正弦周期电流电路无功功率的情况较为复杂，本书不再讨论。非正弦周期电流电路视在功率定义为

$$S = UI$$

【例 4-17】 已知一端口电路的端口电压 $u(t)$ 和电流 $i(t)$ 均为非正弦周期量，其表达式为

$$u(t) = [10 + 100\sin\omega t + 40\sin(2\omega t + 30°)] \text{ V}$$

$$i(t) = [2 + 4\sin(\omega t + 60°) + 40\sin(3\omega t + 45°)] \text{ A}$$

求该端口电路吸收的平均功率 P。

【解】
$$P = \left[10 \times 2 + \dfrac{100 \times 4}{2}\cos(0° - 60°)\right] \text{W} = 120 \text{ W}$$

4.8.2 非正弦周期信号的稳态分析

由于非正弦周期信号都可表示为一系列不同频率的正弦信号及直流成分的叠加，根据线性电路的叠加定理，电路的分析可看作直流电源和一系列不同频率的正弦电源分别作用之和。具体方法可描述如下。

(1) 根据线性电路的叠加定理，非正弦周期信号作用下的线性电路稳态响应可以视为一个恒定分量和上述无穷多个正弦分量单独作用下各稳态响应分量的叠加。因此，非正弦周期信号作用下的线性电路稳态响应分析可以转化成直流电路和正弦电路的稳态分析。

(2) 应用电阻电路计算方法计算出恒定分量作用于线性电路时的稳态响应分量。此时电容元件相当于断路，电感元件相当于短路。

(3) 应用相量法计算出各次谐波单独作用于线性电路时的稳态响应分量。

(4) 对各分量在时间域进行叠加，即可得到线性电路在非正弦周期信号作用下的稳态响应。

【例 4-18】 如图 4-43 (a) 所示，已知 $R_1 = R_2 = \omega L = \dfrac{1}{\omega C} = 2 \, \Omega$，$u(t) = (10 + 100\sin\omega t + 40\sin 3\omega t)$ V，求：$i(t)$、$i_L(t)$、$i_C(t)$。

【解】 (1) 图 4-43 (b) 为 10 V 分量单独作用时的电路，$I_{C0} = 0$ A，$I_0 = I_{L0} = 5$ A。

(2) 图 4-43 (c) 为 $100\sin\omega t$ V 分量单独作用时的电路，有

$$\dot{I}_{Lm1} = \dfrac{100\angle 0°}{2 + 2\mathrm{j}} = 25\sqrt{2}\angle -45° \text{ A}$$

第4章 正弦稳态电路

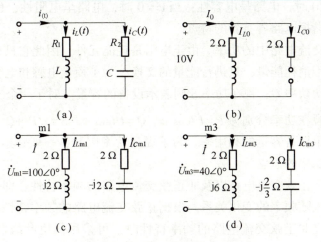

图 4-43 【例 4-18】图示与图解

$$\dot{I}_{Cm1} = \frac{100\angle 0°}{2-2\mathrm{j}} = 25\sqrt{2}\angle 45° \text{ A}$$

$$\dot{I}_{m1} = \dot{I}_{Lm1} + \dot{I}_{Cm1} = 50\angle 0° \text{ A}$$

(3) 图 4-43（d）为 $40\sin 3\omega t$ V 分量单独作用时的电路，有

$$\dot{I}_{Lm3} = \frac{40\angle 0°}{2+6\mathrm{j}} = 4.5\sqrt{2}\angle -71.6° \text{ A}$$

$$\dot{I}_{Cm3} = \frac{40\angle 0°}{2-\frac{2}{3}\mathrm{j}} = 13.5\sqrt{2}\angle 18.4° \text{ A}$$

$$\dot{I}_{m3} = \dot{I}_{Lm3} + \dot{I}_{Cm3} = 20\angle 0.81° \text{ A}$$

(4) 在时间域进行叠加，有

$$i_L(t) = [5 + 25\sqrt{2}\cos(\omega t - 45°) + 4.5\sqrt{2}\cos(3\omega t - 71.6°)] \text{ A}$$

$$i_C(t) = [25\sqrt{2}\cos(\omega t - 45°) + 13.5\sqrt{2}\cos(3\omega t + 18.4°)] \text{ A}$$

$$i(t) = [5 + 50\cos\omega t + 20\cos(3\omega t + 0.81°)] \text{ A}$$

本章小结

本章主要介绍正弦交流电路的基本概念、正弦稳态电路的分析、正弦交流电路以及非正弦交流电路的频率分析等内容。

首先，介绍了正弦量的三要素，即幅值、频率和初相，同时由正弦量的三角函数表示法引出了相量表示法。对于电阻、电容和电感元件，它们的伏安关系的相量形式分别是，$\dot{U} = R\dot{I}$、$\dot{U}_C = -\mathrm{j}X_C\dot{I}$、$\dot{U}_L = \mathrm{j}X_L\dot{I}$。由 R、L、C 元件组成的正弦稳态电路，当阻抗角 $\varphi > 0$ 时，电路呈电感性；当 φ<0 时，电路呈电容性；当 φ=0 时，电路呈电阻性，也称为谐振电路。并联谐振电路和串联谐振电路各有各的特点。

其次，介绍了交流电路中的功率。由于电阻是耗能元件，因此它只存在有功功率 P；电容和电感元件本身不消耗能量，只进行能量的交换，为了衡量电感和电容元件与外界交换能量的规模引入了无功功率 Q；视在功率 S 则表示设备的容量。对于一个二端网络，它的有功功率、无功功率和视在功率分别为 $P = UI\cos\varphi$、$Q = UI\sin\varphi$、$S = \sqrt{P^2+Q^2} = UI$，其中 $\cos\varphi$ 称为功率因数，它表示设备容量的利用率。为了提高功率因数，一般在感性电路中并联电容。此外，还介绍了复功率的概念。

本章最后介绍了正弦交流电路以及非正弦交流电路的频率特性，即电路中各处的电流、电压随频率的变化关系。根据正弦交流电路的频率特性，可设计滤波电路。研究非正弦交流电路的频率特性时，可采用傅里叶级数法，把非正弦周期信号作用下的线性电路稳态分析转化成直流电路和正弦电路的稳态分析。

实验 4 正弦交流电路仿真实验

习题 4

4-1 已知 $u = 10\sqrt{2}\sin(100t-90°)$ V，其中 t 以 s 为单位。
（1）试求出它的幅值、有效值、周期、频率、角频率。
（2）试画出它的波形，并求出 $t = 10$ s 时的瞬时值。

4-2 已知正弦电压 $u = 311\sin(314t+60°)$ V，试求：
（1）角频率 ω、频率 f、周期 T、最大值 U_m 和初相位 φ_u；
（2）在 $t=0$ 和 $t=0.001$ s 时，电压的瞬时值；
（3）用交流电压表测量电压时，电压表的读数应为多少？

4-3 一正弦电流的最大值为 $I_m = 15$ A，频率 $f = 50$ Hz，初相位为 42°，试求 $t = 0.001$ s 时电流的相位及瞬时值。

4-4 已知某电路电压和电流的相量图如习题图 4-1 所示，$U = 380$ V，$I_1 = 20$ A，$I_2 = 10\sqrt{2}$ A，设电压 U 的初相位为 0，角频率为 ω，试写出它们的三角函数式并说明它们之间的相位关系。

4-5 写出对应于下列相量的正弦量，并作出它们的相量图（设它们都是同频率的）。
（1）$\dot{I}_1 = (4+j5)$ A （2）$\dot{I}_2 = 30\angle 60°$ A
（3）$\dot{U}_1 = (10+j15)$ V （4）$\dot{U}_2 = 41\angle 45°$ V

4-6 若有一电压相量 $\dot{U} = a+jb$，电流相量 $\dot{I} = c+jd$，问在什么情况下：
（1）这两个相量相同？
（2）电压超前电流 90°？
（3）电压与电流反相？

4-7 一电容接到工频为 220 V 的电源上,测得电流为 0.6 A,求电容器的电容量。若将电源频率变为 500 Hz,则电路的电流变为多大?

4-8 移相电路如习题图 4-2 所示。已知输入正弦电压 u_1 的频率 $f=300$ Hz,$R=100$ Ω。要求输出电压 u_2 的相位要比 u_1 滞后 45°,问电容 C 的值应该为多大?如果频率增高,则 u_2 比 u_1 滞后的角度是增大还是减小?

4-9 电路如习题图 4-3 所示。已知 $Z_1=(20+j100)$ Ω,$Z_2=(50+j150)$ Ω,当要求 $\dot{I}_2$ 滞后 $\dot{U}$ 90° 时,求电阻 R 的值。

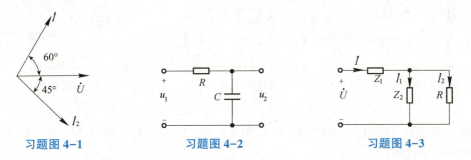

习题图 4-1　　　　　习题图 4-2　　　　　习题图 4-3

4-10 在 220 V 的线路上,并联有 20 只 40 W,功率因数为 0.5 的日光灯和 100 只 40 W 的白炽灯,求线路总的用功功率、无功功率、视在功率和功率因数。

4-11 某车间拟使用一台 220 V、200 W 的电阻炉,但其电源为 380 V,为了使电炉不烧坏,想采用串联电感线圈的方法。若电感线圈的电阻忽略不计,试求线圈的感抗、端电压、无功功率及电路的功率因数。若采用串联电阻的办法,试求该电阻的数值、端电压及额定功率。等效电路如习题图 4-4 所示。根据计算的结果比较上述两种方法的优缺点。

4-12 电路如习题图 4-5 所示。已知 $R=50$ Ω,$r=12.8$ Ω,$L=0.127$ H,$C=39.8$ μF,$U_{rL}=168$ V,$f=50$ Hz。试求:

(1) 电压 U、电流 I、电压 U_{AB};

(2) 整个电路的 $\cos\varphi$、P、Q 及 S;

(3) 作出电路的电压、电流(包括 $\dot{U}_R$、$\dot{U}_{rL}$、$\dot{U}_C$、$\dot{U}$、$\dot{U}_{AB}$ 及 $\dot{I}$)的相量图。

4-13 电路如习题图 4-6 所示。已知 $u=220\sqrt{2}\sin 314t$ V,$i_1=22\sin(314t-45°)$ A,$i_2=11\sqrt{2}\sin(314t+90°)$ A,试求各仪表读数及电路的参数 R、L 和 C。

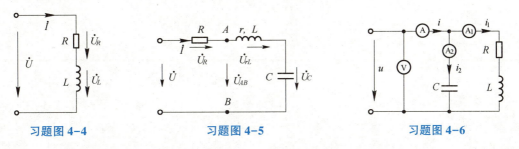

习题图 4-4　　　　　习题图 4-5　　　　　习题图 4-6

4-14 电路如习题图 4-7 所示。已知 $R_1=40$ Ω,$X_L=157$ Ω,$R_2=20$ Ω,$X_C=114$ Ω,

电源电压 $\dot{U} = 220\angle 0°$ V，频率 $f = 50$ Hz。试求支路电流 $\dot{I}_1$、$\dot{I}_2$ 和总电流 $\dot{I}$，并作出相量图。

4-15 电路如习题图 4-8 所示。外加交流电压 $U = 220$ V，频率 $f = 50$ Hz，当接通电容后测得电路的总功率 $P = 2$ kW，功率因数 $\cos\varphi = 0.866$（感性）。若断开电容支路，电路的功率因数 $\cos\varphi' = 0.5$。试求电阻 R、电感 L 及电容 C。

4-16 电路如习题图 4-9 所示。$I_1 = 10$ A，$I_2 = 10\sqrt{2}$ A，$U = 200$ V，$R = 5$ Ω，$R_2 = X_L$，试求 I、X_L、X_C 及 R_2。

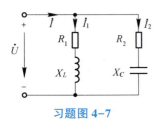

习题图 4-7

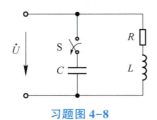

习题图 4-8

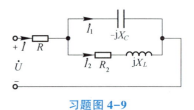

习题图 4-9

4-17 电路如习题图 4-10 所示，$U = 220$ V，$R_1 = 10$ Ω，$X_L = 10\sqrt{3}$ Ω，$R_2 = 20$ Ω，试求各个电流和平均功率。

4-18 一 RLC 串联电路，它在电源频率 $f = 500$ Hz 时发生谐振，谐振时电流为 0.2 A，容抗 $X_C = 314$ Ω，并测得电容电压 U_C 为电源电压 U 的 20 倍。试求该电路的电阻 R 和电感 L。

4-19 习题图 4-11 所示电路在谐振时，$I_1 = I_2 = 10$ A，$U = 50$ V，求 R、X_L、X_C 的值。

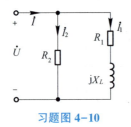

习题图 4-10

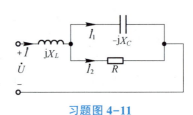

习题图 4-11

第 5 章　三相交流电路

教学目的与要求

理解三相交流电的产生方式；掌握三相电源和三相负载的星形和三角形连接方式；掌握对称三相电路和不对称三相电路的计算方法；掌握三相电路功率的概念及测量方法。

重点：三相电源和三相负载的星形与三角形连接方式；对称三相电路和不对称三相电路的计算方法；三相电路功率的概念及测量方法。

难点：对称三相电路和不对称三相电路的计算方法。

知识点思维导图如图 5-1 所示。

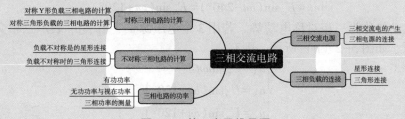

图 5-1　第 5 章思维导图

5.1 三相交流电源

5.1.1 三相交流电的产生

三相交流电源通常由三相发电机产生，三相交流发电机由定子、转子和三相绕组组成，如图5-2（a）所示。发电机的三相绕组分布在定子凹槽内，按首尾一般定义为 A—X、B—Y、C—Z，每个绕组称为一相。A、B、C 是绕组的始端，X、Y、Z 是绕组的末端，3个绕组平面在空间的位置彼此相隔120°，绕组的几何结构、绕向、匝数完全相同。

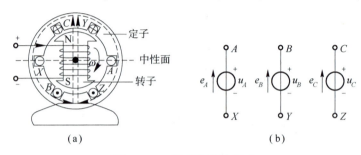

图 5-2 三相交流电的产生
（a）三相交流电模型；（b）三相对称电动势

当转子以角速度 ω 匀速转动时，3个绕组依次切割旋转磁极的磁力线而产生幅值相等（绕组相同）、频率相同（以同一角速度切割）、相位（时间）相差120°的三相交变感应电动势。这3个电源依次为 A、B、C 相，若以图5-2（a）中 A 相（位于磁场为0的中性面上）为参考，规定其正方向为末端指向首端，以 e_A 为参考正弦量，则有

$$\begin{cases} e_A = E_m \sin\omega t \\ e_B = E_m \sin(\omega t - 120°) \\ e_C = E_m \sin(\omega t - 240°) = E_m \sin(\omega t + 120°) \end{cases} \quad (5-1)$$

这样的电动势称为三相对称电动势。若用3个电压源 u_A、u_B、u_C 表示三相交流发电机3个绕组的电压，如图5-2（b）所示，则有

$$\begin{cases} u_A = U_m \sin\omega t \\ u_B = U_m \sin(\omega t - 120°) \\ u_C = U_m \sin(\omega t + 120°) \end{cases} \quad (5-2)$$

这组电压称为三相对称正弦电压。其相量表达式为

$$\begin{cases} \dot{U}_A = U \angle 0° = \dot{U} \\ \dot{U}_B = U \angle -120° = \dot{U}\left(-\dfrac{1}{2} - j\dfrac{\sqrt{3}}{2}\right) \\ \dot{U}_C = U \angle +120° = \dot{U}\left(-\dfrac{1}{2} + j\dfrac{\sqrt{3}}{2}\right) \end{cases} \quad (5-3)$$

三相对称正弦电压各相的波形及相量分别如图 5-3（a）、图 5-3（b）所示。

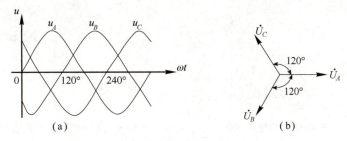

图 5-3　三相对称电源的波形及相量图

显然，三相对称正弦电压满足

$$\begin{cases} u_A + u_B + u_C = 0 \\ \dot{U}_A + \dot{U}_B + \dot{U}_C = 0 \end{cases} \tag{5-4}$$

三相交流电压中每相电压依次达到同一值（如正的最大值）的先后次序称为三相电源的相序。上述三相电源的相序即 $A \to B \to C$，称为正序或顺序。正序的任意两相交换则称为反序或逆序，如 $B \to A \to C$。

5.1.2　三相电源的连接

对称三相交流电源有星形（Y）和三角形（△）两种连接方式，以构成一定的供电体系向负载供电。

1. 星形连接

三相绕组的星形连接如图 5-4 所示，即将三相电源的 3 个末端（X、Y、Z）连接在一起，这一连接点称为中性点或零点，用 N 表示。从中性点引出一根线称为中性线或零线。再由 3 个正极性端 A、B、C 分别引出 3 根输出线，称为端线或相线，俗称火线。低压配电系统中，采用 3 根相线和一根中性线输出，称为三相四线制；高压输电工程中，采用 3 根相线输出，称为三相三线制。

每相始端与末端间的电压，称为相电压，用 $\dot{U}_A$、$\dot{U}_B$、$\dot{U}_C$ 表示，如图 5-4 所示，其有效值用 U_A、U_B、U_C 或用 U_P 表示。任意两根端线之间的电压称为线电压，用 $\dot{U}_{AB}$、$\dot{U}_{BC}$、$\dot{U}_{CA}$ 表示，其有效值用 U_{AB}、U_{BC}、U_{CA} 或用 U_l 表示。根据图 5-4 所示的参考方向，相电压与线电压的相量关系为

$$\begin{cases} \dot{U}_{AB} = \dot{U}_A - \dot{U}_B \\ \dot{U}_{BC} = \dot{U}_B - \dot{U}_C \\ \dot{U}_{CA} = \dot{U}_C - \dot{U}_A \end{cases} \tag{5-5}$$

三相电源相电压对称时，设 $U_A = U_P \angle 0°$，做出的相量图如图 5-5 所示。

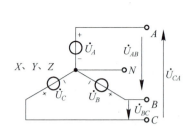

图 5-4 三相电源的星形连接

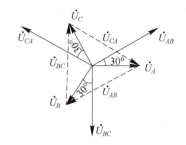

图 5-5 三相电源星形连接时的相量图

作相量图时，先作出相电压 $\dot{U}_A$、$\dot{U}_B$、$\dot{U}_C$，然后根据式（5-5）分别作出线电压 $\dot{U}_{AB}$、$\dot{U}_{BC}$、$\dot{U}_{CA}$。由相量图可得

$$\begin{cases} \dot{U}_{AB} = U_p \angle 0° - U_p \angle -120° = \sqrt{3}\, U_p \angle 30° \\ \dot{U}_{BC} = U_p \angle -120° - U_p \angle 120° = \sqrt{3}\, U_p \angle -90° \\ \dot{U}_{CA} = U_p \angle 120° - U_p \angle 0° = \sqrt{3}\, U_p \angle 150° \end{cases} \quad (5\text{-}6)$$

进一步化简得

$$\begin{cases} \dot{U}_{AB} = \sqrt{3}\, \dot{U}_A \angle 30° \\ \dot{U}_{BC} = \sqrt{3}\, \dot{U}_B \angle 30° \\ \dot{U}_{CA} = \sqrt{3}\, \dot{U}_C \angle 30° \end{cases} \quad (5\text{-}7)$$

由式（5-7）可知：线电压也是频率相同、幅值相等、相位相差 120° 的三相对称电压，在相位上比相应的相电压超前 30°。各线电压的有效值为相电压有效值的 $\sqrt{3}$ 倍，记作 $U_l = \sqrt{3}\, U_p$。

2. 三角形连接

如图 5-6 所示，将三相电源依次连接成一个回路，再从端子 A、B、C 引出端线，就成为三相电源的三角形连接，简称三角形电源。

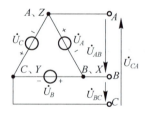

图 5-6 三相电源的三角形连接

三相电源三角形连接时，线电压与相应的相电压相等，即

$$\begin{cases} \dot{U}_{AB} = \dot{U}_A \\ \dot{U}_{BC} = \dot{U}_B \\ \dot{U}_{CA} = \dot{U}_C \end{cases} \quad (5\text{-}8)$$

以后如果无特殊说明,则都认为三相电源是对称的。所谓三相电源的电压,一般是指线电压的有效值。

5.2 三相负载的连接

电力系统中所有用电设备统称负载,负载按对电源的要求分为单相和三相负载。单相负载指需要单相电源供电的设备,如照明用的白炽灯、电烙铁之类;三相负载指同时需要三相电源供电的负载,如三相异步电动机、大功率熔炼炉等。三相负载的连接也有星形和三角形两种。

5.2.1 星形连接

如图 5-7 所示,三相负载 Z_A、Z_B、Z_C 的连接方式为星形连接。N' 点为负载中性点,从 A'、B'、C' 引出 3 根端线与三相电源相连,在三相四线系统中,负载中性点 N' 与电源中性点 N 相连的线称为中性线。

电路中,流经各相负载的电流称为相电流,分别用 $\dot{I}_{A'N'}$、$\dot{I}_{B'N'}$、$\dot{I}_{C'N'}$ 表示;流经端线的电流为线电流,分别用 $\dot{I}_A$、$\dot{I}_B$、$\dot{I}_C$ 表示。所以,三相负载星形连接时,线电流与相应的相电流相等,即

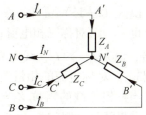

图 5-7 三相负载的星形连接

$$\begin{cases} \dot{I}_{A'N'} = \dot{I}_A \\ \dot{I}_{B'N'} = \dot{I}_B \\ \dot{I}_{C'N'} = \dot{I}_C \end{cases} \quad (5-9)$$

流经中性线的电流称为中性线电流,用 $\dot{I}_N$ 表示,其方向规定为由负载中性点 N' 流向电源的中性点 N,则

$$\dot{I}_N = \dot{I}_A + \dot{I}_B + \dot{I}_C \quad (5-10)$$

若线电流 $\dot{I}_A$、$\dot{I}_B$、$\dot{I}_C$ 为一组对称三相正弦量,则

$$\dot{I}_N = 0$$

此时,若将中性线去掉,则对电路没有任何影响。

中国高新技术蓬勃发展

5.2.2 三角形连接

如图 5-8 所示,负载 Z_A、Z_B、Z_C 的连接方式称为三角形连接。此时,每相负载的相电压等于线电压。每相负载流过的电流为相电流,分别用 $\dot{I}_{A'B'}$、$\dot{I}_{B'C'}$、$\dot{I}_{C'A'}$ 表示;线电流用 $\dot{I}_A$、$\dot{I}_B$、$\dot{I}_C$ 来表示。由 KCL 得

$$\begin{cases} \dot{I}_A = \dot{I}_{A'B'} - \dot{I}_{C'A'} \\ \dot{I}_B = \dot{I}_{B'C'} - \dot{I}_{A'B'} \\ \dot{I}_C = \dot{I}_{C'A'} - \dot{I}_{B'C'} \end{cases} \quad (5-11)$$

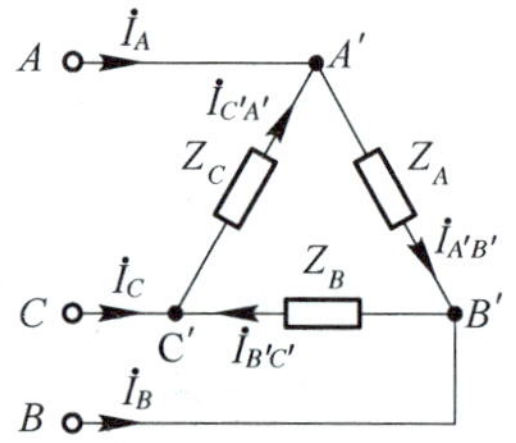

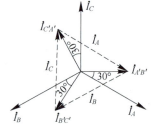

图 5-8 三相负载的三角形连接

若三相负载相电流是对称的，并设 $\dot{I}_{A'B'} = I_p \angle 0°$，则

$$\begin{cases} \dot{I}_A = \sqrt{3} I_p \angle -30° \\ \dot{I}_B = \sqrt{3} I_p \angle -150° \\ \dot{I}_C = \sqrt{3} I_p \angle 90° \end{cases} \quad (5-12)$$

进一步整理可得

$$\begin{cases} \dot{I}_A = \sqrt{3} \dot{I}_{A'B} \angle -30° \\ \dot{I}_B = \sqrt{3} \dot{I}_{B'C} \angle -30° \\ \dot{I}_C = \sqrt{3} \dot{I}_{C'A} \angle -30° \end{cases} \quad (5-13)$$

由式（5-13）可知，三相负载三角形连接时，若相电流是一组对称三相电流，那么线电流也是一组对称三相电流；线电流的有效值为相电流有效值的 $\sqrt{3}$ 倍，记为 $I_1 = \sqrt{3} I_p$，线电流相位滞后于相应两个相电流中的先行相 30°。对称电流的相量图如图 5-9 所示。

当三相负载的阻抗 $Z_A = Z_B = Z_C$ 时，称为对称三相负载。三相电动机就是一组对称负载。将对称三相负载接到对称三相电源上，就构成对称三相电路。当三相负载的阻抗不相等时，称为不对称三相负载，由它构成的电路就是不对称三相电路。三相照明电路一般是不对称的电路。

图 5-9 对称电流的相量图

5.3 对称三相电路的计算

三相电路实际上是单相正弦电路的一种特殊类型。因此对单相正弦电路的分析方法也适用于三相电路。根据对称三相电路的特点可以简化计算。

5.3.1 对称星形负载三相电路的计算

对称星形负载三相四线制电路如图 5-10 所示。

因为电源对称，负载相等，若略去导线上的电压降，则电源相电压即为每相负载的相电压，设电源电压为

$$\dot{U}_A = U \angle 0° \quad \dot{U}_B = U \angle -120° \quad \dot{U}_C = U \angle 120°$$

根据三相电源的星形连接的相线电压的关系可知，图 5-10 所示电路的线电压为

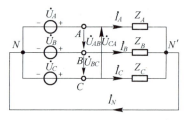

图 5-10 对称星形负载三相电路

$$\dot{U}_{AB}=\sqrt{3}U\angle 30° \quad \dot{U}_{BC}=\sqrt{3}U\angle -90° \quad \dot{U}_{CA}=\sqrt{3}U\angle 150°$$

设星形负载 $Z_A=Z_B=Z_C=|Z|\angle \varphi_1$，每相负载的相电流可分别求出，即

$$\begin{cases} \dot{I}_A=\dfrac{\dot{U}_A}{Z_A}=\dfrac{U}{|Z|}\angle -\varphi_1 \\ \dot{I}_B=\dfrac{\dot{U}_B}{Z_B}=\dfrac{U}{|Z|}\angle(-120°-\varphi_1) \\ \dot{I}_C=\dfrac{\dot{U}_C}{Z_C}=\dfrac{U}{|Z|}\angle(120°-\varphi_1) \end{cases} \quad (5-14)$$

负载星形连接时线电流与相应的相电流相等，则式（5-14）也是该电路的线电流。

中性线中的电流按图 5-10 中的参考方向，应用 KCL 得

$$\dot{I}_{N'N}=\dot{I}_A+\dot{I}_B+\dot{I}_C=0 \quad (5-15)$$

相、线电压和相、线电流的相量图如图 5-11 所示。作相量图时，先画出以 $\dot{U}_A$ 为参考相量的电源电压（负载相电压）$\dot{U}_A$、$\dot{U}_B$、$\dot{U}_C$ 的相量图，再画出 $\dot{U}_{AB}$、$\dot{U}_{BC}$、$\dot{U}_{CA}$ 的相量图，而后逐相按照式（5-14）画出 $\dot{I}_A$、$\dot{I}_B$、$\dot{I}_C$ 的相量图。

由式（5-14）和图 5-11 可知，对于对称星形负载三相电路，可先计算一相的相电流 $\dot{I}_A=\dfrac{\dot{U}_A}{Z_A}$，其他相的电流与之对称，幅值相同，相位相差 120°，即 $\dot{I}_B=\dot{I}_A\angle -120°$，$\dot{I}_C=\dot{I}_A\angle 120°$。

【例 5-1】 图 5-12 所示负载为星形连接的对称三相电路中，已知线电压 $\dot{U}_{AC}=380\angle -150°$ V，负载阻抗 $Z=55\angle -30°$ Ω。求线电压 $\dot{U}_{AB}$、$\dot{U}_{BC}$、$\dot{U}_{CA}$，相电压 $\dot{U}_A$、$\dot{U}_B$、$\dot{U}_C$，相电流 $\dot{I}_A$、$\dot{I}_B$、$\dot{I}_C$。

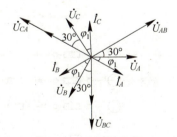

图 5-11 相、线电压和相、线电流的相量图

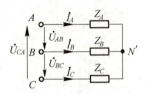

图 5-12 【例 5-14】图示

【解】 （1）由已知 $\dot{U}_{AC}=380\angle -150°$ V，则 $\dot{U}_{CA}=-\dot{U}_{AC}=380\angle 30°$ V

因为 $\dot{U}_{AB}$ 相位滞后 $\dot{U}_{CA}$ 120°，$\dot{U}_{BC}$ 相位超前 $\dot{U}_{CA}$ 120°，则

$$\dot{U}_{AB}=380\angle(30°-120°)=380\angle -90° \text{ V}$$

$$\dot{U}_{BC}=380\angle(30°+120°)=380\angle 150° \text{ V}$$

(2) 因为相、线电压的关系为

$$\begin{cases} \dot{U}_{AB} = \sqrt{3}\dot{U}_A \angle 30° \\ \dot{U}_{BC} = \sqrt{3}\dot{U}_B \angle 30° \\ \dot{U}_{CA} = \sqrt{3}\dot{U}_C \angle 30° \end{cases}$$

则

$$\begin{cases} \dot{U}_A = \dfrac{\dot{U}_{AB}}{\sqrt{3}\angle 30°} = 220\angle -120° \text{ V} \\ \dot{U}_B = \dfrac{\dot{U}_{BC}}{\sqrt{3}\angle 30°} = 220\angle 120° \text{ V} \\ \dot{U}_C = \dfrac{\dot{U}_{CA}}{\sqrt{3}\angle 30°} = 220\angle 0° \text{ V} \end{cases}$$

(3) 先求出 A 相的相电流

$$\dot{I}_A = \dfrac{\dot{U}_A}{Z_A} = \dfrac{220\angle -120°}{55\angle -30°} \text{ A} = 4\angle -90° \text{ A}$$

则

$$\dot{I}_B = \dot{I}_A \angle -120° = 4\angle -90° \angle -120° \text{ A}$$
$$= 4\angle -210° \text{ A} = 4\angle 150° \text{ A}$$

$$\dot{I}_C = \dot{I}_A \angle 120° = 4\angle -90° \angle 120° \text{A} = 4\angle 30° \text{ A}$$

(4) 相量图如图 5-13 所示。

【例 5-2】 电路如图 5-14 所示。已知电源电压为 $\dot{U}_A$、$\dot{U}_B$、$\dot{U}_C$，负载阻抗 $Z_A = Z_B = Z_C = Z$，端线阻抗为 Z_L，中性线阻抗为 Z_N，求各相负载相电流、相电压及中性线电流。

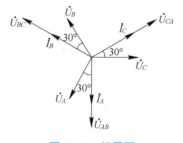

图 5-13 相量图

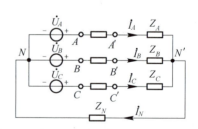

图 5-14 【例 5-2】图示

【解】 N 和 N' 为中性点，电压 $\dot{U}_{N'N}$ 称为中性点电压，由节点电压法得

$$\left(\dfrac{1}{Z_N} + \dfrac{3}{Z+Z_L}\right)\dot{U}_{N'N} = \dfrac{1}{Z+Z_L}(\dot{U}_A + \dot{U}_B + \dot{U}_C)$$

由于 $\dot{U}_A + \dot{U}_B + \dot{U}_C = 0$，所以 $\dot{U}_{N'N} = 0$。各相负载中的相电流为

$$\dot{I}_A = \frac{\dot{U}_A - \dot{U}_{N'N}}{Z+Z_L} = \frac{\dot{U}_A}{Z+Z_L}$$

$$\dot{I}_B = \frac{\dot{U}_B}{Z+Z_L}$$

$$\dot{I}_C = \frac{\dot{U}_C}{Z+Z_L}$$

中性线电流为

$$\dot{I}_N = \dot{I}_A + \dot{I}_B + \dot{I}_C = 0$$

各相负载的相电压为

$$\begin{cases} \dot{U}_{A'} = \dot{I}_A Z \\ \dot{U}_{B'} = \dot{I}_B Z \\ \dot{U}_{C'} = \dot{I}_C Z \end{cases}$$

各相负载的线电压为

$$\begin{cases} \dot{U}_{A'B'} = \dot{U}_{A'} - \dot{U}_{B'} \\ \dot{U}_{B'C'} = \dot{U}_{B'} - \dot{U}_{C'} \\ \dot{U}_{C'A'} = \dot{U}_{C'} - \dot{U}_{A'} \end{cases}$$

对称星形连接电路具有上述这些特点，在对它进行分析计算时，不管电路中是否有中性线，也不管中性线阻抗 Z_N 为何值，总可以先用一条阻抗为零的中性线来替代，然后单独取出一相电路（通常去取 A 相）进行计算，其他两相可根据电路的对称性进行推算。

当负载为星形对称而电源是三角形对称时，可将电源转化为星形接法。电源转换的原则是保证外电压（线电压）$\dot{U}_{AB}$、$\dot{U}_{BC}$、$\dot{U}_{CA}$ 等效，三相电路等效成 Y—Y 形式。

5.3.2 对称三角形负载三相电路的计算

当仅有一组三角形负载时，若三相电压对称，不管三相电源为何种接法，均可得出线电压 $\dot{U}_{AB}$、$\dot{U}_{BC}$、$\dot{U}_{CA}$，将三相电路等效成 △—△ 形式。

图 5-15 所示为一个 △—△ 形式负载对称的电路，电源电压为每相负载的相电压，由于三角形负载线电压等于相电压，则电源电压也为线电压，设电源电压为

$$\dot{U}_A = U\angle 0° \quad \dot{U}_B = U\angle -120° \quad \dot{U}_C = U\angle 120°$$

设三角形负载为 $Z_A = Z_B = Z_C = |Z|\angle\varphi$，每相负载的相电流可分别求出，即

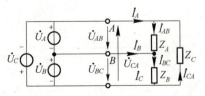

图 5-15 对称三角形负载三相电路

$$\begin{cases} \dot{I}_{AB} = \dfrac{\dot{U}_A}{Z_A} = \dfrac{U}{|Z|} \angle -\varphi \\ \dot{I}_{BC} = \dfrac{\dot{U}_B}{Z_B} = \dfrac{U}{|Z|} \angle (-120°-\varphi) \\ \dot{I}_{CA} = \dfrac{\dot{U}_C}{Z_C} = \dfrac{U}{|Z|} \angle (120°-\varphi) \end{cases}$$

根据对称负载三角形连接时线电流和相电流的关系，此电路的线电流为

$$\begin{cases} \dot{I}_A = \dot{I}_{AB} - \dot{I}_{CA} = \sqrt{3}\dot{I}_{AB} \angle -30° \\ \dot{I}_B = \dot{I}_{BC} - \dot{I}_{AB} = \sqrt{3}\dot{I}_{BC} \angle -30° \\ \dot{I}_C = \dot{I}_{CA} - \dot{I}_{BC} = \sqrt{3}\dot{I}_{CA} \angle -30° \end{cases}$$

5.4　不对称三相电路的计算

在三相电路中，三相负载不完全相同时，称为不对称负载。对于不对称三相电路，不能直接引用对称三相电路的分析方法。

5.4.1　负载不对称时的星形连接

图 5-16（a）所示的 Y—Y 连接的电路中三相电源是对称的，但负载不对称。

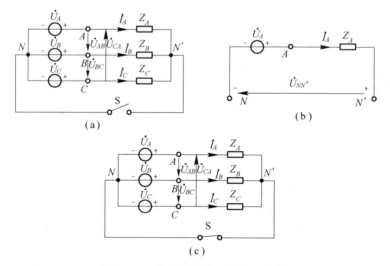

图 5-16　负载不对称时的星形连接

设电源电压为

$$\dot{U}_A = U\angle 0° \quad \dot{U}_B = U\angle -120° \quad \dot{U}_C = U\angle 120°$$

若开关 S 打开（即不接中性线），用弥尔曼定理，可以求得节点电压 $\dot{U}_{N'N}$ 为

$$\dot{U}_{N'N} = \frac{\dfrac{\dot{U}_A}{Z_A}+\dfrac{\dot{U}_B}{Z_B}+\dfrac{\dot{U}_C}{Z_C}}{\dfrac{1}{Z_A}+\dfrac{1}{Z_B}+\dfrac{1}{Z_C}} \tag{5-16}$$

由于负载不对称，一般情况下 $\dot{U}_{N'N} \neq 0$。

若星形负载 $Z_A = Z_B = Z_C$，如图 5-16（b）所示，则 A 相负载的相电流为

$$\dot{I}_A = \frac{\dot{U}_A - \dot{U}_{N'N}}{Z_A}$$

其余各相负载的相电流为

$$\dot{I}_B = \frac{\dot{U}_B - \dot{U}_{N'N}}{Z_B}$$

$$\dot{I}_C = \frac{\dot{U}_C - \dot{U}_{N'N}}{Z_C}$$

若合上开关 S（接上中性线），如图 5-16（c）所示，如果 $Z_N \approx 0$，可使 $\dot{U}_{N'N}=0$。在此条件下，可使各相保持独立计算。这就克服了三相负载不对称无中性线时的缺点。因此，在负载不对称的情况下，中性线的存在是非常必要的。实际工程中，要求中性线要具有足够的机械强度，阻抗要很小，并且在中性线上不允许介入熔断器和开关。由于相电流的不对称性，中性线电流一般不为 0，即

$$\dot{I}_{N'N} = \dot{I}_A + \dot{I}_B + \dot{I}_C \neq 0 \tag{5-17}$$

【例 5-3】 在图 5-17（a）所示的电路中，$U_1 = 380$ V，三相电源对称，$R_A = 11$ Ω，$R_B = R_C = 22$ Ω。试求：

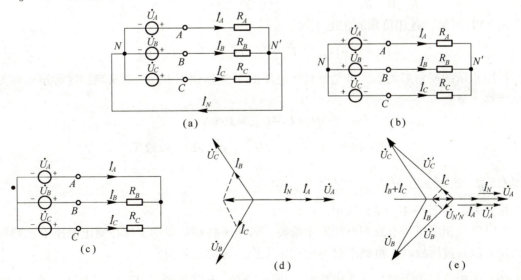

图 5-17 【例 5-2】图示与图解

(1) 负载的相电流与中性线电流；
(2) 中性线因故障断开时负载的相电压与相电流的有效值并作出相量图；
(3) 中性线断开、A 相短路时的相电压与相电流有效值并作出相量图。

【解】 （1）因有中性线，则 $\dot{U}_{N'N}=0$，且负载相电压即电源相电压对称，所以 $U_P=\dfrac{U_l}{\sqrt{3}}=$ 220 V，令 $\dot{U}_A=220\angle 0°$ V，则

$$\dot{U}_B=220\angle -120° \text{ V}$$

$$\dot{U}_C=220\angle 120° \text{ V}$$

$$\dot{I}_A=\frac{\dot{U}_A}{R_A}=20\angle 0° \text{ A}$$

$$\dot{I}_B=\frac{\dot{U}_B}{R_B}=10\angle -120° \text{ A}$$

$$\dot{I}_C=\frac{\dot{U}_C}{R_C}=10\angle 120° \text{ A}$$

中性线电流为 $\dot{I}_{N'N}=\dot{I}_A+\dot{I}_B+\dot{I}_C=20\angle 0°+10\angle -120°+10\angle 120°=10\angle 0°$ A

以 $\dot{U}_A$ 为参考，作相量图如图 5-17（d）所示。

（2）中性线断开时，N 与 N' 不再等电位，其等效电路如图 5-17（b）所示。利用弥尔曼定理求得 $\dot{U}_{N'N}$，便可求得各负载的相电压 $\dot{U}'_A$、$\dot{U}'_B$、$\dot{U}'_C$。

$$\dot{U}_{N'N}=\frac{\dfrac{\dot{U}_A}{R_A}+\dfrac{\dot{U}_B}{R_B}+\dfrac{\dot{U}_C}{R_C}}{\dfrac{1}{R_A}+\dfrac{1}{R_B}+\dfrac{1}{R_C}}=\frac{\dfrac{220\angle 0°}{11}+\dfrac{220\angle -120°}{22}+\dfrac{220\angle 120°}{22}}{\dfrac{1}{11}+\dfrac{1}{22}+\dfrac{1}{22}} \text{ V}=55\angle 0° \text{ V}$$

由 KVL 可见，各相负载的相电压为

$$\dot{U}'_A=\dot{U}_A-\dot{U}_{N'N} \quad \dot{U}'_B=\dot{U}_B-\dot{U}_{N'N} \quad \dot{U}'_C=\dot{U}_C-\dot{U}_{N'N}$$

根据相量的三角形关系，可见负载相电压的 Y 点移到了 $\dot{U}_{N'N}$ 的箭头端，这种情形称为中性点漂移。显然有

$$U'_A=U_A-U_{N'N}=165 \text{ V}$$

$$U'_B=U'_C=\sqrt{U_B^2+U_{NN}^2-2U_B U_{NN}\cos 120°}=252 \text{ V}$$

从而 $I_A=\dfrac{U'_A}{R_A}=15$ A，$I_B=I_C=\dfrac{U'_B}{R_B}=11.4$ A。

相位关系如图 5-17（e）所示。

此时负载相电压与电源相电压发生偏离，若原来各相负载均工作在额定电压下，则现在已出现欠压与过压故障，负载不仅不能正常工作，还会受到损害。

（3）A 相负载被短路，又无中性线，则 $\dot{U}'_A=0$，电路如图 5-17（c）所示，B、C 两相负载均承受电源的线电压，即 $U'_B=U'_C=380$ V。这是负载不对称、无中性线时最严重的过压

事故，此时三相对称负载严重失衡。

负载的不平衡情况越严重，无中性线时产生的欠压与过压现象就越严重。因此，中性线的作用是为了保证负载的相电压对称，或者说保证负载均工作在额定电压下。故中性线必须牢固，决不允许在中性线上接熔断器或开关。

【例 5-4】 图 5-18 所示电路是一种用来测定三相电源相序的仪器，称为相序指示器。任意指定电源的一相为 A 相，把电容 C 接到 A 相上，两只白炽灯分别接到另外两相上，设 $R = \dfrac{1}{\omega C}$，试说明如何根据两灯泡的亮度来确定 B、C 相。

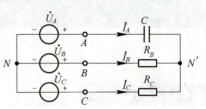

图 5-18 【例 5-4】图示

【解】 图 5-18 所示电路中，有

$$\dot{U}_{N'N} = \dfrac{\mathrm{j}\omega \dot{C}U_A + \dfrac{\dot{U}_B}{R_B} + \dfrac{\dot{U}_C}{R_C}}{\mathrm{j}\omega C + \dfrac{1}{R_B} + \dfrac{1}{R_C}} = \dfrac{\mathrm{j}\omega \dot{C}U_A + \dfrac{1}{R}(\dot{U}_B + \dot{U}_C)}{\mathrm{j}\omega C + \dfrac{2}{R}}$$

令

$$\dot{U}_A = U \angle 0°$$

则

$$\dot{U}_{N'N} = (-0.2 + \mathrm{j}0.6)U = 0.63U \angle 108.4°$$

B 相灯泡承受的电压为

$$\dot{U}'_B = \dot{U}_B - \dot{U}_{N'N} = 1.5U \angle -101.5°$$

同理，C 相灯泡承受的电压为

$$U'_C = 0.4U$$

根据上述结果可以判断，若电容所在的一相为 A 相，则灯泡较亮的一相为 B 相，较暗的一相为 C 相。

5.4.2 负载不对称时的三角形连接

负载不对称时的三角形连接，尽管 3 个相电压对称，但 3 个相电流因阻抗不同而不再对称，即 $I_1 = \sqrt{3} I_P$ 的关系不再成立，只能逐相计算各线电流，即

$$\begin{cases} \dot{I}_A = \dot{I}_{AB} - \dot{I}_{CA} \\ \dot{I}_B = \dot{I}_{BC} - \dot{I}_{AB} \\ \dot{I}_C = \dot{I}_{CA} - \dot{I}_{BC} \end{cases}$$

一般的电器都有额定电压这一重要标志，决定采用何种连接方式的依据是应使每相负载承受的电压等于其额定电压。

5.5 三相电路的功率

5.5.1 有功功率

三相电路的有功功率为各相有功功率之和，其一般公式为

$$P = P_A + P_B + P_C = U_{Ap}I_{Ap}\cos\varphi_A + U_{Bp}I_{Bp}\cos\varphi_B + U_{Cp}I_{Cp}\cos\varphi_C \tag{5-18}$$

当三相负载对称时，有

$$P = 3U_p I_p \cos\varphi \tag{5-19}$$

式中，φ 是 U_p 与 I_p 间的相位差，也是负载的阻抗角。

当负载对称时，星形连接时的相电压与三角形连接时的相电流均难以测得，故三相负载铭牌上标的额定值一般均为线电压与线电流，也便于测量。无论是星形连接，还是三角形连接的对称负载，都有 $3U_p I_p = \sqrt{3} U_l I_l$。所以，式（5-18）常写为

$$P = \sqrt{3} U_l I_l \cos\varphi \tag{5-20}$$

但需注意的是，这样表达并非负载接成星形或三角形时功率相等。可以证明，当 U_l 一定时，同一负载接成星形时的功率 P_Y 与接成三角形时的功率 $P_\triangle$ 间的关系为

$$P_\triangle = 3P_Y \tag{5-21}$$

5.5.2 无功功率与视在功率

三相电路的无功功率也为各相无功功率之和，其一般公式为

$$Q = Q_A + Q_B + Q_C = U_{Ap}I_{Ap}\sin\varphi_A + U_{Bp}I_{Bp}\sin\varphi_B + U_{Cp}I_{Cp}\sin\varphi_C \tag{5-22}$$

当三相负载对称时，有

$$Q = 3U_p I_p \sin\varphi = \sqrt{3} U_l I_l \sin\varphi \tag{5-23}$$

三相视在功率为

$$S = \sqrt{P^2 + Q^2}$$

当三相负载对称时，有

$$S = 3U_p I_p = \sqrt{3} U_l I_l \tag{5-24}$$

【例 5-5】 某三相异步电动机每相绕组的等值阻抗 $|Z| = 20\ \Omega$，功率因数 $\cos\varphi = 0.8$，正常运行时绕组为三角形连接，电源线电压为 380 V。试求：

（1）正常运行时的相电流、线电流和电动机的输入功率；

（2）为了减小起动电流，在起动时改接成星形，试求此时的相电流、线电流及电动机的输入功率。

【解】 （1）正常运行时，电动机为三角形连接，有

$$I_p = \frac{U_l}{|Z|} = \frac{380}{20}\ \text{A} = 19\ \text{A}$$

$$I_1 = \sqrt{3}\, I_p = 19\sqrt{3}\ \text{A}$$

$$P_\triangle = \sqrt{3}\, U_1 I_1 \cos\varphi = \sqrt{3} \times 380 \times 19\sqrt{3} \times 0.8\ \text{W} = 17\,328\ \text{W}$$

(2) 起动时，电动机为星形连接，有

$$I_p = \frac{U_p}{|Z|} = \frac{\frac{380}{\sqrt{3}}}{20}\ \text{A} = \frac{19\sqrt{3}}{3}\ \text{A}$$

$$I_1 = I_p = \frac{19\sqrt{3}}{3}\ \text{A}$$

$$P_Y = \sqrt{3}\, U_1 I_1 \cos\varphi = \sqrt{3} \times 380 \times \frac{19\sqrt{3}}{3} \times 0.8\ \text{W} = 5\,776\ \text{W}$$

由此例可知，同一个对称三相负载接于同一电路，当负载为三角形连接时的线电流是其为星形连接时线电流的 3 倍，三角形连接时的功率也是星形连接时功率的 3 倍。

5.5.3　三相功率的测量

对于三相功率的测量，在三相三线制电路中，不论对称与否，均可使用两只功率表的方法来测量三相功率，这种方法称为"二瓦计"法。

两只功率表的接线方法如图 5-19（a）所示，原则是，两只功率表的电流线圈分别串联于任意两根端线（如 A、B 线）中，而电压线圈的非电源端（无 * 端）共同接到第三条端线（C 线）上，分别并联在本端线与第三根线之间，这样两只功率表读数的代数和就是三相电路的总功率。这种测量方法中功率表的接线只触及端线，与负载和电源的连接方式无关。

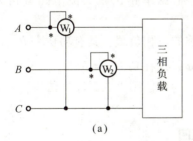
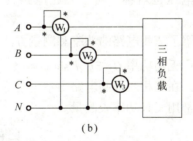

图 5-19　三相功率的测量

（a）"二瓦计"法；（b）"三瓦计"法

可以证明，三相三线制电路中右侧电路吸收的平均功率为 $P_1 + P_2$，根据功率表的原理有

$$P_1 = \text{Re}\,[\dot{U}_{AC} \dot{I}_A^*] \quad P_2 = \text{Re}\,[\dot{U}_{BC} \dot{I}_B^*]$$

$$P_1 + P_2 = \text{Re}\,[\dot{U}_{AC} \dot{I}_A^* + \dot{U}_{BC} \dot{I}_B^*]$$

又因为

$$\dot{U}_{AC} = \dot{U}_A - \dot{U}_C \quad \dot{U}_{BC} = \dot{U}_B - \dot{U}_C \quad \dot{I}_A^* + \dot{I}_B^* = -\dot{I}_C^*$$

故有

$$P_1 + P_2 = \text{Re}\,[\dot{U}_A \dot{I}_A^* + \dot{U}_B \dot{I}_B^* + \dot{U}_C \dot{I}_C^*] = \text{Re}\,[\overline{S}_A + \overline{S}_B + \overline{S}_C] = \text{Re}\,[\overline{S}]$$

$\text{Re}\,[\overline{S}]$ 表示右侧三相负载的有功功率。还可以证明，在对称三相制电路中有

$$P_1 = \text{Re}[\dot{U}_{AC}\dot{I}_A^*] = U_{AC}I_A\cos(\varphi-30°)$$

$$P_2 = \text{Re}[\dot{U}_{BC}\dot{I}_B^*] = U_{BC}I_B\cos(\varphi+30°)$$

式中，φ 为负载的阻抗角。在一定条件下，两只功率表之一的读数可能为负，求代数和时读数亦应取负值。

三相四线制电路中常用三只功率表测量，如图 5-19（b）所示。因 $\dot{I}_A+\dot{I}_B+\dot{I}_C \neq 0$，故不能用两只功率表测量三相功率。

本章小结

本章首先介绍了三相交流电源，其通常由三相发电机产生，连接方式有星形（Y）和三角形（△）两种。对于星形连接，若是三相四线制电路，则有中性线，提供线电压和相电压。线电压比相应的相电压超前30°，其值是相电压的 $\sqrt{3}$ 倍；若是三相三线制电路，则无中性线，提供线电压。对于三角形连接只能是三线三相制电路，其线电压等于相电压。

其次介绍了三相负载，其连接也分为星形（Y）连接和三角形（△）连接两种。对称三相负载接成星形，供电电路只需三相三线制；不对称三相负载接成星形，供电电路必须为三相四线制。每相负载的相电压对称且为线电压的 $\dfrac{1}{\sqrt{3}}$。三相负载接成三角形，供电电路只需三相三线制，每相负载的相电压等于电源的线电压。无论负载是否对称，只要线电压对称，每相负载的相电压也对称。对于三相电路的分析，根据单相正弦交流电路分析方法，逐相分析。

最后介绍了三相电路的功率和测量方法。对称的三相负载，其有功功率 $P = 3U_pI_p\cos\varphi = \sqrt{3}U_lI_l\cos\varphi$，无功功率 $Q = 3U_pI_p\sin\varphi = \sqrt{3}U_lI_l\sin\varphi$，视在功率 $S = 3U_pI_p = \sqrt{3}U_lI_l$。对于三相功率的测量，在三相三线制电路中不论对称与否，均可使用"二瓦计"法进行测量；三相四线制电路中常用三只功率表测量。

实验5　三相交流电路中伏安关系仿真实验

习题 5

5-1　在星形连接的对称三相电路中，已知线电压 $\dot{U}_{AC} = 380\angle-30°$ V，星形连接负载阻

抗 $Z=55\angle-30°$ Ω，求各相线电压、相电流，并作出相量图。

5-2 在三角形连接的对称三相电路中，若 $\dot{U}_{BC}=380\angle-90°$ V，$Z=(8+j6)$ Ω，求各相线电压、相电流，并作出相量图。

5-3 每相阻抗为 (21+j15) Ω 的对称负载做三角形连接，接到 380 V 的三相电源上，试求：

(1) 不计端线阻抗时负载的线电流、相电流、线电压；

(2) 当端线阻抗为 (2+j) Ω 时，负载的线电流、相电流、线电压、相电压。

5-4 某发电厂的 10^5 kW 机组发电机，其额定运行数据为线电压 10.5 kV，三相总有功功率 10^5 kW，功率因数 0.8。试计算其线电流、总无功功率及总视在功率。

5-5 电路如习题图 5-1 所示。三相电源对称，$\dot{U}_{AB}=380\angle0°$ V，三相均为电阻性负载，已知 $R_A=11$ Ω，$R_B=R_C=22$ Ω。试求：

(1) 负载相电压、相电流及中性线电流，并作出相量图；

(2) 当无中性线，且 A 相短路时，各相电压及电流，并作出相量图；

(3) 当无中性线，且 C 相断路时，C 线与负载中点 N' 之间的电压 $\dot{U}'$。

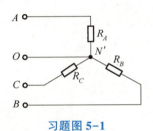

习题图 5-1

5-6 有一三相对称三角形连接的电感性负载，$\cos\varphi=0.8$，接于线电压 $U_l=380$ V 的三相对称电源上，负载消耗的总功率 $P=34\,848$ W。试求负载每相的电阻及电抗；若负载改为星形连接，求负载消耗的总功率。

第 6 章　耦合电感和理想变压器

教学目的与要求：理解互感和同名端的概念；掌握耦合电感元件的电压、电流关系；掌握互感线圈的连接及去耦等效电路；理解空心变压器和理想变压器。

重点：耦合电感元件的电压、电流关系；互感线圈的连接及去耦等效电路；理想变压器电压变换、电流变换和阻抗变换。

难点：互感线圈的连接及去耦等效电路；耦合电感元件的电压、电流关系。

知识点思维导图如图 6-1 所示。

图 6-1　第 6 章思维导图

6.1 互感及互感电压

6.1.1 互感

耦合电感是指多个线圈相互之间存在磁场的联系，它是耦合线圈的理想化模型。本章只讨论一对线圈耦合的情况。

由第 1 章的知识可知，当单个线圈通过 i 产生磁通 Φ，N 匝线圈产生的磁链为 $\psi = N\Phi$，直流电产生的磁通为不变磁通，交变的电流产生变化的磁通及交变的磁链。关联条件下交变磁通在线圈自身两端会引起自感电压：$u = N\dfrac{\mathrm{d}\Phi}{\mathrm{d}t} = \dfrac{\mathrm{d}\Psi}{\mathrm{d}t} = L\dfrac{\mathrm{d}i}{\mathrm{d}t}$，这种现象称为自感现象。定义自感 $L = \dfrac{\Psi}{i} = N\dfrac{\Phi}{i}$。

两个靠得很近的互感线圈如图 6-2（a）所示，其电路模型和等效电路如图 6-2（b）、图 6-2（c）所示。线圈 1、2 的匝数分别为 N_1、N_2，绕制方向如图 6-2（a）所示。为方便讨论，规定每个线圈的电压、电流取关联参考方向，且每个线圈的电流的参考方向和该电流所产生的磁通的参考方向符合右手螺旋法则（又称为右手定则）。

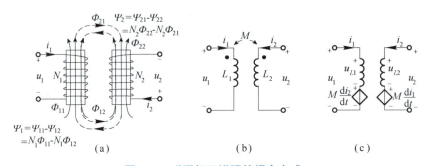

图 6-2　磁通相互增强的耦合电感

当线圈 1 中通入电流 i_1 时，在线圈 1 中就会产生交变的自感磁通 Φ_{11} 和变化的磁链 $\Psi_{11} = N_1\Phi_{11}$，交变的磁通 Φ_{11} 在线圈 1 两端产生自感电压 u_{L1}；由于线圈 1、2 距离很近，使 Φ_{11} 的一部分 Φ_{21} 同时穿过线圈 2，这部分磁通称为互感磁通，且 $\Phi_{21} < \Phi_{11}$，互感磁通穿过线圈 2 时，形成互感磁链 $\Psi_{21} = N_2\Phi_{21}$；互感磁通在线圈 2 两端产生互感电压 u_{M2}，称为互感电压。同样，若在线圈 2 中通入交变的电流 i_2，则它产生自感磁通 Φ_{22} 和自感磁链 $\Psi_{22} = N_2\Phi_{22}$。交变的磁通 Φ_{22} 在线圈 2 两端产生自感电压 u_{L2}，Φ_{22} 中也有一部分互感磁通 Φ_{12} 不仅穿过线圈 2，同时也穿过线圈 1，且 $\Phi_{12} < \Phi_{22}$。磁链 $\Psi_{12} = N_1\Phi_{12}$ 同时穿过线圈 1，在线圈 1 两端产生互感电压 u_{M1}。

这种由一个线圈中的电流变化在另一个线圈中产生互感电压的现象称为互感现象。两个线圈的磁通相互交链的关系称为磁耦合。互感现象产生的互感系数的定义为

$$M_{21}=\frac{\Psi_{21}}{i_1}, M_{12}=\frac{\Psi_{12}}{i_2} \tag{6-1}$$

式（6-1）表明线圈 1 对线圈 2 的互感系数为 M_{21}，其等于穿过线圈 2 的互感磁链与激发该磁链的线圈 1 中的电流之比；线圈 2 对线圈 1 的互感系数为 M_{12}，其等于穿过线圈 1 的互感磁链与激发该磁链的线圈 2 中的电流之比。可以证明：$M_{21}=M_{12}=M$。所以，以后一律用 M 表示两线圈的互感系数，简称互感。互感 M 是一个正实数，它和自感 L 有相同的单位，国际单位为亨利（H）。互感的大小反映了一个线圈的电流在另一个线圈中产生磁链的能力，它与两线圈的几何形状、匝数以及它们之间的相对位置有关。一般情况下，两个耦合线圈中的电流产生的磁通只有一部分与另一线圈相交链，而剩下不交链的磁通称为漏磁通，简称漏磁。线圈间的相对位置直接影响漏磁通的大小，即影响互感 M 的大小。通常用耦合系数 K 来反映线圈的耦合程度，并定义为

$$K=\frac{\sqrt{M_{12}M_{21}}}{\sqrt{L_1L_2}}=\frac{\sqrt{M^2}}{\sqrt{L_1L_2}}=\frac{M}{\sqrt{L_1L_2}} \tag{6-2}$$

式中，L_1、L_2 分别是线圈 1 和线圈 2 的自感。

由于漏磁的存在，故 K 值总小于 1。改变两线圈的相对位置，可以改变 K 值的大小。两个线圈紧密地缠绕在一起，K 值就接近 1，如图 6-3（a）所示；两个互感线圈相距较远或线圈的轴线相互垂直放置时，K 值就很小，甚至可以接近零，即两线圈无耦合，如图 6-3（b）所示。在电力工程和无线电子技术中，为了更有效地传输功率或信号，总是采用紧密耦合，使 K 值尽可能地接近 1。但在控制电路或仪表线路中，为了避免干扰，则要极力减小耦合作用，除了采用屏蔽手段之外，合理地布置线圈相对位置以降低耦合程度也是一个有效的办法。

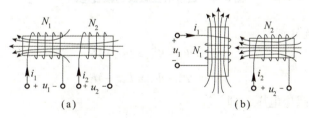

图 6-3 线圈之间的耦合

6.1.2 耦合电感元件的电压、电流关系

由前面的分析可知，当互感的两线圈上都通有电流时，每个线圈的总磁链不仅与线圈本身的电流有关，也与另一个线圈的电流有关。如果每个线圈的电压、电流取关联参考方向，且每个线圈的电流与该电流产生的磁通符合右手定则，而自感磁通又与互感磁通方向一致，即磁通是相互增强的，如图 6-2 所示，则在这种情况下，线圈 1、2 的磁链分别为

$$\begin{cases}\Psi_1=\Psi_{11}+\Psi_{12}=L_1i_1+Mi_2\\ \Psi_2=\Psi_{22}+\Psi_{21}=L_2i_2+Mi_1\end{cases} \tag{6-3}$$

由电磁感应定律，当通过线圈的电流变化时，线圈两端会产生感应电压，即

$$\begin{cases} u_1 = \dfrac{d\Psi_1}{dt} = u_{L1} + u_{M1} = L_1 \dfrac{di_1}{dt} + M \dfrac{di_2}{dt} \\ u_2 = \dfrac{d\Psi_2}{dt} = u_{L2} + u_{M2} = L_2 \dfrac{di_2}{dt} + M \dfrac{di_1}{dt} \end{cases} \quad (6\text{-}4)$$

$u_{L1} = L_1 \dfrac{di_1}{dt}$、$u_{L2} = L_2 \dfrac{di_2}{dt}$，它们为线圈 1、2 的自感电压；$u_{M1} = M \dfrac{di_2}{dt}$ 为线圈 2 对 1 的互感电压；$u_{M2} = M \dfrac{di_1}{dt}$ 为线圈 1 对 2 的互感电压。写成相量关系式为

$$\begin{cases} \dot{U}_1 = j\omega L_1 \dot{I}_1 + j\omega M \dot{I}_2 = jX_{L1}\dot{I}_1 + jX_M \dot{I}_2 \\ \dot{U}_2 = j\omega L_2 \dot{I}_2 + j\omega M \dot{I}_1 = jX_{L2}\dot{I}_2 + jX_M \dot{I}_1 \end{cases}$$

其中，$X_M = \omega M$ 具有电抗的性质，称为互感抗，单位与自感抗相同，也是欧姆（Ω）。

如果自感磁通与互感磁通的方向相反，即磁通是相互减弱的，如图 6-4（a）所示，则其电路模型和等效电路分别如图 6-4（b）、图 6-4（c）所示。

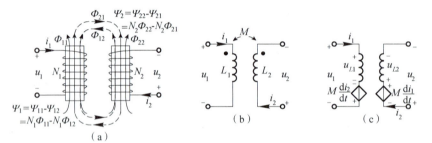

图 6-4　磁通相互减弱的耦合电感

线圈 1、2 的磁链分别为

$$\begin{cases} \Psi_1 = \Psi_{11} - \Psi_{12} = L_1 i_1 - M i_2 \\ \Psi_2 = \Psi_{22} - \Psi_{21} = L_2 i_2 - M i_1 \end{cases} \quad (6\text{-}5)$$

线圈两端会产生感应电压，即

$$\begin{cases} u_1 = \dfrac{d\Psi_1}{dt} = u_{L1} - u_{M1} = L_1 \dfrac{di_1}{dt} - M \dfrac{di_2}{dt} \\ u_2 = \dfrac{d\Psi_2}{dt} = u_{L2} - u_{M2} = L_2 \dfrac{di_2}{dt} - M \dfrac{di_1}{dt} \end{cases} \quad (6\text{-}6)$$

相量关系式为

$$\begin{cases} \dot{U}_1 = j\omega L_1 \dot{I}_1 - j\omega M \dot{I}_2 = jX_{L1}\dot{I}_1 - jX_M \dot{I}_2 \\ \dot{U}_2 = j\omega L_2 \dot{I}_2 - j\omega M \dot{I}_1 = jX_{L2}\dot{I}_2 - jX_M \dot{I}_1 \end{cases}$$

对两种情况进行比较可知，自感电压 u_{L1}、u_{L2} 符号的正、负取决于本电感 u、i 的参考方向是否关联，关联则自感电压取正；反之则自感电压取负。对于互感电压 u_{M1}、u_{M2} 的符号，线圈中磁通互相加强（自感磁通与互感磁通同向），互感电压与自感电压同号；线圈中磁通互相减弱（自感磁通与互感磁通反向），互感电压与自感电压异号。

6.1.3 同名端

在电子电路中,对于有磁耦合的线圈,需要知道互感电压的极性。例如,LC 正弦波振荡器中,必须使互感线圈的极性正确连接,才能产生振荡。然而互感电压的极性与电流(或磁通)的参考方向及线圈的绕向有关。在实际情况下线圈密闭,看不见绕向,且在电路图中绘出绕向也不方便,因此采用同名端标记来解决此问题。

1. 同名端的定义

若两个线圈通入电流,所产生的磁通方向相同、相互加强,则两个线圈的电流流入端称为同名端,用符号"•""*"或"△"标记。

2. 同名端的标记

首先标记一个线圈的任意端钮并假想有电流 i_1 自该点流入,然后标记第 2 个线圈的任意端钮,同样假设电流 i_2 由此端钮流入,根据右手定则,判断 i_1 与 i_2 所产生的磁通是否加强。若加强,则两端为同名端;否则,就标记在另一个端钮上。按上述方法可标记如图 6-2(a)和图 6-4(a)所示线圈的同名端。采用同名端标记,还可以用图 6-2(b)和图 6-4(b)所示的电路模型表示。

另外,根据式(6-4)和式(6-6)可以将耦合电感的特性用电感元件和受控电压源来模拟。例如,图 6-2(b)和图 6-4(b)所示电路可以用图 6-2(c)和图 6-4(c)所示的电路来代替。可以看出,受控电压源(互感电压)的极性与产生它的变化电流的参考方向对同名端一致。在图 6-4(b)中,由于 i_1 是从 L_1 的"•"端指向另一端,在 L_2 中产生的互感电压 $M\dfrac{\mathrm{d}i_1}{\mathrm{d}t}$ 的参考方向是从 L_2 的"•"端指向另一端;i_2 由于不是从"•"端流入的,则在 L_1 中产生的互感电压 $M\dfrac{\mathrm{d}i_2}{\mathrm{d}t}$ 的参考方向也不是从 L_1 的"•"端指向另一端。这样,将互感电压模拟成受控电压源后,可直接由图 6-2(c)和图 6-4(c)写出互感线圈的 u-i 关系方程。

3. 根据同名端判断互感电压符号

根据同名端可以很方便地确定互感电压的符号。显然,当电流同时从同名端流入(流出)时,线圈中的磁通被加强,互感电压取正号;反之取负号。

4. 判断耦合线圈的同名端

当耦合线圈的相对位置和绕法不能识别时,可用图 6-5 所示的实验电路来判别同名端。

图中 U_S 为直流电源,V 为直流电压表,当开关 S 迅速闭合瞬间,线圈 1 中电流增大,即 $\dfrac{\mathrm{d}i_1}{\mathrm{d}t}>0$,线圈 1 中自感电压 u_{L1} 实际极性为 1 正 2 负,此时线圈 2 的开路电压 U_{34} 即为互感电压,如果电压表指针正向偏转,则说明 U_{34} 实际极性为 3 正 4 负,由此可以判定端钮 1 和端钮 3 是同名端;反之,若电压表指针反向偏转,则说明 U_{34} 实际极性是 3 负 4 正,可以判定端钮 1 和端钮 4 为同名端。

需要注意的是,因开关 S 断开或闭合时可能产生极高的感应电压,故应选择较大的电压表量程,以免损坏电压表。

【例 6-1】 电路如图 6-6 所示，求电压和电流的瞬时关系和相量关系。

【解】 电感 u、i 取参考方向关联，则自感电压 $u_{L1}=L_1\dfrac{\mathrm{d}i_1}{\mathrm{d}t}$、$u_{L2}=L_2\dfrac{\mathrm{d}i_2}{\mathrm{d}t}$；电流 i_1 与 i_2 从 1、2 号线圈的异名端流入，线圈中磁通互相减弱，互感电压与自感电压异号：$u_{M1}=-M\dfrac{\mathrm{d}i_2}{\mathrm{d}t}$，$u_{M2}=-M\dfrac{\mathrm{d}i_1}{\mathrm{d}t}$。

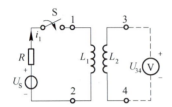

图 6-5　测定同名端的实验电路

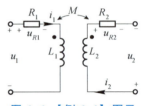

图 6-6　【例 6-1】图示

电压和电流的瞬时关系为

$$\begin{cases} u_1 = L_1\dfrac{\mathrm{d}i_1}{\mathrm{d}t}+i_1R_1-M\dfrac{\mathrm{d}i_2}{\mathrm{d}t} \\ u_2 = L_2\dfrac{\mathrm{d}i_2}{\mathrm{d}t}+i_2R_2-M\dfrac{\mathrm{d}i_1}{\mathrm{d}t} \end{cases}$$

电压和电流的相量关系为

$$\begin{cases} \dot{U}_1 = \mathrm{j}\omega L_1\dot{I}_1+\dot{I}_1R_1-\mathrm{j}\omega M\dot{I}_2 = \mathrm{j}X_{L1}\dot{I}_1+\dot{I}_1R_1-\mathrm{j}X_M\dot{I}_2 \\ \dot{U}_2 = \mathrm{j}\omega L_2\dot{I}_2+\dot{I}_2R_2-\mathrm{j}\omega M\dot{I}_1 = \mathrm{j}X_{L2}\dot{I}_2+\dot{I}_2R_2-\mathrm{j}X_M\dot{I}_1 \end{cases}$$

6.2　互感线圈的连接及去耦等效电路

耦合的两个线圈连接方式有串联、并联和 T 形连接，每个线圈的电压不但与本线圈的电流变化率有关，而且也与另一线圈上的电流变化率有关，其电压和电流关系方程式又因同名端位置及电压电流的参考方向不同而不同。若将各种形式的耦合电路等效为去耦合的电路，则电路的分析将化繁为简。

6.2.1　互感线圈的串联

互感线圈的串联有两种方式：顺向串联和反向串联。如图 6-7（a）所示，顺向串联就是两线圈的异名端相连，电流 i 均从两线圈的同名端流入（或流出），把互感电压看作受控电压源后的电路，如图 6-7（b）所示。

由 KVL 得

$$u = u_{L1}+u_{M1}+u_{L2}+u_{M2} = L_1\frac{\mathrm{d}i}{\mathrm{d}t}+M\frac{\mathrm{d}i}{\mathrm{d}t}+L_2\frac{\mathrm{d}i}{\mathrm{d}t}+M\frac{\mathrm{d}i}{\mathrm{d}t}$$

$$= (L_1+L_2+2M)\frac{\mathrm{d}i}{\mathrm{d}t} = L_s\frac{\mathrm{d}i}{\mathrm{d}t}$$

其中，等效电感 $L_s = L_1+L_2+2M$。

由此可知，顺向串联的耦合电感可以用一个等效电感 L_s 来替代，其值大于两自感之和。互感线圈顺向串联去耦合电路如图 6-7（c）所示。

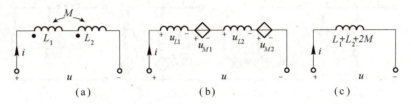

图 6-7　互感线圈顺向串联

（a）异名端顺连；（b）受控源电路；（c）等效电路

如图 6-8（a）所示，反向串联就是两个线圈的同名端相连在一起，电流 i 从两线圈的异名端流入（或流出），把互感电压看作受控电压源后的电路，如图 6-8（b）所示。

由 KVL 得

$$u = u_{L1}-u_{M1}+u_{L2}-u_{M2} = L_1\frac{\mathrm{d}i}{\mathrm{d}t}-M\frac{\mathrm{d}i}{\mathrm{d}t}+L_2\frac{\mathrm{d}i}{\mathrm{d}t}-M\frac{\mathrm{d}i}{\mathrm{d}t}$$

$$= (L_1+L_2-2M)\frac{\mathrm{d}i}{\mathrm{d}t} = L_f\frac{\mathrm{d}i}{\mathrm{d}t}$$

互感器的发展与应用

其中，等效电感 $L_f = L_1+L_2-2M$。

由此可知：反向串联的耦合电感可以用一个等效电感 L_f 来替代，其值小于两自感之和。互感线圈反向串联去耦合电路如图 6-8（c）所示。

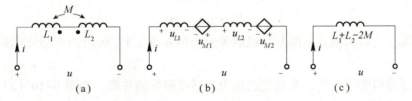

图 6-8　互感线圈反向串联

（a）同名端相连；（b）受控源电路；（c）等效电路

$L_s > L_f$ 从物理本质上来说是由于顺向串联时电流从同名端流入，两磁通相互增强，总磁通增加，等效电感增大；而反向串联时情况则相反，总磁通减小，等效电感减小。根据 L_s 和 L_f 可以求出两线圈的互感 M 为

$$M = \frac{L_s-L_f}{4} \tag{6-7}$$

根据此结论可用交流实验的方法判断同名端和进行 M 值的测定。

6.2.2 互感线圈的并联

互感线圈的并联也有两种方式：同侧并联和异侧并联。如图 6-9（a）所示，两个互感线圈的同名端连在同一侧，称为同侧并联。把互感电压看作受控电压源后得到的电路如图 6-9（b）所示，相量表示形式如图 6-9（c）所示。

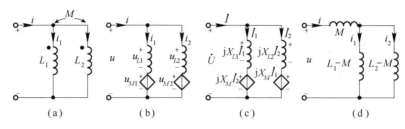

图 6-9 互感线圈同侧并联

（a）同侧并联；（b）转为受控源电压源；（c）相量表示；（d）等效电路

在正弦稳态情况下，对同侧并联电路有

$$\begin{cases} \dot{I} = \dot{I}_1 + \dot{I}_2 \\ \dot{U} = j\omega L_1 \dot{I}_1 + j\omega M \dot{I}_2 \\ \dot{U} = j\omega L_2 \dot{I}_2 + j\omega M \dot{I}_1 \end{cases}$$

解方程可得

$$\frac{\dot{U}}{\dot{I}} = \frac{j\omega(L_1 L_2 - M^2)}{L_1 + L_2 - 2M}$$

上式表明，两个互感线圈同侧并联以后的等效电感为

$$L = \frac{L_1 L_2 - M^2}{L_1 + L_2 - 2M} \tag{6-8}$$

通过变换也可将同侧并联的互感线圈等效为图 6-9（d）所示的互感线圈同侧并联去耦合电路。

两个互感线圈的同名端连在两侧的称为互感线圈异侧并联，如图 6-10（a）所示，把互感电压看作受控电压源后的电路如图 6-10（b）所示，相量表示形式如图 6-10（c）所示。

在正弦稳态情况下，对异侧并联电路有

$$\begin{cases} \dot{I} = \dot{I}_1 + \dot{I}_2 \\ \dot{U} = j\omega L_1 \dot{I}_1 - j\omega M \dot{I}_2 \\ \dot{U} = j\omega L_2 \dot{I}_2 - j\omega M \dot{I}_1 \end{cases}$$

解方程可得

$$\frac{\dot{U}}{\dot{I}} = \frac{j\omega(L_1 L_2 - M^2)}{L_1 + L_2 + 2M}$$

上式表明，两个互感线圈异侧并联以后的等效电感为

$$L = \frac{L_1 L_2 - M^2}{L_1 + L_2 + 2M} \tag{6-9}$$

通过变换也可将异侧并联的互感线圈等效为如图 6-10（d）所示的互感线圈异侧并联去耦合电路。等效电感与电流参考方向无关，而去耦等效电路只是对外电路等效。去耦等效电路的内部结构已发生变化。

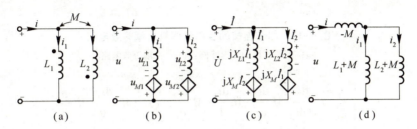

图 6-10 互感线圈异侧并联

（a）异侧并联；（b）转为受控电压源；（c）相量表示；（d）等效电路

6.2.3 互感线圈的 T 形连接

T 形连接也可分为同侧连接和异侧连接。同名端相连接称为同侧连接，如图 6-11（a）所示。根据图 6-11（a）中电压、电流的参考方向，可列出同侧连接电路的方程，即

$$\begin{cases} u_{13} = L_1 \dfrac{di_1}{dt} + M \dfrac{di_2}{dt} \\ u_{23} = L_2 \dfrac{di_2}{dt} + M \dfrac{di_1}{dt} \\ i = i_1 + i_2 \end{cases}$$

将以上三式联立，经变换可得

$$\begin{cases} u_{13} = L_1 \dfrac{di_1}{dt} + M \dfrac{di_1}{dt} - M \dfrac{di_1}{dt} + M \dfrac{di_2}{dt} = (L_1 - M) \dfrac{di_1}{dt} + M \dfrac{di}{dt} \\ u_{23} = L_2 \dfrac{di_2}{dt} + M \dfrac{di_2}{dt} - M \dfrac{di_2}{dt} + M \dfrac{di_1}{dt} = (L_2 - M) \dfrac{di_2}{dt} + M \dfrac{di}{dt} \end{cases} \tag{6-10}$$

由式（6-10）可画出 T 形等效电路，如图 6-11（b）所示。

异名端相连接称为异侧连接，如图 6-12（a）所示。

根据图中电压、电流的参考方向，可列出同侧连接电路的方程，即

$$\begin{cases} u_{13} = L_1 \dfrac{di_1}{dt} - M \dfrac{di_2}{dt} \\ u_{23} = L_2 \dfrac{di_2}{dt} - M \dfrac{di_1}{dt} \\ i = i_1 + i_2 \end{cases}$$

将以上三式联立，经数学变换可得

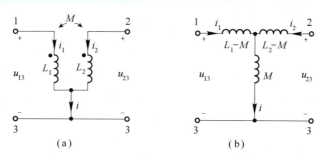

图 6-11 同侧连接的互感线圈及去耦等效电路

(a) 同侧连接的互感线圈；(b) 去耦等效电路

$$\begin{cases} u_{13}=L_1\dfrac{\mathrm{d}i_1}{\mathrm{d}t}+M\dfrac{\mathrm{d}i_1}{\mathrm{d}t}-M\dfrac{\mathrm{d}i_1}{\mathrm{d}t}-M\dfrac{\mathrm{d}i_2}{\mathrm{d}t}=(L_1+M)\dfrac{\mathrm{d}i_1}{\mathrm{d}t}-M\dfrac{\mathrm{d}i}{\mathrm{d}t} \\ u_{23}=L_2\dfrac{\mathrm{d}i_2}{\mathrm{d}t}+M\dfrac{\mathrm{d}i_2}{\mathrm{d}t}-M\dfrac{\mathrm{d}i_2}{\mathrm{d}t}-M\dfrac{\mathrm{d}i_1}{\mathrm{d}t}=(L_2+M)\dfrac{\mathrm{d}i_2}{\mathrm{d}t}-M\dfrac{\mathrm{d}i}{\mathrm{d}t} \end{cases} \quad (6-11)$$

由式（6-11）可画出 T 形等效电路，如图 6-12（b）所示。

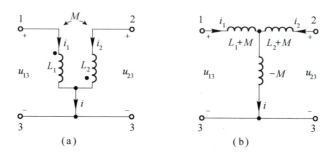

图 6-12 异侧连接的互感线圈及去耦等效电路

(a) 并侧连接的互感线圈；(b) 去耦等效电路

互感线圈 T 形连接时把互感电压看作受控电压源后的电路和相量形式的方程不再赘述。

【例 6-2】 如图 6-13（a）所示电路处于正弦稳态，已知 $u_s(t)=\sqrt{2}\times 220\sin 314t$ V，$L_1=1$ H，$L_2=2$ H，$M=1.4$ H，$R_1=R_2=1$ Ω，求 $i(t)$。

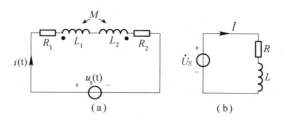

图 6-13 【例 6-2】图示与图解

【解】 相量模型电路如图 6-13（b）所示，图中

$$\dot{U}_S=220\angle 0°$$
$$L=L_1+L_2-2M=(1+2-2\times 1.4)\text{ H}=0.2\text{ H}$$

$$j\omega L = j314 \times 0.2\ \Omega = j62.8\ \Omega$$

所以

$$\dot{I} = \frac{\dot{U}_s}{R_1+R_2+j\omega L} = \frac{220\angle 0°}{2+j68.2}\ \text{A} = 3.5\angle -88.18°\ \text{A}$$

$$i(t) = \sqrt{2} \times 3.5\sin(314t - 88.18°)\ \text{A}$$

【例 6-3】 电路如图 6-14（a）所示。已知 $\omega = 1\ 000$ rad/s，$L_1 = 10$ mH，$L_2 = 20$ mH，$C = 0.2\ \mu\text{F}$，$M = 10$ mH，电源电压 $\dot{U} = 20\angle 0°$ V，$R_L = 30\ \Omega$，用节点支路法和互感消去法求 $\dot{I}_2$。

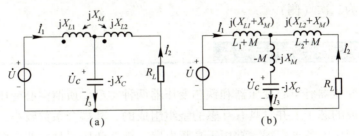

图 6-14 【例 6-3】图示与图解

【解】 方法一：如图 6-14（a）所示，根据耦合线圈的性质、KCL 和 KVL 列写方程如下：

$$\begin{cases} \dot{I}_3 = \dot{I}_1 + \dot{I}_2 \\ \dot{U} = jX_{L1}\dot{I}_1 - jX_M\dot{I}_2 + (-jX_C)\dot{I}_3 \\ (-jX_C)\dot{I}_3 + jX_{L2}\dot{I}_2 - jX_M\dot{I}_1 + R_L\dot{I}_2 = 0 \end{cases}$$

$$\begin{cases} \dot{I}_3 = \dot{I}_1 + \dot{I}_2 \\ \dot{U} = j\omega L_1\dot{I}_1 - j\omega M\dot{I}_2 + \left(-j\dfrac{1}{\omega C}\right)\dot{I}_3 \\ \left(-j\dfrac{1}{\omega C}\right)\dot{I}_3 + j\omega L_2\dot{I}_2 - j\omega M\dot{I}_1 + R_L\dot{I}_2 = 0 \end{cases}$$

代入数据得

$$\begin{cases} \dot{I}_3 = \dot{I}_1 + \dot{I}_2 \\ 20\angle 0° = j10\dot{I}_1 - j10\dot{I}_2 + (-j5)\dot{I}_3 \\ (-j5)\dot{I}_3 + j20\dot{I}_2 - j10\dot{I}_1 + 30\dot{I}_2 = 0 \end{cases}$$

由 3 个方程解得

$$\dot{I}_2 = \sqrt{2}\angle 45°\ \text{A}$$

方法二：利用互感消去法得到图 6-14（b）所示去耦合电路，再利用阻抗的串、并联等效变换，可得：$\dot{I}_2 = \sqrt{2}\angle 45°$ A。

6.3 空心变压器

变压器是一种常用的电气设备,在电工、电子技术中,常借助变压器来实现能量的传输和信号的传递。变压器是由两个互感线圈绕在一个共同的芯子上制成的。其中,一个线圈作为输入,接入电源后形成一个回路,称为一次(侧);另一个线圈作为输出,接入负载后形成一个回路,称为二次(侧)。

6.3.1 空心变压器的结构与特点

常用的实际变压器有空心变压器和铁芯变压器两种类型。所谓空心变压器,是由两个绕在非铁磁材料制成的芯子上并且具有互感的绕组组成的,其耦合系数较小,属于松耦合,它没有铁芯变压器产生的各种损耗,常用于高频电路;铁芯变压器是由两个绕在铁磁材料制成的芯子上并且具有互感的绕组组成的,其耦合系数可接近1,属于紧耦合。

6.3.2 空心变压器电路的分析

空心变压器电路模型如图6-15所示。

初级接电源 $\dot{U}_1$,称为原线圈(一次);次级接负载阻抗 $Z_L = R_L + jX_L$ 称为副线圈(二次)。经初、次级线圈间的耦合,能量由电源传递给负载,负载不直接与电源相连。一次回路自阻抗: $Z_{11} = R_1 + j\omega L_1$,二次回路自阻抗: $Z_{22} = R_{22} + jX_{22} = R_2 + j\omega L_2 + Z_L = (R_2 + R_L) + j(\omega L_2 + X_L)$,一、二次回路互阻抗(互感阻抗): $Z_M = j\omega M = jX_M$,在正弦稳态下,由KVL得

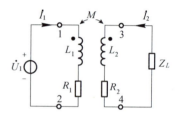

图6-15 空心变压器电路

$$\begin{cases} Z_{11}\dot{I}_1 + Z_M\dot{I}_2 = \dot{U}_1 \\ Z_M\dot{I}_1 + Z_{22}\dot{I}_2 = 0 \end{cases} \quad (6\text{-}12)$$

$$\begin{cases} (R_1 + j\omega L_1)\dot{I}_1 + j\omega M\dot{I}_2 = \dot{U}_1 \\ j\omega M\dot{I}_1 + (R_2 + j\omega L_2 + R_L + jX_L)\dot{I}_2 = 0 \end{cases}$$

联立求解得

$$\dot{I}_1 = \frac{Z_{22}\dot{U}_1}{Z_{11}Z_{22} + (\omega M)^2} = \frac{\dot{U}_1}{Z_{11} + \dfrac{(\omega M)^2}{Z_{22}}} \quad (6\text{-}13)$$

$$\dot{I}_2 = -\frac{j\omega M\dot{U}_1}{Z_{11}Z_{22} + (\omega M)^2} = \frac{j\omega M\dot{U}_1}{Z_{11}} \cdot \frac{1}{Z_{22} + \dfrac{(\omega M)^2}{Z_{11}}} \quad (6\text{-}14)$$

若已知 $\dot{I}_1$，则根据式（6-12）可得

$$\dot{I}_2 = -\frac{Z_M \dot{I}_1}{Z_{22}} \tag{6-15}$$

由式（6-13）可求得，由电源端看进去的输入阻抗为

$$Z_{in} = \frac{\dot{U}_1}{\dot{I}_1} = Z_{11} + \frac{(\omega M)^2}{Z_{22}} \tag{6-16}$$

式（6-16）可以分为两部分，Z_{11} 即为一次回路的自阻抗，$\frac{(\omega M)^2}{Z_{22}}$ 为二次回路在一次回路的反射阻抗，用 Z_{ref} 表示。它是二次回路通过互感反射到一次回路的等效阻抗。当 $I_2 = 0$，即二次开路时，由式（6-12）可知 $Z_{in} = Z_{11}$；当 $I_2 \neq 0$ 时，输入阻抗就增加了反射阻抗这一项。因此，若只需求解一次电流，则可应用由电源端看进去的等效电路，也就是一次等效电路，如图 6-16 所示。

【例 6-4】 电路如图 6-17 所示，若二次回路对一次回路的反射阻抗 $Z_{ref} = (10-j10) \ \Omega$，试求：

（1）Z_L；

（2）当电源电压 $\dot{U}_1 = 30\angle 0°$ V 时的负载消耗的功率 P_L。

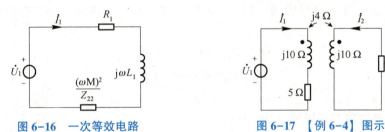

图 6-16 一次等效电路　　　　　图 6-17 【例 6-4】图示

【解】 （1）因为

$$Z_{ref} = \frac{(\omega M)^2}{Z_{22}} = \frac{4^2}{Z_L + j10} = (10 - j10) \ \Omega$$

所以

$$Z_L = (0.8 - j9.2) \ \Omega$$

（2）因为

$$\dot{I}_1 = \frac{\dot{U}_1}{Z_{11} + \frac{(\omega M)^2}{Z_{22}}} = \frac{30\angle 0°}{5 + j10 + 10 - j10} \ A = 2\angle 0° \ A$$

$$\dot{I}_2 = -\frac{Z_M \dot{I}_1}{Z_{22}} = -\frac{j4 \times 2\angle 0°}{Z_L + j10} = 5\sqrt{2} \angle 135° \ A$$

所以

$$I_1 = 2 \ A \quad I_2 = 5\sqrt{2} \ A$$

$$P_L = I_2^2 \times 0.8 = 40 \ W$$

6.4 理想变压器

理想变压器是铁芯变压器的理想化模型，它的唯一参数是变比 n。理想变压器需满足 3 个理想条件：

（1）耦合系数 $K=1$，即为全耦合；

（2）自感系数 L_1、L_2 无限大，但保持 $\sqrt{\dfrac{L_1}{L_2}}=n$ 不变；

（3）理想变压器本身无损耗，绕组的电阻为 0，制作铁芯的铁磁材料的磁导率 μ 无穷大。

6.4.1 理想变压器端口电压、电流的关系

图 6-18（a）所示的铁芯变压器，其一、二次匝数分别为 N_1、N_2。设 i_1、i_2 分别从同名端流入，设一、二次电压分别为 u_1、u_2 且与各自绕组上的电流为关联方向。由于全耦合，若绕组的互感磁通必等于自感磁通，即 $\Phi_{21}=\Phi_{11}$，$\Phi_{12}=\Phi_{22}$，穿过一、二次绕组的磁通相同，即

$$\Phi_{11}+\Phi_{12}=\Phi_{11}+\Phi_{22}=\Phi$$
$$\Phi_{22}+\Phi_{21}=\Phi_{22}+\Phi_{11}=\Phi$$

式中，Φ 为主磁通。

一、二次绕组铰链的磁链 Ψ_1、Ψ_2 分别为

$$\begin{cases}\Psi_1=N_1\Phi\\ \Psi_2=N_2\Phi\end{cases}$$

对 Ψ_1、Ψ_2 求导，得一、二次电压分别为

$$u_1=\dfrac{\mathrm{d}\Psi_1}{\mathrm{d}t}=N_1\dfrac{\mathrm{d}\Phi}{\mathrm{d}t}$$

$$u_2=\dfrac{\mathrm{d}\Psi_2}{\mathrm{d}t}=N_2\dfrac{\mathrm{d}\Phi}{\mathrm{d}t}$$

故

$$\dfrac{u_1}{u_2}=\dfrac{N_1}{N_2}=n\ (\text{或}\ u_1=nu_2) \tag{6-17}$$

理想变压器的电路模型如图 6-18（b）所示。

由安培环路电流定律得

$$N_1i_1+N_2i_2=Hl=\dfrac{B}{\mu}l=\dfrac{\Phi}{\mu S}l$$

式中，H、B 分别为铁芯中的磁场强度和磁感强度；S 为铁芯截面积；l 为铁芯中平均磁路长度。

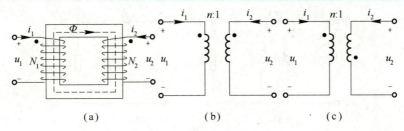

图 6-18 理想变压器电路

由于 μ 为无穷大，N_1、N_2 为一次和二次的匝数，一、二次的电流和电压的关系为

$$N_1 i_1 + N_2 i_2 = 0 \text{ 或 } \frac{i_1}{i_2} = -\frac{N_2}{N_1} = -\frac{1}{n} \tag{6-18}$$

式中，$n = \dfrac{N_1}{N_2}$ 为理想变压器的变比。

注意：

（1）当 u_1、u_2 参考方向的正极性端都在同名端或异名端时，$u_1 = nu_2$；反之，$u_1 = -nu_2$。

（2）当一、二次电流 i_1、i_2 分别从同名端流入（或流出）时，$\dfrac{i_1}{i_2} = -\dfrac{1}{n}$；反之，$\dfrac{i_1}{i_2} = \dfrac{1}{n}$。

图 6-18（c）所示的理想变压器，其电压、电流关系为

$$\begin{cases} u_1 = -nu_2 \\ i_1 = \dfrac{1}{n} i_2 \end{cases}$$

（3）任意时刻，理想变压器吸收的功率恒等于 0，其瞬时功率为

$$p = u_1 i_1 + u_2 i_2 = nu_2 \left(-\frac{1}{n} i_2 \right) + u_2 i_2 = 0$$

这说明理想变压器既不消耗能量也不存储能量，从一次绕组输入的功率全部都能从二次绕组输出到负载。理想变压器虽然也用线圈作为模型符号，但此符号不意味着任何电感的作用，它不代表 L_1、L_2，它只代表如同式（6-17）和式（6-18）所示的电压之间与电流之间的约束关系。

6.4.2 理想变压器的阻抗变换性质

理想变压器在正弦稳态电路中，还表现出有变换阻抗的特性。图 6-19（a）所示的理想变压器的次级接负载阻抗 Z_L。

根据图中的电压、电流参考方向及同名端的位置，可得理想变压器在正弦电路中的相量形式为

$$\dot{U}_1 = \frac{N_1}{N_2} \dot{U}_2$$

$$\dot{I}_1 = -\frac{N_2}{N_1} \dot{I}_2$$

由 1、2 端看，输入阻抗为

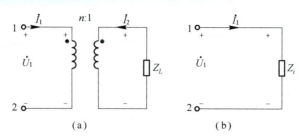

图 6-19 理想变压器的阻抗变换性质
(a) 理想变压器次级接负载；(b) 等效电路

$$Z_i = \frac{\dot{U}_1}{\dot{I}_1} = \frac{\frac{N_1}{N_2}\dot{U}_2}{-\frac{N_2}{N_1}\dot{I}_2} = \left(\frac{N_1}{N_2}\right)^2\left(-\frac{\dot{U}_2}{\dot{I}_2}\right) = n^2\left(-\frac{\dot{U}_2}{\dot{I}_2}\right)$$

因负载 Z_L 上电压、电流为非关联参考方向，故 $Z_L = -\dfrac{\dot{U}_2}{\dot{I}_2}$，将其代入上式，即得

$$Z_i = \left(\frac{N_1}{N_2}\right)^2 Z_L = n^2 Z_L$$

等效电路如图 6-19 (b) 所示。在实际应用中，将负载 Z_L 接在变压器次级，在变压器初级相当于接 $n^2 Z_L$ 的电阻，可以利用改变变压器变化来改变输入电阻，实现与电源匹配，使负载获得最大功率。

【例 6-5】 变压器如图 6-20 所示，求 $\dot{I}_1$、$\dot{I}_2$、$\dot{U}_1$、$\dot{U}_2$。

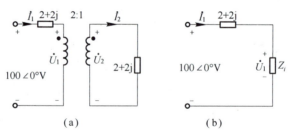

图 6-20 【例 6-5】图示与图解

【解】 将阻抗折算到一侧，得
$$Z_i = n^2 Z_L = 2^2 \times (2+2j)\ \Omega = (8+8j)\ \Omega$$
等效电路如图 6-20 (b) 所示。
$$\dot{I}_1 = \frac{100\angle 0°}{2+2j+8+8j}\text{A} = \frac{100\angle 0°}{10\sqrt{2}\angle 45°}\text{A} = 5\sqrt{2}\angle -45°\text{ A}$$

图 6-20 (a) 中 i_1 从同名端流入，i_2 从异名端流入，则理想变压器电流关系为
$$i_1 = \frac{1}{n}i_2$$
所以有
$$\dot{I}_2 = 2\dot{I}_1 = 10\sqrt{2}\angle -45°\text{ A}$$

如图 6-20（b）所示，有

$$\dot{U}_1 = \dot{I}_1 Z_i = 5\sqrt{2}\angle -45°\times(8+8j)\ \text{V} = 80\angle 0°\ \text{V}$$

$$\dot{U}_2 = \frac{1}{2}\dot{U}_1 = 40\angle 0°\ \text{V}$$

本章小结

本章的主要内容是互感的基本概念、互感线圈的连接及去耦等效、空心变压器和理想变压器。

互感是指一个通电线圈所产生的磁通穿过另一个线圈的现象。为了反映互感线圈中产生磁链的能力，采用互感 M 来描述，M 的大小取决于两个线圈的几何形状、匝数、相对位置和磁介质。同时采用耦合系数 K 来表示线圈的耦合程度。

为了分析互感电路，先要判断两耦合线圈的同名端。同名端与两线圈的绕向及它们的相对位置有关，可用实验法来判断同名端。

两个互感线圈按在电路中的相对位置可分为并联、串联和 T 形连接。两互感线圈串联时的等效电感 $L=L_1+L_2\pm 2M$，顺向串联时取正号，反向串联时取负号；两互感线圈并联时的等效电感 $L=\dfrac{L_1 L_2 - M^2}{L_1+L_2\mp 2M}$，同侧并联取负号，异侧并联取正号；T 形连接时，电路为三端网络，因此在两线圈去耦的同时需要在第 3 条支路上加一个大小为 $\pm M$ 的电感。

最后介绍了空心变压器和理想变压器。空心变压器的芯子绕在非铁磁材料上。空心变压器电路的分析有两种：一是先列写一次、二次回路的 KVL 方程，再联立求解电流；二是先求出空心变压器一次等效电路，从电源端看进去可用输入阻抗来表达。理想变压器可以实现电压变换、电流变换和阻抗变换的作用。

实验 6　互感电路仿真实验

习题 6

6-1　电路如习题图 6-1 所示。已知 $L_1=6$ H，$L_2=4$ H，两耦合线圈串联时，电路的谐振频率是反向串联时谐振频率的 $\dfrac{1}{2}$。求互感 M。

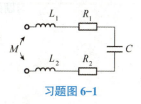

习题图 6-1

6-2　电路如习题图 6-2 所示。已知 $L_1=6$ H，$L_2=3$ H，$M=4$ H。试求从端子 1、1′看进去的等效电感。

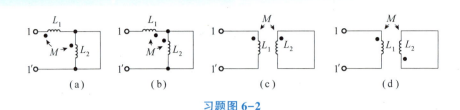

习题图 6-2

6-3 如习题图 6-3 所示电路中，两个互感线圈，已知同名端并设出了各线圈上电压与电流的参考方向。试写出每一互感线圈上的电压与电流的关系式。

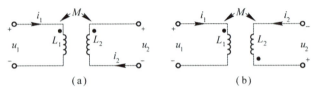

习题图 6-3

6-4 电路如习题图 6-4 所示。已知 $M = 0.04$ H，求此串联电路的谐振频率。

6-5 电路如习题图 6-5 所示。已知 $M = 25$ mH，$C = 1$ μF，正弦电源的电压 $\dot{U} = 500\angle 0°$ V，$\omega = 10^4$ rad/s。求各支路电流。

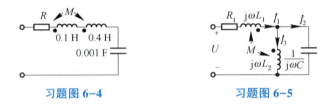

习题图 6-4　　　　习题图 6-5

6-6 电路如习题图 6-6 所示。已知 $\omega L_2 = 32\ \Omega$，$\omega M = 8\ \Omega$，$\dfrac{1}{\omega C} = 32\ \Omega$。求电流 $\dot{I}_1$ 和电压 $\dot{U}_2$。

6-7 电路如习题图 6-7 所示。已知 $R_1 = R_2 = 10\ \Omega$，$\omega L_1 = 30\ \Omega$，$\omega L_2 = 20\ \Omega$，$\omega M = 10\ \Omega$，电源电压 $\dot{U}_1 = 100\angle 0°$ V。求电压 $\dot{U}_2$ 及 R_2 电阻消耗的功率。

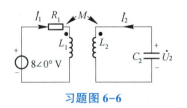 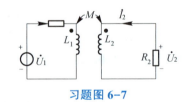

习题图 6-6　　　　习题图 6-7

第7章 磁路与变压器

教学目的与要求：掌握磁场的基本物理量、磁性材料及其性能以及磁路及其基本定律；理解铁芯线圈电路中的电磁关系、电压电流关系以及功率损耗；了解交流铁芯电路；了解变压器工作原理；掌握变压器的额定参数以及阻抗变换的公式。

重点：磁性材料及其性能以及磁路及其基本定律；变压器的额定参数以及阻抗变换的公式。

难点：磁性材料及其性能以及磁路及其基本定律；变压器的额定参数以及阻抗变换的公式。

知识点思维导图如图7-1所示。

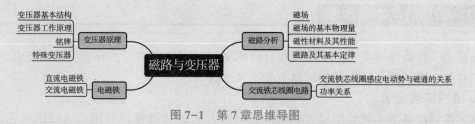

图7-1 第7章思维导图

电工技术

在生产实践中常见的电动机、变压器、电磁铁、电工测量仪表以及自动控制中的电磁元件等都是利用电磁相互作用进行工作的，其内部都有铁芯线圈，这些铁芯线圈中不仅存在电路的问题还需要磁路理论的知识。本章介绍了变压器的工作原理和特征，它属于特殊的静止电动机，可以进行不同等级之间的电压变换，在输变配电系统中起到非常重要的作用。

7.1 磁路分析

7.1.1 磁场

磁场是由运动电荷或变化电场产生的。磁场的基本特征是能对其中的运动电荷施加作用力，所以磁场可以对电流、磁体产生作用力或力矩。与电场相似，磁场是在一定空间区域内连续分布的矢量场，描述磁场的基本物理量是磁感应强度 B，也可以用磁力线形象地图示。然而作为一个矢量场，磁场的性质与电场颇为不同。运动电荷或变化电场产生的磁场，或两者之和的总磁场，都是无源有旋的矢量场，磁力线是闭合的曲线族，不中断、不交叉。换言之，在磁场中不存在发出磁力线的源头，也不存在汇聚磁力线的目的地。电磁场是电磁作用的媒介传递物，是统一的整体，电场和磁场是其紧密联系、相互依存的两个侧面。变化的电场产生磁场，变化的磁场产生电场，变化的电磁场以波的形式在空间传播。

电磁波以有限的速度传播，具有可交换的能量和动量，电磁波与实物的相互作用，电磁波与粒子的相互转化等，都证明电磁场是客观存在的物质，但没有静质量。磁现象是最早被人类认识的物理现象之一，中国古代四大发明之一的指南针。磁场是广泛存在的，地球、恒星（如太阳）、星系（如银河系）、行星、卫星，以及星际空间和星系际空间，都存在磁场。为了认识和解释其中的许多物理现象和过程，必须考虑磁场这一重要因素。在现代科学技术和人类生活中，如发电机、电动机、变压器、电报、电话、收音机以至加速器、热核聚变装置等无不与磁现象有关；甚至在人体内，伴随着生命活动，一些组织和器官内也会产生微弱的磁场。

7.1.2 磁场的基本物理量

磁场是一种特殊物质，除了磁铁在自己周围的空间产生磁场，有电流的地方也会伴随着磁场的存在。表征磁场特性的物理量有如下 4 个。

1. 磁感应强度 B

磁感应强度是表示磁场中某点的磁性强弱和方向的物理量，可用磁力线的疏密来表示。磁力线密的地方磁感应强度大；反之则小。磁感应强度也可用通以单位电流的导线的电流方向与磁场垂直时，导线所受到的磁场力的大小来表示。它是一个矢量，用符号 B 表示，其方向就是该点磁场的方向，它与产生它的电流方向之间成右手螺旋关系，大小定义为

$$B = \frac{F}{Il} \tag{7-1}$$

式中，F 为导线所受的力，单位为牛顿（N）；I 为导线中通过的电流，单位为安培（A）；l

为导线的长度，单位为米（m）。

在国际单位制中，B 的单位为特斯拉（韦伯/米^2）简称特，用 T（Wb/m^2）表示，常用单位还有高斯（Gs，$1\text{ T}=10^4\text{ Gs}$）。磁感应强度的大小可用通过垂直于磁场方向单位面积的磁力线数来表示，它可用专门的仪器来测量，如磁通计。

2. 磁通 Φ

磁感应强度 B 与垂直于磁场方向的某一截面积 S 的乘积称为磁通 Φ，即

$$\Phi = BS \tag{7-2}$$

其也可看作垂直于 B 方向的面积 S 中的磁力线总数。在国际单位制中，Φ 的单位为伏·秒（V·s），通常称为韦伯（Wb），常用单位还有麦克斯韦（Mx，$1\text{ Wb}=1\text{ V·s}=10^8\text{ Mx}$）。

3. 磁场强度 H

磁场中的磁感应强度的大小与介质的性质有关，因此使磁场的计算显得较复杂。为了简化计算，便引入了磁场强度 H，它是进行磁场计算时引用的辅助计算量，也是矢量。在磁场中，各点磁场强度的大小只与电流的大小和导体的形状有关，而与介质的性质无关，通过它可以确定磁场与电流间的关系。根据磁路的安培环路定律，均匀磁场中磁路的磁场强度为

$$H = \frac{IN}{l} \tag{7-3}$$

式中，I 为励磁电流；N 为线圈匝数；l 为磁路的平均长度；H 的单位为安培每米（A/m）。

4. 磁导率 μ

磁导率 μ 是一个用来表示磁场媒质磁性的物理量，也就是用来衡量物质导磁能力的物理量。它与磁场强度的乘积就等于磁感应强度，即

$$B = \mu H \tag{7-4}$$

磁导率 μ 的单位是亨/米（H/m）。真空中的磁导率是一个常量，用 μ_0 表示，即

$$\mu_0 = 4\pi \times 10^{-7}\text{ H/m}$$

木材、玻璃、空气、铜、铝等物质的磁导率非常接近。其他任一物质的磁导率 μ 和真空的磁导率 μ_0 的比值，称为该物质的相对磁导率 μ_r，即

$$\mu_r = \frac{\mu}{\mu_0} \tag{7-5}$$

不同材料的相对磁导率相差很大，且是量纲 1 的量（又称无量纲量）。铸钢、硅钢片等磁性材料的相对磁导率比非磁性材料要高 $10^2 \sim 10^6$ 倍，因而在电动机、变压器及电子技术领域中被广泛采用。

7.1.3 磁性材料及其性能

磁性材料主要是指铁、镍、钴及其合金。它们具有高导磁性、磁饱和性、磁滞性等基本特性，了解磁性材料是分析磁路的必要条件。

1. 高导磁性

自然界物质原子中的核外电子的自旋和绕核公转形成分子电流，产生分子电流磁场。如空气等非磁性物质分子电流磁场的方向杂乱无章，几乎不受外磁场的影响而互相抵消；而如铁、镍、钴及其合金的磁性物质分子电流磁场在局部区域内方向趋向一致，称为磁畴，显示磁性。当无外磁场作用时，磁畴方向杂乱无章，互相抵消，物质整体对外不显磁性；当有外

磁场作用时，磁畴区偏转方向，使之与外磁场方向一致，从而使总磁场大小增强，称为磁化。由磁性物质构成的材料称为磁性材料。外磁场的磁力线穿过磁性物质时，因物质被磁化而使磁场大大增强，磁力线集中于磁性物质中穿过，如同电流穿过导体一样，磁性物质亦能导磁，具有很高的导磁性和强烈被磁化的特性，这就是磁性材料的高导磁性。将具有高导磁性的材料制作成铁芯，可以在铁芯的绕线上通入微小的电流，便可产生较大的磁场。

2. 磁化曲线和磁饱和性

把磁性材料放入磁场强度为 H 的磁场，磁场通常由绕在材料上的通电线圈产生，磁性材料在磁化的过程中，磁感应强度 B 随磁场强度 H 变化的曲线称为磁化曲线，如图 7-2 所示。

该曲线可分 4 段，其中 Oa 段是初始磁化阶段，外磁场弱，上升很慢；ab 段为磁化急剧阶段，此段磁畴转向与外磁场方向趋于接近；bc 段为磁化缓慢阶段；cd 段为磁性饱和阶段，此时由于几乎所有磁畴区的方向均已偏转到与外加磁场方向一致，故磁化进入磁饱和阶段。图 7-3 中表示出了几种磁性材料的磁化曲线。不同的铁磁性物质，B 的饱和值是不同的；但对每种材料，B 的饱和值一定。磁性物质磁饱和现象的存在使磁感应强度 B 与磁场强度 H 不成正比，而由于 Φ 与 B 成正比，产生磁通的电流 I 与 H 成正比，因而电流与磁通 $\Phi=f(I)$ 为非线性关系，这使磁路问题的分析成为非线性问题。

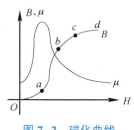

图 7-2　磁化曲线

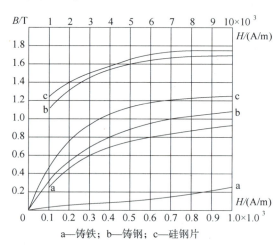

a—铸铁；b—铸钢；c—硅钢片

图 7-3　几种磁性材料的磁化曲线

3. 磁滞性和磁滞回线

当铁芯线圈中通交流电时，对于磁性材料的铁芯就被交变磁场反复磁化，在一个周期内 B—H 曲线形成闭合回线，称为磁滞回线，如图 7-4 所示。

1）剩磁

图 7-4 中，当把磁场强度 H 减小到 0 时，磁感应强度 B 并不沿着原来的曲线回降，而是沿一条比它高的曲线 ab 段缓慢下降。当 $H=0$ 时 $B=B_r \neq 0$，称为剩余磁感应强度，简称剩磁。剩磁大的材料可用作永久磁铁，但剩磁有时是有害的。例如，平面磨床加工完工件需去剩磁才能把工件从电磁吸盘上取下。

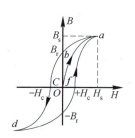

图 7-4　磁滞回线

2）矫顽力

为了消除剩磁，也就是使 $B=0$，必须加反向外磁场。随着反方向磁场的增强，磁性材料逐渐退磁。当反方向磁场增大到一定值时，$B=0$，剩磁完全消失，bc 段曲线称为退磁曲线。在负方向所加的磁场强度的大小为 H_c，称为矫顽磁力，它表示磁性材料反抗退磁的能力。

3）磁滞

如果磁场强度继续在反方向增加，则材料进行反向磁化到饱和，如曲线上的 cd 段；然后在反方向减小磁场强度到 0，磁化曲线变到 $-B_r$；再正向增加磁场强度直到 H_c 值，$B=0$。当 H 增加到 H_s 时，磁感应强度增加到 B_s 值。由此得到 B—H 对称的封闭曲线，称为磁滞回线。

磁滞回线的形成是由于磁畴区偏转方向时遇到摩擦阻力所致，因此磁滞回线的面积反映了克服摩擦阻力所消耗的功率，称为磁滞功率损失，它使磁性材料内部发热。根据磁滞回线的形状，磁性材料又分为软磁材料（B_r、H_c 小，回线面积小，用于交流电动机和变压器等）、硬磁材料（B_r、H_c 大，回线面积也大，用作永久磁铁）、矩磁材料（B_r 大，H_c 小，回线面积小，用作计算机和控制系统中的记忆元件、开关元件等）。

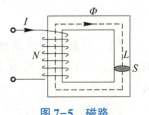

中国新四大发明

7.1.4 磁路及其基本定律

1. 安培环路定律与磁路欧姆定律

磁场强度矢量 H 沿任何闭合路径的线积分等于贯穿由此路径所围成面的电流的代数和，即

$$\oint H \mathrm{d}l = \sum I \tag{7-6}$$

式中，I 的正、负由它的方向与所选路径的方向是否符合右手螺旋定则而确定。

与绕行方向符合右手螺旋定则的电流取正号；反之取负号。安培环路定律是确定磁场与电流之间关系的一个基本定律，它是分析与计算磁路的基础。

以图 7-5 所示磁路为例，根据安培环路定律可得出

$$Hl = NI \tag{7-7}$$

式中，N 是线圈的匝数；l 是磁路（闭合曲线）的平均长度；H 是磁路铁芯的磁场强度。

将 $H = \dfrac{B}{\mu}$ 和 $B = \dfrac{\Phi}{S}$ 代入式（7-7）得

图 7-5 磁路

$$\Phi = BS = H\mu S = \frac{NI}{l}\mu S = \frac{NI}{\dfrac{l}{\mu S}} = \frac{F}{R_m} \tag{7-8}$$

式中，S 为磁路的截面积；线圈匝数与电流的乘积可用 $F=NI$ 表示，称为磁通势；R_m 称为磁路的磁阻。

式（7-8）称为磁路的欧姆定律。

2. 磁路基尔霍夫定律

1）磁路基尔霍夫第一定律

如图 7-6（a）所示，磁路中无分支的部分称为磁路的支路，分支的地方称为磁路的节点。忽略漏磁通，磁路支路各个横截面的磁通都相等。磁路中任意节点所连各支路磁通的代

数和等于 0。即

$$\Phi_1 = \Phi_2 + \Phi_3 \text{ 或 } \sum \Phi = 0 \tag{7-9}$$

2) 磁路基尔霍夫第二定律

磁路可分为截面积相等、材料相同的若干段。如图 7-6（b）所示，磁路可分为 l_1、l_2、l_3 共 3 段，其中 l_3 为空气隙。各段磁压降 Hl_1、Hl_2、Hl_3 的代数和等于各磁通势的代数和。即

$$NI = Hl_1 + Hl_2 + Hl_3 \text{ 或 } \sum NI = \sum Hl \tag{7-10}$$

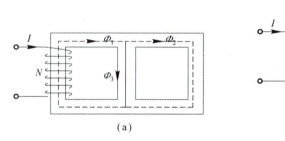

图 7-6　磁路基尔霍夫定律

3. 简单磁路计算

在计算磁路时，往往预先给定铁芯中的磁通（或磁感应强度），而后按照所给的磁通及磁路各段的尺寸和材料来求产生预定磁通所需的磁通势。图 7-6（b）所示的磁路是由 3 段串联（其中一段为空气隙）而成的，如果已知磁通和各段的尺寸及材料，则可按下列步骤来求磁通势。

（1）由于各段磁路的截面积不同，但其中又通过同一磁通，因此各段磁路的磁感应强度也不同，可按下式计算，即

$$B_1 = \frac{\Phi}{S_1} \quad B_2 = \frac{\Phi}{S_2} \quad B_3 = \frac{\Phi}{S_3}$$

（2）根据各段磁路材料的磁化曲线 $B = f(H)$，找出与上述 B_1、B_2 相对应的磁场强度 H_1、H_2。计算空气隙或其他非磁性材料的磁场强度 H_3 时，可直接应用下式（单位为 A/m），即

$$H_3 = \frac{B_0}{\mu_0} = \frac{B_0}{4\pi \times 10^{-7}} \text{ A/m}$$

（3）计算各段磁路的磁压降 Hl。

（4）应用式（7-10）求磁通势。

【例 7-1】　在由铸钢制成的闭合铁芯上绕有匝数 $N = 2\,000$，铁芯的截面积 $S = 10 \text{ cm}^2$，铁芯的平均长度 $l = 20 \text{ cm}$。如果要在铁芯中产生磁通 $\Phi = 0.001 \text{ Wb}$，试问线圈中应通入多大直流电流？

【解】

$$B = \frac{\Phi}{S} = \frac{0.001}{10 \times 10^{-4}} \text{ T} = 1 \text{ T}$$

查图 7-3 铸钢的磁化曲线可得

$$H = 0.7 \times 10^3 \text{ A/m}$$

由 $NI = Hl$ 可得

$$I = \frac{Hl}{N} = \frac{0.7 \times 10^3 \times 20 \times 10^{-2}}{2\,000} \text{A} = 0.07 \text{ A}$$

4. 磁路与电路的比较

磁路和电路的比较如表 7-1 所示。

表 7-1 磁路和电路的比较

磁路	电路
磁通势 $F = \Phi R_m$	电动势 $E = IR$
磁通量 Φ	电流 I
磁阻 $R_m = \dfrac{l}{\mu S}$	电阻 R
磁导 $\Lambda = \dfrac{1}{R_m}$	电导 G
磁导率 μ	电导率 ρ
磁路欧姆定律 $\phi = \dfrac{NI}{l/\mu S} = \dfrac{F}{R_m}$	欧姆定律 $I = \dfrac{E}{R}$
磁路基尔霍夫第一定律 $\sum \Phi = 0$	基尔霍夫第一定律 $\sum i = 0$
磁路基尔霍夫第二定律 $\sum NI = \sum Hl$	基尔霍夫第二定律 $\sum e = \sum iR$

磁路和电路有很多相似之处,但分析与处理磁路比电路难得多。电路中有电流就有功率损耗,磁路中恒定磁通下没有功率损耗;电流全部在导体中流动,而在磁路中没有绝对的磁绝缘体,除在铁芯的磁通外,空气中也有漏磁通;电阻为常数,磁阻为变量;对于线性电路可应用叠加定理,而当磁路饱和时为非线性,不能应用叠加定理。综上所述,磁路与电路仅是数学形式上的类似,而两者的本质是不同的。

7.2 交流铁芯线圈电路

铁芯线圈是由包有绝缘层的铜线或铝线缠绕在铁芯上而制成的,缠绕一圈称为一匝。铁芯线圈分为直流和交流两种。直流铁芯线圈通直流来励磁,产生的磁通是恒定的,在线圈和铁芯中不会产生感应电动势,励磁电流的大小仅由线圈两端电压及线圈电阻决定,而与磁路结构无关。交流铁芯线圈的励磁电流是交变的,其铁芯中磁通也是交变的。交变磁通将在线圈中产生感应电动势,并在铁芯中产生磁滞和涡流损耗,这使交流铁芯线圈电路的电磁关系比直流铁芯线圈电路的电磁关系复杂得多。交流电动机、变压器及各种交流电磁元件都是交流铁芯线圈电路,它们通常在正弦量激励下工作,电流和磁通都是交变的。

7.2.1 交流铁芯线圈感应电动势与磁通的关系

交流铁芯线圈电路如图7-7所示，加入交变电压 u，将产生交变电流 i，因而在线圈中产生交变的磁通 Φ。根据电磁感应定律，交变的磁通在线圈中产生感应电动势 e，参考方向与 Φ 的参考方向符合右手螺旋关系，忽略导线电阻及漏磁通 Φ_σ，在如图所示参考方向下有

$$e = -N\frac{d\Phi}{dt} \tag{7-11}$$

$$U = -e = N\frac{d\Phi}{dt} \tag{7-12}$$

当电源电压为正弦量时，感应电动势 e 和磁通 Φ 也是正弦量，设 $\Phi = \Phi_m \sin\omega t$，将其代入式（7-11），可得

$$e = -N\frac{d\Phi_m \sin\omega t}{dt} = -\omega N\Phi_m \sin\left(\omega t + \frac{\pi}{2}\right) = E_m \sin\left(\omega t - \frac{\pi}{2}\right)$$

式中，E_m 为 e 的最大值。

由式（7-12）可知，交变电压和交变电动势的有效值相等，即

$$U = E = \frac{\omega N\Phi_m}{\sqrt{2}} = 4.44fN\Phi_m \tag{7-13}$$

式（7-13）表明，电源的频率及线圈的匝数一定时，如果线圈电压的有效值不变，则主磁通的最大值不变；如果线圈电压的有效值改变时，主磁通的最大值与电压的有效值成正比关系而与磁路的情况无关。假设线圈的额定电压为 U_N，通过式（7-13）可知，U_N 一定则 Φ_m 一定；当 $U > U_N$ 时，若 Φ_m 增大，则 I_m 迅速增大，即电压超过额定电压时励磁电流将大大增加，从而使磁路饱和线圈发热；当 U_N 一定时，f 减小，则 Φ_m 增大，导致 I_m 迅速增大，最终导致磁铁和线圈发热；当 U_N 一定时，N 减小，则 Φ_m 增大，导致 I_m 迅速增大，最终导致磁铁和线圈发热。

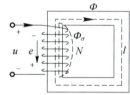

图7-7 交流铁芯线圈

7.2.2 功率关系

在交流铁芯线圈中功率损失有两部分：铜损和铁损。线圈电阻 R 上的功率损耗称为铜损，用 $\Delta P_{Cu} = I^2 R$ 表示；此外处于交变磁化下的铁芯中也有功率损耗，称为铁损，用 ΔP_{Fe} 表示。铁损是由铁磁物质的磁滞和涡流现象所产生的。

磁滞损耗 ΔP_h 是指铁磁物质在交变磁化时，磁分子来回反转克服阻力产生的能量损耗，这类损耗是因为摩擦生热的能量损耗。可以证明，交变磁化一周在铁芯的单位体积内所产生的磁滞损耗能量与磁滞回线所包围的面积成正比。磁滞损耗会引起铁芯发热。为了减小磁滞损耗，应选用磁滞回线狭小的磁性材料制造铁芯。硅钢就是变压器和电动机中常用的铁芯材料，其磁滞损耗较小。

涡流损失 ΔP_e 是由涡流产生的铁损。如图7-8（a）所示，当线圈中通有交流时，它所

产生的磁通也是交变的。因此，不仅要在线圈中产生感应电动势，而且磁通方向垂直的截面中也会产生漩涡状的感应电动势和电流，称为涡流。涡流损耗也会引起铁芯发热。

为了减小涡流损耗，在顺磁场方向铁芯可由彼此绝缘的硅钢叠成，如图7-8（b）所示，这样就可以限制涡流只能在较小的截面内流通。此外，通常所用的硅钢片中含有少量的硅（其相对质量分数为0.8%~4.8%），因而电阻率较大，这也可以使涡流减小。

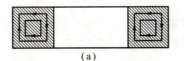
(a)

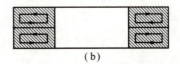
(b)

图7-8 铁芯涡流

涡流也有有利的一面。例如，可以利用涡流的热效应来冶炼金属，利用涡流和磁场相互作用而产生电磁力的原理来制造感应式仪器。

在交流磁通的作用下，铁芯内的这两种损耗合称为铁损 ΔP_{Fe}。铁损差不多与铁芯内磁感应强度的最大值 B_m 的平方成正比，故 B_m 不宜选得过大，一般取 0.8~1.2T。

从上述可知，铁芯线圈交流电路的有功功率为

$$P = UI\cos\varphi = \Delta P_{Cu} + \Delta P_{Fe} = I^2 R + \Delta P_h + \Delta P_e$$

【例7-2】 为了求出铁芯线圈的铁损，先将它接在直流电源上，从而测得线圈的电阻为 2.35 Ω；然后接在交流电源上，测得电压 $U = 90$ V，功率 $P = 60$ W，电流 $I = 1.5$ A，试求其铁损和线圈的功率因数。

【解】 线圈的铜损为

$$\Delta P_{Cu} = I^2 R = 1.5^2 \times 2.35 \text{ W} \approx 5.29 \text{ W}$$

线圈的铁损为

$$\Delta P_{Fe} = P - \Delta P_{Cu} = (60 - 5.29) \text{ W} = 54.71 \text{ W}$$

线圈的功率因数为

$$\cos\varphi = \frac{P}{UI} = \frac{60}{90 \times 1.5} \approx 0.44$$

7.3 变压器原理

变压器是一种常见的电器设备，它是一种静止电动机，它可以将一种电压的电能转换为另一种电压的电能。变压器按其用途可分为电力变压器（电力系统传输电能的升压变压器、降压变压器、配电变压器等），如图7-9（a）所示；给电炉（如炼钢炉）供电的专用电炉变压器，如图7-9（b）所示；给电焊机供电的专用电焊变压器；给直流电力机车供电的专用整流变压器；用在测量设备的仪用变压器；用在电子线路中的变压器除作电源变压器外，还用来耦合电路、传递信号，如图7-9（c）所示，并实现阻抗匹配。此外，还有自耦变压

器、互感器变压器。虽然它们的种类有很多，但是它们的基本结构和工作原理是相同的。

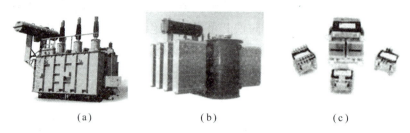

图 7-9　变压器分类

(a) 电力变压器；(b) 电炉变压器；(c) 电子线路变压器

7.3.1　变压器基本结构

变压器的主要部件是铁芯和绕组，它们构成了变压器的器身。除此之外，还有放置器身的盛有变压器油的油箱、绝缘套管、分接开关、安全气道等部件。变压器的铁芯既是磁路，也是套装绕组的骨架。

铁芯结构的基本形式分芯式和壳式两种，如图 7-10（a）、图 7-10（b）所示。绕组是变压器的电路部分，用纸包或纱包的绝缘扁线或圆线绕成。接入电能的一端称为原绕组（或一次绕组），输出电能的一端称为副绕组（或二次绕组）。一、二次绕组中电压高的一端称为高电压绕组，电压低的一端称为低电压绕组。高电压绕组匝数多、导线细（电压高的一端电流小）；低电压绕组匝数少、导线粗。因为不计铁芯的损耗，故根据能量守恒原理有 $U_1 I_1 = U_2 I_2 = S$（S 为一、二次绕组的视在功率）。

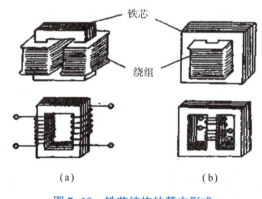

图 7-10　铁芯结构的基本形式

(a) 芯式；(b) 壳式

7.3.2　变压器工作原理

图 7-11 为变压器原理图，它由闭合铁芯和两个绕组耦合而成。左侧的一次绕组匝数为 N_1，且和电源相接；右侧的二次绕组匝数为 N_2，通过开关与负载连接。经过电磁感应，一次（侧）把电能传递给负载。

1. 变压器的空载运行及电压变换

变压器的空载运行如图 7-11 所示,变压器一次绕组接电源 u_1,二次绕组开路,负载电流 i_2 为零,电压为空载开路电压 u_2。这种情况即为变压器的空载运行,此时 i_0 为一次空载电流。

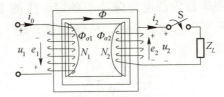

图 7-11 变压器的空载运行

若忽略一次绕组电阻和漏磁通 $\Phi_{\sigma 1}$,则一次绕组的电压方程为

$$u_1 = -e_1 = N_1 \frac{\mathrm{d}\Phi}{\mathrm{d}t} \tag{7-14}$$

根据式(7-13)可得一次绕组的电压有效值为

$$U_1 = E_1 = \frac{\omega N_1 \Phi_\mathrm{m}}{\sqrt{2}} = 4.44 f N_1 \Phi_\mathrm{m} \tag{7-15}$$

若忽略一次绕组的漏磁通 $\Phi_{\sigma 2}$,空载时二次绕组的电流 $i_2 = 0$,则二次绕组的电压方程为

$$u_2 = e_2 = -N_2 \frac{\mathrm{d}\Phi}{\mathrm{d}t} \tag{7-16}$$

根据式(7-13)可得二次绕组的电压有效值为

$$U_2 = E_2 = \frac{\omega N_2 \Phi_\mathrm{m}}{\sqrt{2}} = 4.44 f N_2 \Phi_\mathrm{m} \tag{7-17}$$

由式(7-15)和式(7-17)可得

$$\frac{U_1}{U_2} = \frac{N_1}{N_2} = K \tag{7-18}$$

上式表明,变压器空载运行时,一、二次绕组的电压之比等于它们的匝数之比,比值 K 称为变压器的变比,即 $K = \dfrac{N_1}{N_2}$,其是变压器的一个重要参数。当 K 大于 1 时为降压变压器;当 K 小于 1 时为升压变压器。一次空载电流 i_0 很小,可忽略不计。

2. 变压器的负载运行及电流、电压变换

图 7-12 为变压器的负载运行电路图,二次接负载 Z_L,此时二次流过电流为 i_2。

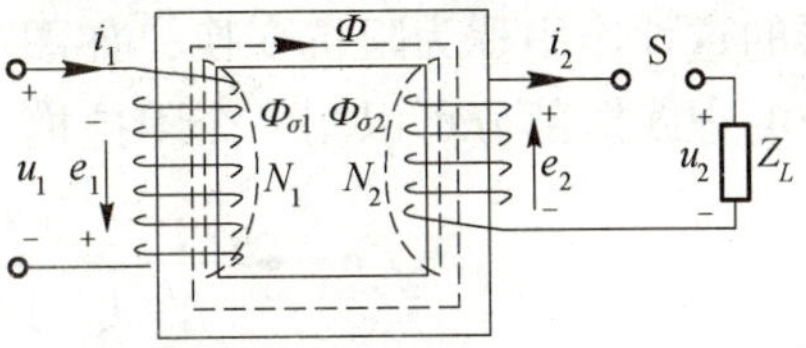

由于

$$U_1 = E_1 = 4.44 f N_1 \Phi_\mathrm{m}$$

图 7-12 变压器的负载运行

由上式可知,当 U_1 和 f 不变时,E_1 和 Φ_m 也都基本不变。因此,有负载时产生主磁通的一、二次绕组的合成磁通势($i_1 N_1 + i_2 N_2$)和空载时产生主磁通的一次绕组的磁通势 $i_0 N_1$ 基本相等,即

$$i_1 N_1 + i_2 N_2 = i_0 N_1 \tag{7-19}$$

又知空载电流 i_0 很小,可忽略不计,有

$$i_1 N_1 \approx -i_2 N_2 \tag{7-20}$$

$$\frac{I_1}{I_2} \approx \frac{N_2}{N_1} = \frac{1}{K} \qquad (7-21)$$

当变压器负载运行时，一次和二次绕组中的电流都增大，一、二次绕组内部电压降要比空载稍有下降。但是，一般变压器内部电压降小于额定电压的 10%，所以变压器在空载和负载运行状态下的电压比值差不多。也就是说，负载下变压器一、二次绕组电压比仍然近似等于一、二次绕组匝数比，即

$$\frac{U_1}{U_2} \approx \frac{N_1}{N_2} = K$$

【例 7-3】 某变压器一次额定电压为 220 V，二次额定电压为 44 V，铁芯中磁通最大值为 5×10^{-4} Wb，电源频率为 50 Hz。求：(1) 变压器一、二次绕组的匝数；(2) 如果二次所接负载电阻为 1 kΩ，则变压器一、二次电流分别为多少？

【解】 因为

$$U = E = 4.44 f N \Phi_m$$

则变压器的一次匝数为

$$N_1 = \frac{U_1}{4.44 f \Phi_m} = \frac{220}{4.44 \times 50 \times 5 \times 10^{-4}} 匝 = 1\,982\ 匝$$

二次匝数为

$$N_2 = \frac{U_2}{U_1} N_1 = \frac{44}{220} \times 1\,982\ 匝 = 396\ 匝$$

(2) 二次接电阻后，二次电流为

$$I_2 = \frac{44}{1\,000}\ A = 0.044\ A$$

根据变压器电流变换的工作原理得

$$I_1 = \frac{N_2}{N_1} I_2 = \frac{396}{1\,982} \times 0.044\ mA = 8.8\ mA$$

3. 阻抗变换

在电子电路中，为使各级之间信号传递获得较大的功率输出，必须使负载阻抗与信号源内阻相等，即阻抗匹配。但是，在实际电路中负载阻抗与信号源内阻往往不相等，而负载阻抗是给定的，不能随便改变。因此，常采用变压器来获得输出电路所需要的等效阻抗，变压器的这种作用称为阻抗变换，如图 7-13 所示。负载阻抗模 |Z| 接在变压器二次绕组，而图中的虚线框部分可以用一个阻抗模 |Z′| 来等效代替。

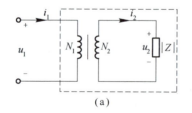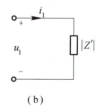

图 7-13 阻抗变换

设接在变压器二次绕组的负载阻抗 Z 的模为 |Z|，则

$$\frac{U_2}{I_2} = |Z|$$

Z 反映到一次绕组的阻抗模 $|Z'|$ 为

$$\frac{U_1}{I_1} = |Z'|$$

而

$$\frac{U_1}{I_1} = \frac{\frac{N_1}{N_2}U_2}{\frac{N_2}{N_1}I_1} = \left(\frac{N_1}{N_2}\right)^2 \frac{U_2}{I_2}$$

则 $|Z'|$ 与 $|Z|$ 的关系为

$$|Z'| = \left(\frac{N_1}{N_2}\right)^2 |Z| \tag{7-22}$$

式（7-22）说明变压器二次绕组有负载后，对电源来说，相当于接上阻抗为 Z' 的负载，两者等效。

【例7-4】 电路如图7-14（a）所示。将 $R_L = 8\ \Omega$ 的扬声器接在输出变压器的二次绕组，已知 $N_1 = 300$，$N_2 = 100$，信号源电压 $U = 6$ V，内阻 $R_0 = 100\ \Omega$，试求信号源输出的功率。

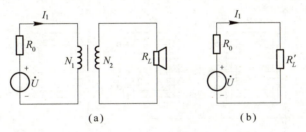

图 7-14 【例7-4】图示

【解】 如图7-14（b）所示，根据阻抗变换原理，变压器一次等效负载阻抗为

$$R'_L = \left(\frac{N_1}{N_2}\right)^2 R_L = \left(\frac{300}{100}\right)^2 \times 8\ \Omega = 72\ \Omega$$

信号源输出功率为

$$P_{R_L} = \left(\frac{U}{R_0 + R'_L}\right)^2 R'_L = \left(\frac{6}{100 + 72}\right)^2 \times 72\ \text{W} = 87.6\ \text{mW}$$

【例7-5】 在图7-15的电路中，输出变压器的二次绕组有中间抽头，以便接 $8\ \Omega$ 或 $3.5\ \Omega$ 的扬声器，两者都能达到阻抗匹配。试求二次绕组两部分匝数之比 $\dfrac{N_2}{N_3}$。

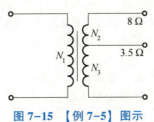

图 7-15 【例7-5】图示

【解】 二次绕组接 8 Ω 时变压器的等效电阻为

$$R_1 = \left(\frac{N_1}{N_2+N_3}\right)^2 \times 8$$

副边接 3.5 Ω 时变压器的等效电阻为

$$R_2 = \left(\frac{N_1}{N_3}\right)^2 \times 3.5$$

因为接 8 Ω 或 3.5 Ω 的扬声器，两者都能达到阻抗匹配，则

$$R_1 = R_2$$
$$8N_3^2 = (N_2+N_3)^2 \times 3.5$$
$$\frac{N_2}{N_3} = \sqrt{\frac{8}{3.5}} - 1 \approx 0.5$$

4. 三相变压器

三相变压器是 3 个相同容量的单相变压器的组合，每组的主磁通各自沿自己的磁路闭合，磁路彼此独立，目前电力系统均采用三相变压器。在三相变压器对称运行时，各项电流、电压大小相等，相位差 12°。因此，对于运行原理的分析计算可采用三相中任意一相进行研究。三相变压器按其结构特点可分为三相变压器组（见图 7-16）和三相芯式变压器（见图 7-17）。

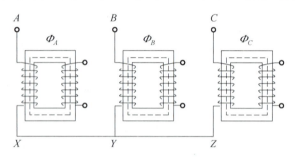

图 7-16 三相变压器组及其磁路

其中，三相芯式变压器的磁路彼此相关，按铁芯结构不同又可分为无中央芯柱的铁芯、有中央芯柱的铁芯和三相芯式变压器铁芯，分别如图 7-17（a）（b）（c）所示。

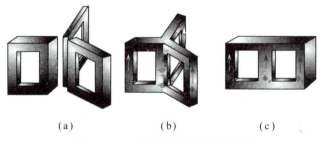

图 7-17 三相芯式变压器及其磁路
(a) 无中央芯柱；(b) 有中央芯柱；(c) 三相芯式

三相变压器组备用容量小，搬运不方便。三相芯式变压器节省材料，效率高，安装占地面积小，价格便宜。所以多采用三相芯式变压器。

在三相变压器中用大写字母 A、B、C 表示高压端首端，X、Y、Z 表示高压端尾端；小写字母 a、b、c 表示低压端首端，x、y、z 表示低压端尾端。连接可采用 Y 连接，用 Y（或 y）表示；△连接用 D（或 d）表示；N（或 n）表示有中点引出。在国产电力变压器中，常采用 Y 接法，如图 7-18（a）所示；采用△接法，如图 7-18（b）所示。

5. 变压器的外特性

对于负载来讲，变压器相当于一个电源。对于电源，我们所关心的是它的输出电压与负载大小的关系，即一般所说的外特性。为了适应不同负载的需要，对变压器的输出电压进行必要的调整，可以保证供电质量。根据对变压器负载运行情况的分析，当一次绕组电压 U_1 不变时，如果负载电流 I_2 增加，在二次绕组内，阻抗压降也会增加，二次绕组输出的电压 U_2 随之下降。这种变化关系是用变压器的外特性描述的。当一次绕组电压 U_1 和负载的功率因数 $\cos \varphi$ 一定时，一次绕组输出的电压 U_2 与负载电流 I_2 的关系，称为变压器的外特性。它可以用实验的方法求得。图 7-19 画出了几条功率因数不同的外特性曲线。

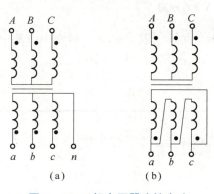

图 7-18 三相变压器连接方法
(a) Y 接；(b) △接

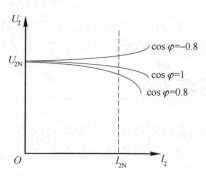

图 7-19 变压器外特性曲线

（1）当负载为纯电阻时，$\cos \varphi = 1$。随着负载电流 I_2 的增大，变压器二次绕组边的输出电压逐渐降低，即变压器具有下降的特性，但下降并不多。

（2）当负载为电感性时，$\cos \varphi < 1$。随着负载电流 I_2 的增大，变压器二次绕组边的输出电压下降较快，这时因为无功电流滞后对变压器磁路中主磁通的去磁作用较强，故使二次绕组的 E_2 下降所致。

（3）当负载为电容性时，$\cos \varphi < 0$。超前的无功电流有助磁作用，主磁通会有所增加，E_2 也随之增加，使 U_2 会随 I_2 的增加而增加。

以上说明，功率因数对变压器外特性的影响是很大的，但负载的功率因数确定之后，变压器的外特性曲线就随之确定了。

6. 变压器的电压调整率

一般情况下，变压器的负载多是感性的，因而当负载波动变化时，输出电压也是上下波动的。从负载用电的角度来看，总希望电源电压尽量稳定。当负载变动时，二次绕组输出电压变化程度用电压调整率来描述。从空载到额定负载（$I_2 = I_{2N}$）运行时，二次绕组输出电压的变化量 ΔU 与空载额定电压 U_{2N} 的百分比，称为变压器的电压调整率，用 $\Delta U\%$ 表示，即

$$\Delta U\% = \frac{U_{2N} - U_2}{U_{2N}} \times 100\% = \frac{\Delta U}{U_{2N}} \times 100\%$$

式中，U_{2N} 为变压器空载时二次绕组的额定电压，单位是 V；U_2 为变压器输出额定电流时二次绕组的输出电压，单位也是 V。

电压调整率是变压器的主要性能指标之一。对于电力变压器，由于其一、二次绕组的电阻和漏抗都很小，故当额定负载时，电压调整率约为 4%～6%；但当功率因数 $\cos\varphi$ 下降时，电压调整率会明显增大。因此，提高企业的功率因数，也有减小电压波动的作用。

【例 7-6】 有一台变压器接负载后，二次绕组的输出电压为 5 700 V，它的电压调整率为 4.8%，求二次绕组的额定电压 U_{2N} 是多少？

【解】 根据

$$\Delta U\% = \frac{U_{2N}-U_2}{U_{2N}} \times 100\%$$

得

$$U_{2N} = \frac{U_2}{1-\Delta U\%} = \frac{5\ 700}{1-4.8\%} \text{ V} = 6\ 000 \text{ V}$$

我国电力技术政策规定，对于 35 kV 以上的电压，允许偏差为 ±5%；对于 10 kV 以下高压供电和动力供电允许偏差为 ±7%，低压照明设备允许偏差为 +5%、-10%。

7.3.3 铭牌

每台变压器都有一块铭牌，上面标有变压器型号和各种数据，便于使用者对变压器的性能有所了解，从而使变压器经济、安全、合理地运行。

1. 型号

变压器的型号表明其类型和特点，由字母和数字两部分组成。字母代表变压器的基本结构特点，数字代表其额定容量（kVA）和一次绕组的额定电压（kV），常见形式为

①②-③/④

式中，①——变压器的分类型号，由多个拼音字母组成（见表 7-2）；②——设计序号；③——变压器的额定容量，单位为 kVA；④——一次绕组的额定电压，单位为 kV。

表 7-2 变压器的分类型号含义

分类项目	符号	分类项目	符号
单相变压器	D	全封闭	M
三相变压器	S	三绕组变压器	S
油浸自冷式	-（或 J）	自耦变压器	O
油浸风冷式	F	无励磁调压	-
油浸水冷式	S	有载调压	Z
强迫油循环	P	铝线变压器	L
干式空气自冷	G	卷绕式铁芯	R
干式浇注绝缘	C	低压箔式	B

型号举例如下。

新系列型号：S11－M－1250/10，表示第 11 设计序号；三相双绕组无励磁调压 1 250 kVA、10 kV 的全密闭电力变压器。

SFZ9-31500/35，表示第 9 设计序号；三相双绕组油浸风冷式有载调压 31 500 kVA、35 kV 的电力变压器。

2. 变压器的额定值

1）额定容量 S_N

S_N 是指变压器额定运行时的视在功率，单位为 VA、kVA 或 MVA。因为变压器的效率很高，通常一、二次额定容量相等，即指变压器的额定容量。

2）额定电压 U_{1N}、U_{2N}

U_{1N} 为一次额定电压；U_{2N} 为二次额定电压，是指一次加额定电压时二次的空载（开路）电压，单位为 V 或者 kV。三相变压器的额定电压指线电压。

3）额定电流 I_{1N}、I_{2N}

I_{1N}、I_{2N} 分别是根据额定容量、额定电压计算出来的一、二次电流，单位为 A。相对于三变压器，其额定电流指线电流。一、二次线电流可以用下列公式计算。

对于单相变压器，有

$$I_{1N} = \frac{S_N}{U_{1N}} \quad I_{2N} = \frac{S_N}{U_{2N}}$$

对于三相变压器，有

$$I_{1N} = \frac{S_N}{\sqrt{3}\,U_{1N}} \quad I_{2N} = \frac{S_N}{\sqrt{3}\,U_{2N}}$$

4）额定频率 f_N

我国规定电力系统的额定频率为 50 Hz。

除了上述额定值外，铭牌上还标有变压器的相数、连结组别、运行方式、冷却方式和温升等。

【例 7-7】 某台三相载调压电力变压器，$S_N = 5\ 000$ kVA、$\dfrac{U_{1N}}{U_{2N}} = \dfrac{35}{10.5}$ kV；Y、d 接法。求一、二次额定电流。

【解】

$$I_{1N} = \frac{S_N}{\sqrt{3}\,U_{1N}} = \frac{5\ 000 \times 10^3}{\sqrt{3} \times 35 \times 10^3}\ \text{A} = 82.5\ \text{A}$$

$$I_{2N} = \frac{S_N}{\sqrt{3}\,U_{2N}} = \frac{5\ 000 \times 10^3}{\sqrt{3} \times 10.5 \times 10^3}\ \text{A} = 275\ \text{A}$$

7.3.4 特殊变压器

1. 仪用互感器

1）电流互感器

电流互感器原理图如图 7-20 所示，一次绕组线径较粗，匝数很少，与被测电路负载串联；二次绕组线径较细，匝数很多，与电流表及功率表、电度表、继电器的电流线圈串联。电流互感器用于将大电流变换为小电流。根据变压器的电流比公式 $I_1N_1=I_2N_2$ 得 $I_1=I_2\dfrac{N_2}{N_1}=K_iI_2$，$K_i=\dfrac{N_2}{N_1}$ 为电流互感器的额定电流比。例如，电流读数为 3 A，额定电流比为 40∶5，则被测电流值 $I_1=K_iI_2=\dfrac{40}{5}\times 3$ A = 24 A。

为了测量的准确和安全，在使用电流互感器时，应注意电流互感器在运行中二次绕组不得开路。若其开路，则互感器称为空载运行，流过一次绕组的线路电流全部成为互感器的励磁电流。二次绕组中无电流，去磁作用消失，磁路严重饱和，在二次绕组中感应起峰值可达数千伏尖峰电动势，可造成电流互感器绝缘击穿。电流互感器的铁芯和二次绕组同时可靠地接地，以免高压侧绝缘击穿时损坏仪表或造成人身伤亡。二次绕组负载阻抗要求小于规定的阻抗，电流互感器准确度等级要比所接仪表的准确度高两级。钳形电流表是电流互感器的一种应用，它是电流互感器和电流表组成的测量仪表。当用它测量电流时，不必断开被测电路，故使用十分方便。

2）电压互感器

电压互感器原理图如图 7-21 所示，一次绕组匝数很多，并联于待测电路两端；二次绕组匝数较少，与电压表及电度表、功率表、继电器的电压线圈并联。电压互感器用于将高电压变换成低电压。

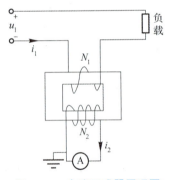

图 7-20　电流互感器原理图

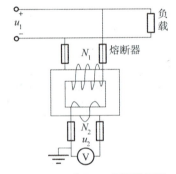

图 7-21　电压互感器原理图

根据变压器的电压比公式 $\dfrac{U_1}{U_2}=\dfrac{N_1}{N_2}$，得 $U_1=\dfrac{N_1}{N_2}U_2=K_uU_2$，$K_u$ 称为电压互感器的变压比。在使用电压互感器时，应注意二次不允许短路，否则会产生很大的短路电流，从而烧毁绕组；二次绕组连同铁芯一起，必须可靠接地。

2. 自耦变压器

根据自感现象制成的自感变压器，也称为自耦变压器，应用很广泛。自耦变压器的特点在于一、二次绕组之间不仅有磁的联系，而且有电的直接联系。自耦变压器与普通变压器相似，也是由铁芯和一、二次绕组两部分组成。不同的是，自耦变压器的一、二次绕组公用一个线圈，原理如图 7-22 所示。

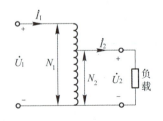

图 7-22　自耦变压器原理图

如果绕组中间的抽头做成可滑动接触的，就可构成一个电压可调的自耦变压器。

设自耦变压器一、二次绕组的总匝数分别为 N_1、N_2，则 $\dfrac{U_1}{U_2} = \dfrac{N_1}{N_2} = K$，$\dfrac{I_1}{I_2} = \dfrac{N_2}{N_1} = \dfrac{1}{K}$。自耦变压器有降压的、升压的，也有既可升压又可降压的调压器。在使用自耦调压器时，应注意不要把一、二次边搞错，即不能将电源接在二次边滑动触头侧，若接错，则可能把自耦调压器烧坏；电源火线不能接在公共端，公共端必须接地，否则易发生事故；在使用自耦调压器时，应先将触头旋到零位，然后加上一次边电压，一次边电源接通后，逐渐转动手柄，将输出电压调至所需要的数值。

7.4　电磁铁

电磁铁可分为线圈、铁芯及衔铁 3 部分。它的结构形式通常有马蹄式、拍合式和螺管式，如图 7-23 所示。电磁铁是利用铁芯线圈通电后产生的磁场吸引衔铁或保持某种机械零件、工件于固定位置的电器。线圈中只要有电流通过，该磁场就相当于是一个永久磁铁。当电源断开时，电磁铁的磁性随之消失，衔铁或其他零件即被释放。

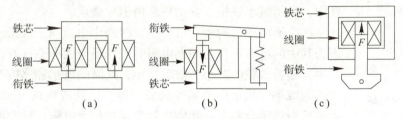

图 7-23　电磁铁的几种结构形式

电磁铁在生产中的应用极为普遍，如自动控制系统中的继电器、水暖工程中用的电磁阀。在机床中也常用电磁铁操纵气动或液压传动机构的阀门和控制变速机构。电磁吸盘和电磁离合器也都是电磁铁的具体应用。此外，还可应用电磁铁起重以提放钢材。电磁铁根据通入线圈的励磁电流不同，可分为直流电磁铁和交流电磁铁。顾名思义，直流电磁铁的线圈通入直流电，交流电磁铁的线圈通入交流电。

7.4.1　直流电磁铁

因为直流电磁铁的励磁电流为直流，故在一定的空气隙下，磁路中的磁通是恒定的。电磁铁只有铜耗没有铁耗，故铁芯常用整块软钢制成。其吸力是直流电磁铁的重要参数，即

$$F = \dfrac{B_0^2}{2\mu_0} S \approx 4 B_0^2 S \times 10^5$$

式中，F 为直流电磁铁的吸力，单位为 N；B_0 为空气隙中的磁感应强度，单位为 T；S_0 为空气隙截面积，单位为 m^2；μ_0 为真空磁导率，通常为 $4\pi \times 10^{-7}$ H/m。

直流电磁铁的电流值决定于外加电压和电阻，励磁的磁动式 $F = NI$ 是恒定的，随着衔铁

的吸合，空气隙变小，磁阻减小，吸力增大。

7.4.2 交流电磁铁

交流电磁铁的励磁电流为交流，磁通是交变的。设 $B_0(t) = B_m \sin\omega t$，则吸力为

$$f(t) = \frac{B_0^2(t)}{2\mu_0}S = \frac{B_m^2 S}{4\mu_0}(1-\cos2\omega t) \tag{7-23}$$

最大吸引力为

$$F_m = \frac{B_m^2 S}{2\mu_0} \tag{7-24}$$

平均吸引力为

$$F_{av} = \frac{1}{T}\int_0^T f(t)\,dt = \frac{B_m^2 S}{4\mu_0} \approx 2B_m^2 S \times 10^5 \tag{7-25}$$

由式（7-23）可知，吸力在零与最大值之间波动。因而衔铁以两倍电源频率在颤动，引起噪声，同时触点易损坏。为了消除这种现象，可在磁极的部分端面上套一个分磁环（或称短路环），如图7-24所示。于是在分磁环中便产生感应电流，以阻碍磁通的变化，使在磁极两部分中的磁通 Φ_1 与 Φ_2 之间产生一相位差，因而磁极各部分的吸力也就不会同时降为0，这就消除了衔铁的颤动，当然也就去除了噪声。在交流电磁铁中，为了减小铁损，它的铁芯由钢片叠成。

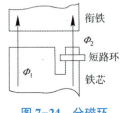

图 7-24 分磁环

在交流电磁铁的吸合过程中，线圈中电流（有效值）变化很大。因为其中的电流不仅与线圈电阻有关，还与线圈感抗有关。在吸合过程中，随着气隙的减小，磁阻减小，线圈的电感和感抗增大，因而电流逐渐减小。如果由于某种机械障碍，衔铁或机械可动部分被卡住，通电后衔铁吸合不上，线圈中就会流过较大电流，从而使线圈严重发热，甚至烧毁。

本章小结

本章主要介绍了电磁学的相关知识、变压器以及电磁铁。

磁场是由运动电荷或变化电场产生的。因此，除了磁铁在自己周围的空间产生磁场，有电流的地方也会伴随着磁场的存在。描述磁场的基本物理量包括磁感应强度 B、磁通 Φ、磁场强度 H、磁导率 μ。磁性材料具有高导磁性、磁饱和性、磁滞性等基本特性。磁通经过的闭合路径称为磁路。在磁路中也满足安培环路定律与磁路欧姆定律、磁路基尔霍夫定律。铁芯线圈是由包有绝缘层的铜线或铝线缠绕在铁芯上而成的，交流铁芯线圈的励磁电流是交变的，其铁芯中磁通也是交变的。交变磁通将在线圈中产生感应电动势，并在铁芯中产生磁滞和涡流损耗。交流铁芯线圈的电磁关系为 $U = E = \dfrac{\omega N_1 \Phi_m}{\sqrt{2}} = 4.44fN\Phi_m$。

变压器的主要部件是铁芯和绕组，它可以将一种电压的电能转换为另一种电压的电能。

每台变压器都有一块铭牌，上面标有变压器型号和各种数据，变压器的型号表明其类型和特点，由字母和数字两部分组成。

电磁铁是利用铁芯线圈通电后产生的磁场吸引衔铁或保持某种机械零件、工件于固定位置的电器。按通入线圈的励磁电流的不同可分为直流电磁铁和交流电磁铁。

实验 7　变压器变压比测定和阻抗匹配变换仿真实验

习题 7

7-1　什么是磁路？为什么磁路必须由铁磁材料构成？

7-2　请介绍一下磁性材料的磁性能。

7-3　请比较磁路与电路的区别和联系。

7-4　有一铁芯线圈，试分析铁芯中的磁感应强度、线圈中的电流和铜损 I^2R 在下列几种情况下如何变化：

（1）直流励磁——铁芯截面积加倍，线圈的电阻和匝数以及电源电压保持不变；

（2）交流励磁——铁芯截面积加倍，线圈的电阻和匝数以及电源电压保持不变；

（3）交流励磁——频率和电源电压的大小减半。

7-5　有一线圈，其匝数 $N=1\,000$，绕在由铸钢制成的闭合铁芯上，铁芯的截面积 $S_{Fe}=20\ cm^2$，铁芯的平均长度 $l_{Fe}=50\ cm$。如果将线圈中的直流电流调到 2.5 A，试求铁芯中的磁通。

7-6　在一个由铸钢制成的闭合铁芯上绕有一个匝数 $N=1\,000$ 的线圈，其线圈电阻 $R=20\ \Omega$，铁芯的平均长度 $l=15\ cm$。若要在铁芯中产生 $B=1.2\ T$ 的磁感应强度，试问线圈中应加入多大的直流电压？若在铁芯磁路中加入一长度 $l_0=2\ mm$ 的气隙，若要保持铁芯中的磁感应强度 B 不变，则通入线圈的电压应为多少？

7-7　将一铁芯线圈接于电压 $U=100\ V$、频率 $f=50\ Hz$ 的正弦电源上，其 $I_1=5\ A$，$\cos\varphi_1=0.7$。若将磁线圈中的铁芯抽出，再接于上述电源上，则线圈中 $I_2=10\ A$，$\cos\varphi_2=0.05$。试求此线圈在具有铁芯时的铜损和铁损。

7-8　请阐述一下变压器的电磁关系，并说明为什么变压器只能变换交流而不能变换直流。

7-9　在习题图 7-1 中，交流信号源的电压 $U_1=10\ V$，内阻 $R_0=2\,000\ \Omega$，负载电阻 $R_L=8\ \Omega$，$N_1=500$，$N_2=100$。试求：

（1）负载电阻折合到一次边的等效电阻；

（2）输送到负载电阻的功率；

（3）不经过变压器，将负载直接与信号源连接，输送到负载上的功率。

7-10 一只输出变压器的二次绕组有一中间抽头，若想接入 16 Ω 和 4 Ω 两个负载，如习题图 7-2 所示，设两个端头的连接都能使从变压器一次边看入的阻抗值相等，求二次边匝数 N_2 和 N_3 的关系式。

习题图 7-1　　　　　　　　　　习题图 7-2

7-11 电压互感器的额定电压为 $\dfrac{6\,000}{100}$ V，现由电压表测得二次边电压为 85 V，则一次边被测电压是多少？电流互感器的额定电流为 $\dfrac{100}{5}$ A，现由电流表测得二次边电流为 3.8 A，则一次边被测电流是多少？

7-12 一自耦变压器，整个绕组的匝数 $N_1 = 1\,000$，接到 220 V 的交流电源上，输出部分绕组的匝数为 $N_2 = 500$，接到 $R = 4$ Ω、感抗 $X_L = 3$ Ω 的串联负载上，略去变压器的内部阻抗不计，试求：

（1）变压器的二次边电压；
（2）二次边输出电流；
（3）一次边输入电流；
（4）输出的有功功率。

7-13 交流电磁铁通电后，若衔铁长时期被卡住而不能吸合，则会引起什么后果？

7-14 平均吸力为 100 N 的交流电磁铁，空气隙总截面积为 4 cm²，则空气隙磁感应强度最大值应该是多少？

第8章 交流电动机

教学目的与要求：理解三相异步电动机的基本构造、转动原理、电路结构以及机械特性；掌握三相异步电动机的起动、制动和调速；掌握三相异步电动机的铭牌数据及选型；了解直流测速发电机、伺服电动机、步进电动机的特性。

重点：三相异步电动机的起动、制动和调速；三相异步电动机的铭牌数据及选型。

难点：三相异步电动机的起动、制动和调速；三相异步电动机的铭牌数据及选型。

知识点思维导图如图8-1所示。

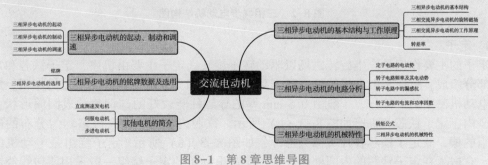

图8-1 第8章思维导图

常用交流电动机的主要作用是实现电能转换为机械能。交流电动机有异步电动机和同步电动机两大类，异步电动机可分为三相异步电动机和单相异步电动机两种。

三相异步电动机因为具有结构简单、制造方便、运行可靠、性价比好等一系列优点，因而在工农业生产、交通运输、国防工业以及其他各行各业中得到广泛应用。过去交流电动机在起动、调速性能方面有很大的不足，现在随着电力电子技术的发展，交流变频电源的性能和可靠性日臻完善，交流电动机的起动、调速特性已获得了根本的改进。

8.1　三相异步电动机的基本结构与工作原理

8.1.1　三相异步电动机的基本结构

三相异步电动机由定子和转子两大基本部分构成，其结构如图 8-2 所示。定子是电动机的固定部分，转子是电动机的旋转部分。转子装在定子腔内，定子、转子之间存在有空气隙，简称气隙。

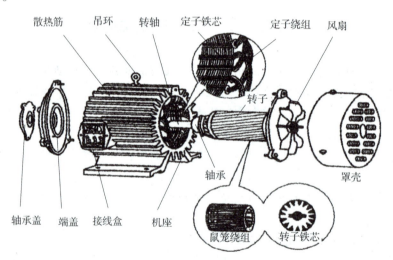

图 8-2　三相异步电动机结构图

1. 定子

定子的主要作用是产生旋转磁场以驱动转子旋转。定子主要由机座、定子铁芯和定子绕组 3 部分组成，机座是电动机的外壳和支架，起固定和支撑定子铁芯和端盖的作用。定子铁芯是电动机磁路的一部分，一般由 0.5 mm 厚的导磁性能较好的硅钢片叠成圆筒形状，安放在机座内，定子铁芯和机座如图 8-3（b）所示。铁芯内圆周上冲有许多均匀分布的嵌放定子绕组的槽，故定子铁芯叠片又称为冲片，如图 8-3（a）所示。定子绕组是电动机的电路部分，它嵌入在定子铁芯的内圆槽内。中、小型电动机的定子绕组一般采用漆包线绕制，共分 3 组，分布在定子铁芯槽内，构成对称的三相绕组。三相绕组共有 6 个出线端，通常接在置于电动机外壳上的接线盒中，三相定子绕组分别用 U_1、U_2、V_1、V_2、W_1、W_2 表示。其中 U_1、V_1、W_1 是各相绕组的首端，U_2、V_2、W_2 是各相绕组的尾端。三相定子绕组可以连接成星形或三角形，嵌有三相绕组的定子如图 8-3（c）所示。

第8章　交流电动机

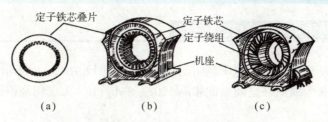

图 8-3　三相异步电动机的定子

(a) 定子铁芯叠片；(b) 铁芯和机座；(c) 定子

2. 转子

转子的主要作用是产生感应电动势和感应电流，形成电磁转矩，实现机、电能量的转换，从而带动负载机械转动。转子主要由转子铁芯、转子绕组和转轴3部分组成，异步电动机的转子根据转子绕组的结构型式分为笼型转子和绕线型转子两种。笼型转子绕组由嵌在转子铁芯槽内的若干裸导条（铜条或铝条）组成，导条两端分别焊接在两个短接的端环上，形成一个整体。如果去掉转子铁芯，则整个绕组的外形就像一个鼠笼，由此得名笼型转子，如图 8-4（a）所示。中、小型电动机的笼型转子一般都采用铸铝转子，如图 8-4（b）所示，即把铝汁浇铸在转子槽内，形成笼型，并同时把短路环、叶片铸成一个整体。大型电动机采用铜导条转子，如图 8-4（c）所示。

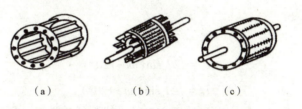

图 8-4　笼型转子

(a) 笼型转子；(b) 铸铝转子；(c) 铜导条转子

直流电动机的发展与应用

绕线型转子绕组与定子绕组相似，由嵌放在转子铁芯槽内的三相对称绕组构成，绕组为星形连接，3个绕组的尾端连接在一起，3个首端分别接在固定在转轴上且彼此绝缘的3个铜制滑环上，通过电刷与外电路的可变电阻器相连，用于起动或调速。由于绕线型异步电动机可以通过改变可变电阻器的阻值来增大起动转矩，实现平滑调速，所以它的起动性能、调速性能优于笼型异步电动机。但是由于绕线型异步电动机的结构比较复杂，成本较高，在运转过程中电刷与滑环接触面容易出现故障，所以应用不如笼型异步电动机广泛。绕线型转子和绕线型异步电动机外形如图 8-5 所示。

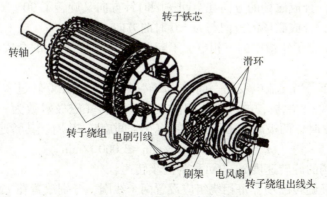

图 8-5　绕线型异步电动机

175

8.1.2 三相异步电动机的旋转磁场

三相异步电动机最简单的定子绕组的空间排列如图 8-6（a）所示。其中每相绕组由一个线圈组成，这 3 个线圈在空间彼此相隔 120°。8-6（b）为三相绕组做星形连接。

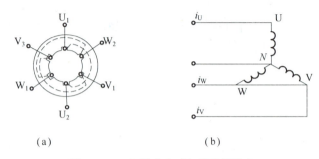

图 8-6　三相异步电动机的定子绕组
（a）定子绕组的空间排列；（b）星形连接

由于三相绕组是对称的，因此与三相对称电源接通后，定子绕组中便流过三相对称电流。其表达式分别为

$$i_U = \sqrt{2} I_p \sin\omega t$$
$$i_V = \sqrt{2} I_p \sin(\omega t - 120°) \qquad (8-1)$$
$$i_W = \sqrt{2} I_p \sin(\omega t + 120°)$$

其波形如图 8-7 所示，规定电流的正方向是由线圈的首端进，尾端出。

下面选择几个瞬时，来分析三相交变电流在定子腔所产生的合成磁场。

当 $\omega t = 0$ 时，$i_U = 0$，即 U 相绕组（$U_1 U_2$ 绕组）内没有电流，i_V 是负值，V 相绕组（$V_1 V_2$ 绕组）中的电流方向与正方向相反，此时电流由 V_2 流进，由 V_1 流出；i_W 是正值，W 相绕组（$W_1 W_2$ 绕组）内的电流方向与正方向相同，此时电流由 W_1 流进，由 W_2 流出。运用右手螺旋定则，可判定这一瞬间的合成磁场方向如图 8-7 所示。

当 $\omega t = 90°$ 时，i_U 是正值，电流由 U_1 流进，由 U_2 流出；i_V 是负值，电流由 V_2 流进，由 V_1 流出；i_W 是负值，电流由 W_2 流进，由 W_1 流出。由图可见，合成磁场的方向在空间按顺时针方向旋转了 90°。

当 $\omega t = 180°$ 时，合成磁场的方向在空间按顺时针方向继续旋转了 90°。

当 $\omega t = 270°$ 时，合成磁场的方向在空间按顺时针方向又旋转了 90°。

当 $\omega t = 360°$ 时，合成磁场的方向与 $\omega t = 0$ 时的方向一致。

由此可见，随着定子绕组中的三相电流不断地变化，它所产生的合成磁场也在空间不断地旋转。

由以上分析可知，当交流电变化一周时，旋转磁场在空间正好转过一周，所产生的旋转磁场由于只有一对 N、S 磁极，故称为三相两极旋转磁场（磁极对数为一对，$p = 1$）。当交流电的频率为 50 Hz 时，两极旋转磁场每秒钟将在空间旋转 50 周，其转速为

$$n_0 = 60 f_1 = 60 \times 50 \text{ r/min} = 3\,000 \text{ r/min}$$

式中，旋转磁场的旋转速度 n_0 也可称为同步转速。

要获得三相四极旋转磁场，每相绕组应设置两个线圈，分别放置在 12 个定子铁芯槽内，

其空间排列如图 8-8 所示。

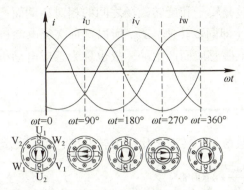
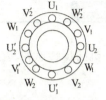

图 8-7 三相两极旋转磁场　　图 8-8 三相四极旋转磁场定子绕组的空间排列

图中各相绕组均分别由两只相隔 180°的线圈串联组成（如 U 相由线圈 U_1U_2 和 $U_1'U_2'$ 串联组成）。当三相交变电流通过这些线圈时，便能产生四极旋转磁场（两对磁极，$p=2$）。当交流电变化一周时，旋转磁场在空间转过 1/2 周。由此类推，当旋转磁场具有 p 对磁极时，交流电每变化一周，其旋转磁场就在空间转过 $1/p$ 周。因此，旋转磁场的转速 n_0 同定子绕组的电源频率 f_1 及磁极对数 p 之间的关系为

$$n_0 = \frac{60f_1}{p} \tag{8-2}$$

$f_1 = 50$ Hz 时的同步转速如表 8-1 所示。

表 8-1 $f_1 = 50$ Hz 时的同步转速

磁极对数 p	1	2	3	4	5
同步转速 $n_0/\text{r}\cdot\text{min}^{-1}$	3 000	1 500	1 000	750	600

另外，由图 8-7 可知，磁场旋转的旋转方向与通入定子绕组的电流相序一致。电流相序为 U-V-W 时，磁场的旋转方向由 U 相→V 相→W 相，即按顺时针方向旋转。如果欲使旋转磁场反转，只要把接在定子绕组上的 3 根电源线中的任意两根对调，从而改变通入三相绕组中的电流相序即可。

8.1.3 三相异步电动机的工作原理

如图 8-9 所示，当定子绕组接通三相电源后，定子绕组中便有三相交流电通过，并在定子腔内产生一旋转磁场。设旋转磁场按顺时针方向旋转，则静止的转子同旋转磁场间就有了相对运动，转子导条相当于以逆时针方向切割磁力线产生感应电动势。由于所有转子导条的两端分别被两个铜环连在一起，因而相互构成了闭合回路。故在感应电动势的作用下，转子导体中产生感应电流，其方向可由右手定则来判定。此电流与旋转磁场相互作用产生电磁力，电磁力的方向可根据左手定则判断。电磁力对转轴形成电磁转矩，其作用方向同旋转磁场的旋

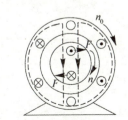

图 8-9 异步电动机的
工作原理

转方向一致,因此,转子就顺着旋转磁场的旋转方向而转动起来。如果旋转磁场反转,则转子的旋转方向也随之改变。由于转子的旋转是转子和旋转磁场之间的相对运动而产生的,因此转子的转速 n 永远小于旋转磁场的转速(即同步转速)n_0,所以这种交流电动机称作异步电动机。因为这种电动机的转子电流是由电磁感应而产生的,故也称为感应电动机。

8.1.4 转差率

异步电动机同步转速和转子转速的差值与同步转速之比称为转差率,用 s 表示,即

$$s = \frac{n_0 - n}{n_0} \times 100\% \tag{8-3}$$

转差率是分析异步电动机运行情况的一个重要参数,它能反映异步电动机的各种运行情况。例如当电动机起动时,转子转速 $n=0$,$s=1$,转差率最大;稳定运行时 s 很小,额定运行时的转差率 s 为 0.01~0.08,即正常运行时异步电动机的转速 n 很接近同步转速 n_0。空载时 s 在 0.005 以下;若转子的转速等于同步转速,即 $n=n_0$,则 $s=0$,这种情况称为理想空载状态,在电动机实际运行中是不存在的。异步电动机所带负载越大,转速越慢,转差率就越大;反之,负载越小,转速越快,转差率就越小。转差率直接反映了转子转速的快慢及电动机所带负载的大小。

8.2 三相异步电动机的电路分析

异步电动机工作时定子绕组和转子绕组与同一旋转磁通相交链,其工作原理与变压器非常相似,异步电动机的旋转磁通相当于变压器中的主磁通,其定子绕组和转子绕组相当于变压器的一次、二次绕组。三相异步电动机的每相电路图如图 8-10 所示,当定子绕组接上三相交流电源时,则有三相电流通过,此时电压为相电压,电流为相电流。定子三相电流与转子三相电流共同产生的旋转磁场,其磁通通过定子和转子铁芯而闭合。旋转磁场在转子每相绕组中感应出电动势 e_2(由此产生电流 i_2),在定子每相绕组中也要感应出电动势 e_1(由此产生电流 i_2);此外,还有漏磁通,在定子绕组和转子绕组中产生漏磁电动势 $e_{\sigma 1}$ 和 $e_{\sigma 2}$。定子和转子每相绕组的匝数分别为 N_1 和 N_2。

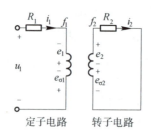

图 8-10 三相异步电动机的每相电路图

8.2.1 定子电路的电动势

定子每相电路的电压方程和变压器一次绕组电路相同，在忽略定子每相绕组漏磁电动势 $e_{\sigma1}$ 和电阻分压 i_1R_1 的情况下，其有效值与定子绕组所加电源电压相平衡。即

$$U_1 \approx E_1 = 4.44K_1N_1f_1\Phi \tag{8-4}$$

式中，K_1 为与定子结构有关的绕组系数，略小于1，可忽略不计；N_1 为每相定子绕组匝数；f_1 为电源频率，因为旋转磁场和定子间的同步转速为 n_0，则 $f_1 = \dfrac{pn_0}{60}$，即等于电源或定子电流的频率；Φ 为通过每相绕组的磁通最大值，在数值上等于旋转磁场的每极磁通。当外加电压不变时，定子电路的感应电动势基本不变，旋转磁场的每极磁通也基本不变。

8.2.2 转子电路频率及其电动势

因为旋转磁场和转子间的相对转速为 (n_0-n)，所以转子频率为

$$f_2 = \frac{p(n_0-n)}{60} = \frac{n_0-n}{n_0} \times \frac{pn_0}{60} = sf_1 \tag{8-5}$$

由此可见，转子频率 f_2 与转差率 s 有关，同时也与转速有关。电动机的起动瞬间即 $n=0$，$s=1$ 时，$f_2=f_1$，转子与旋转磁场的相对转速最大，转子导条被旋转磁通切割得最快。

转子绕组被旋转磁通切割，在忽略转子每相绕组漏磁电动势 $e_{\sigma2}$ 和电阻分压 i_2R_2 的情况下，其有效值产生感应电动势 e_2。其有效值为

$$E_2 = 4.44K_2N_2f_2\Phi = 4.44K_2N_2sf_1\Phi \tag{8-6}$$

式中，K_2 为与转子结构有关的绕组系数，略小于1，可忽略不计。

在 $n=0$，$s=1$ 时，转子电动势为

$$E_{20} = 4.44K_2N_2f_1\Phi \tag{8-7}$$

将式（8-7）代入式（8-6）则有

$$E_2 = 4.44K_2N_2sf_1\Phi = sE_{20} \tag{8-8}$$

由此可见，电动机起动时，转子电动势较高，$f_2=f_1=50\ \text{Hz}$；电动机在额定情况下运行时，由于 $s=0.01\sim0.08$，因此转子感应电动势的数值及频率都较低。

8.2.3 转子电路中的漏感抗

异步电动机和变压器一样也有漏磁现象。定子绕组的漏磁通 $\Phi_{\sigma1}$ 是指定子电流产生的磁通中极少量的不穿过转子铁芯，且不与转子绕组相交链，而沿定子铁芯经空气隙自行闭合的磁通，引起漏电感 $L_{\sigma1}$，其在定子绕组中产生漏磁电动势 $e_{\sigma1}$。同样，在转子绕组的周围也有极少量的磁通不穿过定子铁芯，且不与定子绕组相交链，而沿转子铁芯经空气隙自行闭合。这部分磁通称为转子绕组的漏磁通 $\Phi_{\sigma2}$，引起漏电感 $L_{\sigma2}$，其在转子绕组中产生漏磁电动势 $e_{\sigma2}$。其漏感抗为

$$X_{\sigma2} = 2\pi f_2 L_{\sigma2} = 2\pi sf_1 L_{\sigma2} \tag{8-9}$$

当 $n=0$，即 $s=1$ 时，转子感抗 $X_{\sigma 20}=2\pi f_1 L_{\sigma 2}$，其为转子绕组的最大漏感抗。
则
$$X_{\sigma 2}=sX_{\sigma 20}$$
由此可见，转子漏感抗与转差率 s 有关。

8.2.4 转子电路的电流和功率因数

转子绕组既有电阻 R_2，又有漏感抗 $X_{\sigma 2}$，因此转子电路的阻抗为
$$|Z_2|=\sqrt{R_2^2+(sX_{\sigma 20})^2} \tag{8-10}$$
转子绕组的电阻可认为是不变的，漏感抗随 s 的变化而变化，因此转子电路的电流为
$$I_2=\frac{E_2}{|Z_2|}=\frac{E_2}{\sqrt{R_2^2+(sX_{\sigma 20})^2}} \tag{8-11}$$
转子电路的功率因数为
$$\cos\varphi_2=\frac{R_2}{|Z_2|}=\frac{R_2}{\sqrt{R_2^2+(sX_{\sigma 20})^2}} \tag{8-12}$$
由此可见，转子电路的电流 I_2 随 s 的增大而增大，转子电路的功率因数 $\cos\varphi_2$ 随 s 的增大而减小。电动机转子静止时，$s=1$，此时转子电路的电流最大，转子电路的功率因数最低，为 $\cos\varphi_2$。

转子电路的电流 I_2 和功率因数 $\cos\varphi_2$ 与转差率 s 的关系如图 8-11 所示。

异步电动机中定子绕组的电流 I_1 是由转子电流 I_2 来决定的。在异步电动机中，能量以旋转磁通为媒介，由定子电路传递到转子。转子从旋转磁场中所获得的能量，除很小一部分转换为热损耗外，其余均转换为转子输出的机械能。

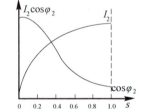

图 8-11 转子电流 I_2 和功率因数 $\cos\varphi_2$ 与转差率 s 的关系

8.3 三相异步电动机的机械特性

了解电动机的机械特性是选用和正确使用电动机的前提。

8.3.1 转矩公式

三相异步电动机的电磁转矩 T（以下简称转矩）是由旋转磁场的每极磁通 Φ 与转子电流 I_2 相互作用而产生的，但因转子电路是感性的，转子电流 I_2 比转子电动势 E_2 滞后 φ_2 角。转矩的物理表达式为
$$T=K_T\Phi I_2\cos\varphi_2 \tag{8-13}$$
式中 K_T 是一个与电动机结构有关的常数。在电源电压保持不变的情况下，旋转磁场的每极

磁通 Φ 保持不变，转矩除与 Φ 成正比外还与 $I_2\cos\varphi_2$ 成正比。

由式（8-4）、式（8-11）、式（8-12）得

$$\Phi \approx \frac{U_1}{4.44K_1N_1f_1}$$

$$I_2 = \frac{sE_{20}}{\sqrt{R_2^2+(sX_{\sigma 20})^2}} = \frac{s(4.44f_1N_2\Phi)}{\sqrt{R_2^2+(sX_{\sigma 20})^2}}$$

$$\cos\varphi_2 = \frac{R_2}{\sqrt{R_2^2+(sX_{\sigma 20})^2}}$$

将上面 3 个表达式代入转矩的一般表达式即式（8-13）中，可得三相异步电动机转矩公式的参数表示式为

$$T = K\frac{sR_2U_1^2}{R_2^2+(sX_{\sigma 20})^2} \tag{8-14}$$

式中，K 是常数。

由此可见，转矩 T 也与转差率 s 有关，并且与定子每相电压 U_1 的平方成正比。同时，转矩 T 还受到转子电阻 R_2 的影响。绕线型异步电动机就是通过改变转子电阻 R_2 从而改变电动机的电磁转矩的。

8.3.2 三相异步电动机的机械特性

三相异步电动机的机械特性是指电动机的转速 n 与转矩 T 之间的关系，即 $n=f(T)$。因为异步电动机的转速与转差率之间存在着一定的关系，所以其机械特性通常也用 $T=f(s)$ 表示。电源电压 U_1 和转子电阻 R_2 一定时，转矩与转差率的关系曲线 $T=f(s)$ 如图 8-12 所示。把 $T=f(s)$ 曲线中的 s 坐标换成转子的转速 n，并按顺时针方向旋转 90°，便可得到图 8-13 所示的三相异步电动机的转速 n 与转矩 T 关系曲线。通过研究三相异步电动机的转矩特性和机械特性，可以获得三相异步电动机的运行性能。在转矩特性和机械特性曲线上要讨论 3 个转矩。

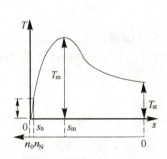
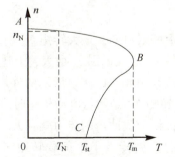

图 8-12　三相异步电动机 $T=f(s)$ 关系曲线　　图 8-13　三相异步电动机的 $n=f(T)$ 关系曲线

1. 额定转矩 T_N

在等速转动时，三相异步电动机的转矩 T 必须与阻转矩相平衡，阻转矩主要是机械负载转矩 T_L。此外，还包括空载损耗转矩 T_0。由于 T_0 很小，常可忽略，所以有

$$T = T_L + T_0 \approx T_L$$

而

$$\left.\begin{array}{r} T_L = \dfrac{P_L}{\Omega_L} \\ \Omega_L = \dfrac{2\pi n}{60} \end{array}\right\}$$

清洁能源的
开发与利用

推得

$$T \approx T_L = \dfrac{P_L}{\dfrac{2\pi n}{60}} = 9\,550\dfrac{P_L}{n} \tag{8-15}$$

式中 P_L 是三相异步电动机轴上输出的机械功率，单位为千瓦（kW）。Ω_L 为转子的机械角速度，单位为弧度每秒（rad/s），转速 n 的单位为转每分（r/min），转矩单位为牛·米（N·m）。

额定转矩 T_N 是指三相异步电动机在额定电压、额定负载下，轴上输出的转矩。它可从三相异步电动机铭牌上的额定功率（输出机械功率）和额定转速应用式（8-15）求得

$$T_N = 9\,550\dfrac{P_N}{n_N} \tag{8-15}$$

2. 临界转差率 s_m 和最大转矩 T_m

由图 8-12 所示的三相异步电动机的转矩曲线可以看出，当 s 较小时，转矩 T 随 s 的增大而增大，当 s 达到一定程度时，转矩 T 随 s 的增大而减小。中间的转折点对应转矩的最大值 T_m 即最大转矩，最大转矩又称为临界转矩。对应 T_m 的转差率称为临界转差率 s_m。取转矩的参数表达式，令 $\dfrac{\mathrm{d}T}{\mathrm{d}s}=0$，可求得产生最大转矩时的转差率 s_m 为

$$s_m = \dfrac{R_2}{X_{\sigma 20}} \tag{8-17}$$

将式（8-17）代入式（8-14）中，得最大转矩为

$$T_m = KU_1^2 \dfrac{1}{2X_{20}} \tag{8-18}$$

由以上两式可知，最大转矩 T_m 与 U_1^2 成正比，与转子电阻 R_2 的大小无关，而 s_m 与 R_2 有关，若使 R_2 增大，则 s_m 增大，上述关系表示在图 8-14（a）所示的转子电阻不同时的转矩特性曲线和图 8-14（b）所示的外加电压对机械特性的影响曲线中。

最大转矩 T_m 是衡量电动机短时过载能力的一个重要技术指标。最大转矩 T_m 越大，电动机承受机械荷载冲击的能力就越大。如果电动机在带负载运行中发生了短时过载现象，则当电动机的最大转矩小于负载转矩时，电动机的转速会急剧下降，直至停转，发生所谓"闷车"现象。闷车后，电动机的电流马上升高 6~7 倍，电动机严重过热，以致烧毁。异步电动机要求具有一定的过载能力。通常用最大转矩 T_m 与额定转矩 T_N 的比值来描述异步电动机的过载能力，过载系数用 λ 表示，即

$$\lambda = \dfrac{T_m}{T_N} \tag{8-19}$$

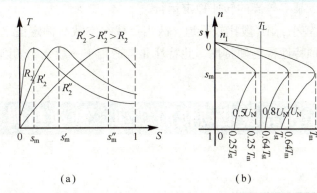

图 8-14 转子电阻不同时的转矩特性曲线和外加电压对机械特性的影响

一般异步电动机的过载系数都在 1.8~2.2。在选用电动机时，必须考虑可能出现的最大负载转矩，而后根据所选电动机的过载系数算出电动机的最大转矩，它必须大于最大负载转矩。

3. 起动转矩 T_{st}

起动转矩也是衡量电动机起动性能的重要技术指标之一。电动机刚起动（$n=0$，$s=1$）时的转矩称为起动转矩。将 $s=1$ 代入式（8-14）即得

$$T_{st} = K \frac{R_2 U_1^2}{R_2^2 + X_{20}^2} \tag{8-20}$$

T_{st} 与 U_1^2 和 R_2 有关。当电源电压 U_1 降低时，起动转矩会减小；当转子电阻适当增大时，起动转矩会增大。起动转矩越大，电动机加速度越大，起动过程越短，说明其起动性能越好；反之，起动转矩小，起动困难，起动时间长，很容易使电动机绕组过热，甚至无法起动，这说明电动机的起动性能差。国家规定电动机的起动转矩不能小于一定的范围。一般异步电动机的起动能力通常用起动转矩与额定转矩的比值来表示，称为起动系数 λ_{st}，即

$$\lambda_{st} = \frac{T_{st}}{T_N} \tag{8-21}$$

一般笼型异步电动机的起动系数为 0.8~2.2，绕线型异步电动机由于转子可以外接起动电阻器，从而可以增大起动转矩，提高起动性能。

电动机起动时，只要起动转矩 T_{st} 大于负载转矩 T_L，电动机便能起动起来，随着转子转速 n 的逐渐升高，转矩 T 逐渐增大，很快越过最大转矩 T_m；然后随着转子转速 n 的升高，转矩 T 又逐渐减小，直到转矩 T 等于负载转矩 T_L，电动机便以某一转速稳定运行。由此可见，电动机只要起动起来，就工作在机械特性曲线的 AB 区域（见图 8-13）。AB 区域称为稳定运行区，BC 区域称为不稳定运行区。

当电动机工作在稳定运行区上某一工作点时，$T=T_L$，电动机稳速运转。若负载变化导致负载转矩 T_L 变化，则转矩 T 将随之发生相应的变化。如果负载增大，则负载转矩 T_L 增大，由于这一瞬时转子转速 n 不能发生突变，因此转矩 T 小于负载转矩 T_L，转速 n 下降，转差率 s 增大，工作点沿机械特性曲线下移，转矩 T 自动增大。当转矩 T 增大到等于负载转矩 T_L 时，电动机便以某一较低的转速稳定运行。同理，若负载减小，工作点将沿机械特性

曲线上移，电动机又能以某一较高的转速稳定运行。

由于临界转差率 s_m 较小，AB 段比较平坦，故当负载在空载与额定值之间变化时，电动机的转速变化不大，这种特性称为硬特性。此特性非常适用于一般金属切削机床。

8.4 三相异步电动机的起动、制动和调速

8.4.1 三相异步电动机的起动

1. 起动性能

当定子绕组接通三相电源后，电动机开始起动。电动机的起动是指电动机的转子由静止状态加速到稳定运行状态的过程。电动机的起动过程非常短暂，一般小型电动机的起动时间在几秒以内，大型电动机的起动时间约为十几秒到几十秒。电动机在起动瞬间，由于旋转磁场对静止的转子有着很大的相对速度，磁通切割转子导线的速度很快，这时转子绕组中的感应电动势最大，转子电流最大，定子电流也同时达到最大。一般中、小型笼型电动机的定子起动电流（线电流）与额定电流之比为 5~7。

由于起动时间短，只要不是频繁起动，故起动电流对电动机本身一般不会造成大的危害，从发热角度考虑没有问题；并且一经起动后，转速很快升高，电流便很快减小了。但当起动频繁时，由于热量的积累，可使电动机过热。因此，在实际操作时应尽可能不让电动机频繁起动。

过大的起动电流在短时间内会使电源内部及供电线上造成较大的电压降落，从而使负载端电压降低，影响接在同一电路上的其他负载的正常工作。

在刚起动时虽然转子电流较大，但转子的功率因数 $\cos\varphi_2$ 很低，由式（8-3-1）可知起动转矩实际上不大，它与额定转矩之比为 1.0~2.2。若起动转矩过小，则不能满载起动，应设法提高。但起动转矩过大会使传动机构受到冲击而损坏，又应设法减小。

综上所述，异步电动机起动时应减小起动电流并保证有足够的起动转矩。

2. 笼型异步电动机的起动方法

1) 直接起动

直接起动也称全压起动。这是一种利用开关将电动机直接接到额定电压上的起动方式。直接起动是一种最简单的起动方法，其起动设备简单、操作方便，只要电网的容量允许，应尽量采用直接起动方式。但由于笼型异步电动机直接起动时，起动电流大，而起动转矩却不大，起动性能不理想，因此直接起动一般适用于小容量电动机。一般容量在 10 kW 以下，并且小于供电变压器容量 20% 的电动机可直接起动。一台电动机能否直接起动，还可用下列经验公式来确定，即

$$\frac{直接起动的起动电流(\text{A})}{电动机额定电流(\text{A})} \leq \frac{3}{4} + \frac{电网容量(\text{kVA})}{4\times电动机容量(\text{kW})} \qquad (8-22)$$

若满足公式要求，则电动机可直接起动，否则应采用降压起动方式。

2）降压起动

如果电动机直接起动时引起的电路电压降较大，则必须采用降压起动，就是指借助起动设备将电源电压适当降低后加在定子绕组上进行起动，待电动机转速升高到接近额定转速时，再使电压恢复到额定值，保证电动机在额定电压下稳定工作。降压起动的主要目的是减小起动电流，避免起动瞬间电网电压的显著下降。由于转矩与定子电压的平方成正比，因此降压起动时的起动转矩将大大减小，一般只适用于电动机空载或轻载起动，起动完毕后再加上机械负载即可正常工作。

（1）星形-三角形（Y-△）降压起动。

Y-△降压起动是指在起动时将电动机定子绕组连接成星形，再通电运转，当转速升高到接近额定转速时再换成三角形连接的起动方式。其适用于正常运行时定子绕组做三角形连接的电动机。这样，在起动时就把定子每相绕组上的电压降到正常工作电压的$\frac{1}{\sqrt{3}}$。图 8-15（a）为定子绕组的星形连接，图 8-15（b）为定子绕组的三角形连接。

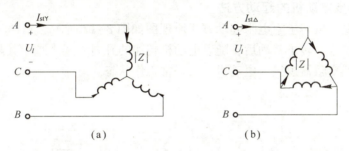

图 8-15 定子绕组的星形连接和三角形连接
(a) Y 连接；(b) △连接

Z 为起动时每相绕组的等效阻抗，设电动机额定电压为线电压 U_l，星形连接时的起动电流为 I_{stY}，起动转矩为 T_{stY}，三角形连接接时的起动电流为 $I_{st\triangle}$，起动转矩为 $T_{st\triangle}$，则有

$$\frac{I_{stY}}{I_{st\triangle}} = \frac{\frac{U_l}{\sqrt{3}|Z|}}{\frac{U_l}{|Z|}} = \frac{1}{3} \tag{8-23}$$

由于转矩和电压的平方成正比，则

$$\frac{T_{stY}}{T_{st\triangle}} = \left(\frac{U_l/\sqrt{3}}{U_l}\right)^2 = \frac{1}{3} \tag{8-24}$$

由此可见，Y-△降压起动时的起动电流、起动转矩均为全压起动时的$\frac{1}{3}$。这种起动方式起动设备简单、操作方便、工作可靠、应用广泛。Y 系列异步电动机容量在 4 kW 及其以上的均设计成三角形连接。

（2）自耦变压器降压起动。

自耦变压器降压起动是利用三相自耦变压器将电动机在起动过程中的端电压降低，以达到减小起动电流的目的，其原理图如图 8-16 所示。

六刀双掷转换开关用来控制变压器接入或脱离电路。起动时把 Q 扳向"起动"侧，这时三相交流电源接入自耦变压器的一次绕组,电动机的定子绕组则接到自耦变压器的二次绕组,电动机低压起动。待电动机转速升高后,把 Q 迅速扳向"运行"侧,断开自耦变压器,电动机全压运行。自耦变压器备有 40%、60%、80%等多种抽头,使用时可根据电动机起动转矩的要求具体选择。设自耦变压器的变压比为 k,则降压起动时,电动机定子电压为直接起动时的 $\dfrac{1}{k}$,定子电流也为直接起动时的 $\dfrac{1}{k}$,则变压器一次电流降为直接起动时的 $\dfrac{1}{k^2}$。由于电磁转矩与外加电压的平方成正比,故起动转矩也降低为直接起动时的 $\dfrac{1}{k^2}$。自耦变压器降压起动适用于容量较大的、不能用 Y-△降压起动的异步电动机。

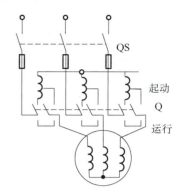

图 8-16 自耦降压起动原理图

3. 绕线型异步电动机的起动方法

绕线型异步电动机转子串电阻起动方式原理图如图 8-17 所示。起动时将可调起动变阻器调在阻值最大位置,转子转动后,随着电动机转速的升高,逐步减小其阻值,当电动机接近额定转速时,把变阻器短接,电动机进入正常工作状态。

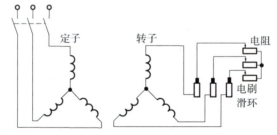

图 8-17 绕线型异步电动机转子串电阻起动方式原理图

为避免电刷与集电环间的摩擦损耗,容量较大的电动机设有集电环直接短路和举刷装置。绕线型异步电动机转子串接变阻器的作用:①使转子电路的电阻增加,转子绕组的电流减小,因而定子绕组的起动电流也减小;②适当选择起动变阻器的阻值,可使起动转矩增大。由此可见,绕线型异步电动机的起动性能优于笼型异步电动机。因此,其常被用于有较大起动转矩的生产机械上。

8.4.2 三相异步电动机的制动

当电动机与电源断开后,由于转子及拖动系统的惯性作用,电动机仍继续转动,要经过一段时间之后才能停转,这对某些生产机械是允许的。例如,常用的砂轮机、风机这些停电后不加强制的停转称为自由停车。但在某些生产机械上为了提高生产率,要求电动机能迅速停转,为此需要对电动机进行制动。电动机的制动,就是要产生一个与转动方向相反的制动转矩。异步电动机的制动方法有 3 种:反接制动、能耗制动和回馈制动。

1. 反接制动

当异步电动机转子的旋转方向和定子旋转磁场的旋转方向相反时，电动机所处的状态称为反接制动状态。借助定子两相电源反接使定子旋转磁场的方向改变，这种制动方式叫作电源两相反接的反接制动。

电源两相反接的反接制动是指当电动机停车时将三相电源中的任意两相对调，使旋转磁场反向旋转，转子感应电动势及转子电流的方向都随之而改变，此时转子所产生的转矩的方向与转子的旋转方向相反，故为制动转矩。在制动转矩的作用下，电动机的转速能迅速下降到零。当电动机的转速接近于 0 时，应立即切断电源，以免电动机反向旋转。电动机反接制动的接线图如图 8-18（a）所示，原理图如图 8-18（b）所示。

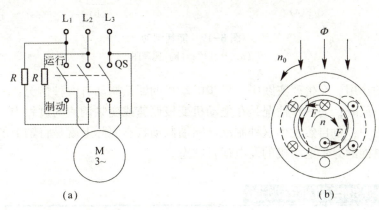

图 8-18　电源两相反接的反接制动
(a) 接线图；(b) 原理图

反接制动的特点是电路简单、制动效果好，但由于反接时旋转磁场与转子间的相对运动加快，因而电流较大。对于容量较大的电动机制动时必须在定子电路（鼠笼式）或转子电路（绕线式）中接入限制电阻。

2. 能耗制动

能耗制动是指制动时切断定子绕组三相电源后迅速接通直流电源，从而在定子腔内产生固定磁场。转子因惯性继续按原方向旋转并切割该固定磁场，产生感应电动势和感应电流。感应电流和固定磁场相互作用，产生的转矩方向与电动机转子旋转方向相反，转矩为制动转矩，电动机能耗制动的接线图如图 8-19（a）所示，原理图如图 8-19（b）所示。

在制动转矩的作用下，电动机将迅速停转。通过调节电阻 R_P 的阻值，可控制制动转矩的大小。电动机制动时，转子的动能转变为电能消耗在转子回路的电阻上，故称为能耗制动。能耗制动的优点是制动平稳、无冲击、能准确停车；缺点是需要直流电源、低速时制动转矩小。

3. 回馈制动

若异步电动机在电动状态运行时，由于某种原因，使电动机的转速超过了旋转磁场的转速时，转矩的方向与转子的运动方向相反，此时转矩为制动转矩，电动机所处的状态称为回馈制动（发电反馈制动）状态。

当转子转速 n 大于旋转磁场的转速 n_0 时，由于有电能从电动机的定子返回给电源，实际上这时电动机已经转入发电机运行状态。若使电动机转子的转速超过同步转速，则转子必

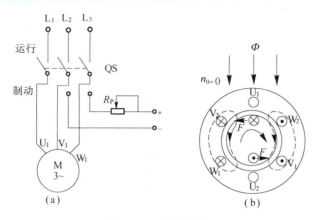

图 8-19 能耗制动
（a）接线图；（b）原理图

须受到外力矩的作用。在生产实践中，异步电动机的回馈制动有两种情况：一种情况出现在位能性负载的下放时；另一种情况是在电动机变极调速或变频调速的过程中，电动机从高速调到低速的过程中，也自然发生这种制动。回馈制动状态实际上就是将轴上的机械能转变成电能并回馈到电网的异步电动机的发电运行状态。

8.4.3　三相异步电动机的调速

调速是指在同一负载下，人为改变电动机的转速，以满足生产过程的要求。调速和本章之前讨论的电动机变速不同，变速是指当电动机的机械负载改变时，电动机能自动改变其转速，调节其输出转矩以适应负载的改变，最后达到新的运行稳态。由于异步电动机具有硬的机械特性，因此从空载到满载，其转速变化并不大。由上述可知，调速是负载不变、人工改变电动机转速；而变速是负载改变、电动机随之自动改变转速。根据电动机的转速公式，即

$$n = n_0(1-s) = \frac{60f_1}{p}(1-s) \tag{8-25}$$

可知异步电动机的转速可通过改变绕组的磁极对数 p、定子绕组的电源频率 f_1 或转差率 s 等方法来调节。

1. 变极调速

因为定子绕组的磁极对数 p 只能成对改变，所以只能进行速度挡数不多的有级调速；而所谓无级调速是指电动机的转速能连续、平滑地调节。电动机的磁极对数 p 由定子绕组的放置和连接方法决定，因此可以采用改变每相绕组的连接方法来改变磁极对数。图 8-20 为双速电动机定子 U 相绕组的两种接法。U 相绕组由两个相同的部分组成，这两部分可以串联成图 8-20（a）所示，得出 $p=2$；也可以并联（头尾相连）成图 8-20（b）所示，得出 $p=1$。双速电动机在机床上用得较多，如某些镗床、磨床和铣床等。

2. 变频调速

通过调节电源频率 f_1，使同步转速 n_0 与 f_1 成正比例变化，从而实现对电动机进行平滑、宽范围、高精度的无级调速，这是性能最好的调速方法。但因工频固定为 50 Hz，所以要改变频率主要采用如图 8-21 所示的交-直-交变频调速装置，它主要由整流器和逆变器两大部

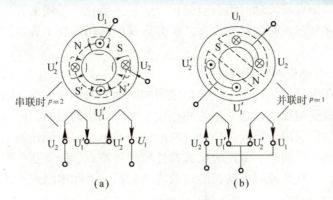

图 8-20 变极调速原理图

(a) 串联;(b) 并联

分组成,整流器先将 50 Hz 的工频三相交流电变换为直流电,再由逆变器变换为电源频率 f_1 可调、电压有效值 U_1 也可调的三相交流电,而后对异步电动机的定子绕组进行供电。

调速时希望旋转磁场的磁通量 φ_m 能基本保持不变,以保证电动机的励磁电流、功率因数不变。由于 $U_1 \propto 4.44 f_1 N_1 \varphi_m$,可见若想保持 φ_m 不变,当改变 f_1 时,必须同时改变电源电压 U_1,使 $\dfrac{U_1}{f_1}$ 保持不变。

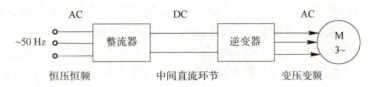

图 8-21 交-直-交变频调速装置

变频调速的优点是调速范围宽,能实现大范围的无级调速;缺点是设备较复杂,价格较贵。近年来,随着电力电子技术的发展,变频器的价格不断下降,其调速性能和可靠性不断提高,交流异步电动机的变频调速已经打破了过去直流拖动在调速领域中的统治地位。

3. 变转差率调速

异步电动机的变转差率调速包括改变外加电源电压调速、绕线型异步电动机的转子串接电阻调速和绕线型异步电动机的串级调速等。

1) 改变外加电源电压调速(调压调速)

当外加电源电压降低时,电动机的同步转速 n_0 和临界转差率 s_m 均不变,由于 $T \propto U_1^2$,故电动机的最大电磁转矩和起动转矩均随着电压按平方关系减小。对于恒转矩负载,其调速范围很小,调速不灵敏;对于负载转矩与转速平方成正比的机械负载,如通风机、水泵等,可以获得较大的调速范围,调速性能好。异步电动机的调压调速通常应用在专门设计的具有较大转子电阻的高转差率异步电动机上。

2) 绕线型异步电动机的转子串接电阻调速

在绕线式电动机的转子电路中,接入一调速变阻器(和起动变阻器一样接入),便可用来实现调速。这种调速方法的优点是设备简单、易于实现,能在一定范围内平滑地调节绕线式电动机的转速;缺点是变阻器要消耗大量的电能,不太经济,低速时运行效率降低,机械特性变软，当负载转矩有所波动时将会引起较大的转速变化。绕线型异步电动机转子串接电阻的调速方法常用在如起重机的提升设备、矿井运输中所用的绞车等对调速性能要求不高的恒转矩负载上。

3) 绕线型异步电动机的串级调速

串级调速是指在电动机的转子电路中串接附加电动势的调速方法。附加电动势与转子电动势同频率，通过改变附加电动势的幅值和相位，实现调速的目的，同时还可把原来消耗在附加电阻上的能量加以利用，从而提高电动机的运行效率。串级调速的调速性能比较好，具有运行效率高、无级平滑调速、低速时机械特性较硬等特点。但其获得附加电动势的装置比较复杂，成本较高，且在低速时电动机的过载能力较低，因此串级调速适用于调速范围不太大的场合。

8.5 三相异步电动机的铭牌数据及选用

8.5.1 铭牌

在异步电动机的铭牌上，标有电动机的重要参数。选用异步电动机时，必须首先了解它的铭牌。每台电动机上都装有图 8-22 所示的一块铭牌，上面标注了电动机的额定值和一些基本技术数据，额定值是制造厂对电动机在额定工作条件下所规定的量值。电动机按铭牌上所规定的额定值和工作条件运行，称为额定运行。铭牌上的额定值及有关技术数据是正确选择、使用和检修电动机的依据。

图 8-22 异步电动机的铭牌

1. 型号

异步电动机的型号主要包括产品代号、设计序号、规格代号和特殊环境代号等。产品代号表示电动机的类型，用大写印刷体的汉语拼音字母表示；设计序号指电动机产品设计的顺序，用阿拉伯数字表示；规格代号是用机座中心高度、铁芯外径、机座号、机座长度、铁芯长度、功率、转速或磁极数表示，如图 8-23 所示。

异步电动机产品系列如表 8-2 所示。

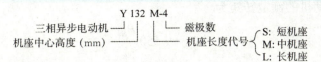

图 8-23 异步电动机的型号

表 8-2 异步电动机产品系列

产品代号		汉字意义	产品名称
新	旧		
Y	J、JO	异	异步电动机
YR	JR、JRO	异绕	绕线型异步电动机
YD	JD、JDO	异多	变极多速异步电动机
YQ	JQ	异起	高起动转矩异步电动机
YB	JB	异爆	防爆式笼型异步电动机
YZ	JZ	异起重	起重、冶金用异步电动机

2. 额定频率

额定频率指加在定子绕组上额定电压的频率，国产异步电动机的额定频率为 50 Hz。

3. 额定电压

额定电压为额定运行时定子绕组端应加的线电压有效值，单位为 V 或 kV。Y 系列三相异步电动机的额定电压统一为 380 V。

4. 接法

这是指定子三相绕组的连接方法。一般笼型电动机的接线盒中有 6 根引出线，U_1、V_1、W_1 表示三相绕组的始端；U_2、V_2、W_2 表示三相绕组的末端；而 U_1U_2、V_1V_2、W_1W_2 分别表示第一、二、三相绕组的两端。此 6 根引出线端在接电源之前，相互间需正确连接，方法有 Y 连接，如图 8-24（a）所示；△连接，如图 8-24（b）所示。Y 系列三相异步电动机规定额定功率在 3 kW 及以下的为 Y 连接，4 kW 及以上的为 △ 连接。有的电动机铭牌上标有两种电压值，如 $\frac{380\ \text{V}}{220\ \text{V}}$，同时应标有两种电流值及 Y/D 两种接法。

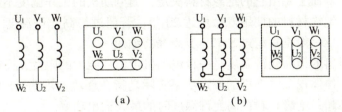

图 8-24 三相定子绕组的接法

(a) Y 连接；(b) △连接

5. 额定功率

额定功率指在额定运行时，电动机轴上输出的机械功率，单位为 kW。根据电动机的额

定功率，可求出电动机的额定转矩为

$$T_N = 9\,550 \frac{P_N}{n_N} \tag{8-26}$$

式中，n_N 单位为 r/min。

对于三相异步电动机，其额定功率为

$$P_N = \sqrt{3}\,U_N I_N \eta_N \cos\varphi_N \times 10^{-3} \tag{8-27}$$

式中，η_N 为额定效率；$\cos\varphi_N$ 为额定功率因数。

对于 380 V 的低压异步电动机，其 η_N 和 $\cos\varphi_N$ 的乘积大致为 0.8，代入式(8-27)可得

$$I_N \approx 2P_N \tag{8-28}$$

式中，P_N 单位为 kW，I_N 单位为 A，由此可估算其额定电流（约 1 kW，2 A）。

6. 额定电流

额定电流指电动机轴上输出额定功率时，电动机定子绕组中的线电流值，单位为 A 或 kA。

7. 额定转速

额定转速指额定运行时电动机的转速，单位为 r/min。

8. 额定效率

额定效率指电动机在额定负载时的效率，等于额定状态下输出功率与输入功率之比，即

$$\eta_N = \frac{P_N}{P_1} \tag{8-29}$$

9. 绝缘等级

绝缘等级指电动机定子绕组所用的绝缘材料的等级。电动机所允许的最高工作温度与所选用绝缘材料的等级有关，如表 8-3 所示。目前一般电动机采用较多的是 B 级和 E 级绝缘，发展趋势是采用 F 级和 H 级绝缘，目的是可以在一定的输出功率下，减轻电动机的重量、缩小电动机的体积。

表 8-3 绝缘等级

绝缘等级	Y	A	E	B	F	H	C
最高允许温度/℃	90	105	120	130	155	180	>180

电动机的使用寿命主要由它的绝缘材料决定，当电动机的工作温度不超过其绝缘材料的最高允许温度时，绝缘材料的使用寿命可达 20 年；若超过最高允许温度，则绝缘材料的使用寿命将大大缩短，一般是每超过 8 ℃，其寿命将缩短一半。

因此，绝缘材料的最高允许温度是一台电动机带负载能力的限度，而电动机的额定功率正是这个限度的具体体现。电动机的额定功率实际是指在环境温度为 40 ℃、电动机长期连续工作，其温度不超过绝缘材料最高允许温度时的最大输出功率。

10. 防护等级

电动机外壳防护等级的标志，是以字母"IP"和其后面的两位数字表示的。IP 为"国际防护"英文的缩写。IP 后面第一位数字代表第一种防护型式（防尘）的等级，分 0~6 共 7 个等级，指防止人体接触电动机内的带电或转动部分和防止固体异物进入电动机内部的防护等级；第二个数字代表第二种防护型式（防水）的等级，分 0~8 共 9 个等级，指防止水

进入电动机内部程度的防护等级。数字越大，表示电动机防护的能力越强。

11. 工作方式

工作方式是说明电动机能承受负载的情况。电动机工作时，其温升的高低不仅与负载的大小有关，而且还与负载的持续时间有关。同一台电动机，如果工作时间的长短不同，则它能够承担负载功率的大小也不同。为了适应不同负载的需要，按负载持续时间的不同，国家标准把电动机分成了 3 种工作方式或 3 种工作制，用 S_1、S_2、S_3 来表示。

S_1：表示连续工作制（长期工作制）。允许电动机在额定情况下连续长期运行，其连续工作时间可达几小时或几十小时，其温升可以达到稳定值。属于此类工作制的生产机械有水泵、通风机、造纸机和纺织机等。

S_2：表示短时工作制。其指电动机工作时间短而停车时间长的工作方式。在工作时间内，温升达不到稳定值，停机时电动机的温度足以降至周围环境的温度，即温升降至 0。我国短时工作制电动机的标准工作时间有 15 min、30 min、60 min、90 min 4 种。属于此类工作制的生产机械有水闸闸门、吊车、车床的夹紧装置等。

S_3：表示断续周期工作制，又叫重复短时工作制。其是指电动机运行与停车交替的工作方式。电动机按一系列相同的工作周期运行，按国家标准规定，每个工作周期为 10 min。在一个周期内，工作时温升达不到稳定值，停歇时温升也降不到零。工作时间与工作周期之比称为负载持续率，也称为暂载率。我国规定的标准负载持续率有 15%、25%、40%、60% 4 种。属于此类工作制的生产机械有起重机、电梯和某些自动机床的工作机构等。

12. 功率因数

电动机的额定功率因数 $\cos\varphi_N$，是指电动机输出额定功率时，定子绕组的相电压与相电流之间相位差的余弦。异步电动机空载时定子电路就相当于一个交流铁芯线圈，故异步电动机空载时的功率因数很低，其值为 0.2~0.3。当电动机输出的机械功率增大时，电动机从电源处取用的有功功率增大，定子电流的有功分量增大，定子电路的功率因数提高。在接近满载时，定子电路的功率因数最高，一般为 0.7~0.9。

13. 其他

铭牌上的参数还有噪声等级，标注为 LW，单位 dB；电动机的重量等。

8.5.2 三相异步电动机的选用

三相异步电动机的选用主要是指电动机的额定功率、额定电压、额定转速、种类及型式等项目的选择。选择电动机应根据生产机械负载的要求，以经济、使用、合理、安全为原则。

1. 额定功率的选用

电动机容量的选择是非常重要的。如果功率选得过大，则电动机的容量得不到充分利用；反之，如果容量选得过小，将会引起电动机过载运行，使电动机温升超过允许值，缩短电动机的使用寿命。电动机容量选得过大或过小都是不经济的。电动机容量的选择，要根据电动机的发热情况来决定。电动机发热限度受电动机使用的绝缘材料决定；电动机发热程度由负载大小和工作时间长短决定。体积相同的电动机，其绝缘等级越高，允许输出的容量越大；负载越大、工作时间越长，电动机发热量越多。因此电动机容量的选择要根据负载大小和工作制的不同来综合考虑。

1) 连续工作制电动机容量的选择

连续工作制的负载，按其大小是否变化可分为恒定负载和变化负载两类。恒定负载下，电动机的容量选择等于或略大于负载容量即可，不需要进行发热校验，即

$$P_N = \frac{P_L}{\eta_1 \eta_2} \tag{8-30}$$

式中，P_N 为电动机容量；P_L 为负载容量；η_1 为生产机械本身的效率；η_2 为电动机与生产机械之间的传动效率。

变化负载（如自动车床在加工各道工序时，其主轴电动机的负载）下电动机的容量应选在最大负载与最小负载之间。因为如果按最大负载容量选择，则电动机就不能得到充分利用；如果按最小负载容量选择，则电动机必将过载，其温升将超过允许值。

2) 短时工作制电动机容量的选择

机床中的夹紧电动机、尾座和横梁移动电动机以及刀架快速移动电动机等都是短时工作制电动机的例子。专门设计制造的电动机的容量是和一定的持续时间相对应的，每一种有不同的功率和转速，因此在选择时可以按生产机械的功率、工作时间及转速的要求，由产品目录中直接选用不同规格的电动机。如果电动机实际的工作持续时间超过 90 min，应选用连续工作制电动机；如果电动机实际的工作持续时间比 10 min 短得多，可选用断续周期工作制电动机，也可选用短时工作制电动机，但这时电动机的容量可以是生产机械要求容量的 $1/\lambda$ 倍，λ 是电动机的过载系数。计算公式为

$$P_N = \frac{P_L}{\lambda \eta_1 \eta_2} \tag{8-31}$$

3) 断续周期工作制电动机容量的选择

可以根据生产机械的负载持续率、功率及转速，从产品目录中直接选择合适的断续周期工作制电动机。当生产机械的负载持续率 $FC_X\%$ 与标准负载持续率 $FC\%$ 相差较大时，可通过下列公式进行换算，即

$$P_N = P_X \sqrt{\frac{FC_X\%}{FC\%}} \tag{8-32}$$

式中 P_X 为实际负载功率。根据标准负载持续率 $FC\%$ 和 P_N 即可选择合适的电动机。

2. 额定电压的选用

电动机的额定电压应根据使用场所的电源电压和电动机的功率来决定。我国一般标准是交流电压为 380 V，直流电压为 220 V。一般三相交流电动机都选用额定电压为 380 V，单相交流电动机都选用额定电压为 220 V。所需功率大于 100 kW 的电动机，通常设计成高压电动机，如额定电压为 3 kV、6 kV 或 10 kV 等。

3. 额定转速的选用

电动机是用来拖动生产机械的，而生产机械的转速一般是由生产工艺的要求所决定的。由于转速高的电动机体积小、价格低；转速低的电动机体积大、价格高，因此电动机额定转速的选择关系到电力拖动系统的经济性和生产机械的效率问题，选择时必须全面考虑电动机和传动机构各方面的因素。通常采用较多的是四极电动机（同步转速为 1 500 r/min）。

4. 电动机种类及型式的选用

电动机种类选择主要根据生产机械对电动机调速性能、起动性能等方面的要求来考虑。

三相异步电动机有笼型和绕线型两种类型。笼型异步电动机结构简单、工作可靠、价格低廉、维护方便，在无特殊调速要求的场合应尽可能采用三相笼型异步电动机。例如在水泵、通风机、运输机，以及机床的辅助运动机构上，大多采用三相笼型异步电动机。要求有级调速的设备，如某些机床，可选用笼型多速异步电动机。绕线型异步电动机的起动性能较好，起动转矩大且起动电流小，并可在一定范围内实现平滑调速，但由于其结构复杂、价格较高，只有在某些不能采用笼型异步电动机的场合，如起重机、卷扬机、锻压机等，才采用绕线型异步电动机。对于要求调速范围宽、调速平滑性较高的场合，可采用交流变频调速电动机或直流电动机。在只有单相交流电源或需要较小功率的场合，如家用电器和医疗器械等，可采用单相异步电动机，其中分相式电动机能够正反转，罩极式电动机只能单方向转动。

另外由于各种生产机械的种类繁多、工作环境差异很大，电动机与工作机械的结合方式也不尽相同，因此有必要确定电动机的结构形式，表8-4给出了几种结构形式的特点和使用场合。

表8-4 电动机几种结构形式的特点和使用场合

结构形式	结构特点	适用场合
开启式	电动机旋转部分和带电部分与外界没有任何遮掩，通风散热条件好，但不够安全	环境干燥、清洁、无易爆、易爆气体的地方
防护式	电动机外壳有通气孔，旋转部分与带电部分具有一般保护，能防止铁屑、砂粒、水滴等其他杂物从电机上方或沿垂直方向成45°角以内落入机壳内，但不防尘、防潮，通风散热良好	灰尘不多，比较干燥的地方
封闭式	电动机定子、转子用机壳封闭起来，与外部隔离，可防止灰尘杂物从任何方向侵入机内，但散热条件差，为改善散热条件，外壳附有散热片	潮湿、水液飞溅、尘土飞扬的场所
防爆式	电动机外壳和接线端全部密闭，能承受内部爆炸的压力，不会让火花窜到壳外，能防止外部易燃、易爆体侵入机内	石油、化工、煤矿或有爆炸性气体的地方

8.6 其他电机的简介

控制电机主要作用是在自动化控制系统中作为检测、执行、解算元件。控制电机大多数是微电机，与普通旋转电机的区别在于：普通旋转电机的主要任务是进行机电能量转换，一般作为动力元件使用；控制电机主要任务是完成控制信号的传递和转换，而能量转换是次要的，对其要求是运行可靠、动作迅速、准确性高。

8.6.1 直流测速发电机

直流测速发电机是一种测速元件，它将转速转换为直流电压信号输出。直流发电机按励磁结构分为电磁式直流发电机和永磁式直流发电机两种，其工作原理与直流发电机相同。

对直流测速发电机的主要要求有以下 3 点：

（1）输出电压要严格地与转速成正比，并且不受温度等外界条件变化的影响；

（2）在一定的转速下，输出电压要尽可能大；

（3）不灵敏区要小。

实际的直流测速发电机并不是工作在理想情况下，当转速很低时，将出现很小的"无输出信号区"，由于电枢反应、温度变化、电刷接触等因素的影响，其输出电压与转速可能会失去线性关系。

8.6.2 伺服电动机

伺服电动机在自动控制系统中是作为将输入电压信号变换成转轴角位移或角速度输出的执行元件使用的，因此又称为执行电动机。对伺服电动机的要求有以下 3 点：

（1）具有可控性，即施加控制信号时，电动机便有转矩输出，信号消失时，转矩立即变为零；

（2）具有线性的机械特性和控制特性；

（3）能快速响应。

根据其使用的电源不同，伺服电动机可分直流伺服电动机和交流伺服电动机两大类。

1. 直流伺服电动机

直流伺服电动机的结构与他励直流电动机类似，但其容量小，从几瓦到几百瓦不等。直流伺服电动机的控制方式主要是电枢控制，即把励磁绕组接到恒定电源电压上，在电枢绕组两端加控制电压，加上控制电压时伺服电动机立即旋转，去掉控制电压时伺服电动机马上停转。电枢控制时直流伺服电动机的接线如图 8-25 所示。

直流伺服电动机的机械特性：当电枢电压 U_a 恒定时，其转速 n 与电磁转矩 T_e 的关系是一条向下倾斜的直线。与普通的直流电动机相比，其斜率 k 通常较大，这有利于调速。当电枢电压上升时，机械特性是一组上升的平行线，如图 8-26 所示。

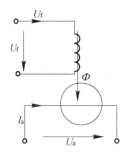

图 8-25 电枢控制时直流伺服电动机的接线图

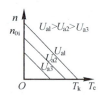

图 8-26 直流伺服电动机的机械特性

直流伺服电动机的调节特性：在自动控制系统中为了控制伺服电动机的转速，需了解电动机在带上负载后，加多大的控制电压电动机能转动，以及加某一控制电压时伺服电动机的转速为多少等，为此引入调节特性概念。伺服电动机的调节特性是指当转矩为常数时，稳态转速 n 随电枢电压 U_a 变化的关系 $n=f(U_a)$。调节特性也是一组上升的平行线，如图 8-27 所示。

2. 交流伺服电动机

交流伺服电动机实为两相异步电动机。其定子铁芯中装有在空间互成 90°的两相绕组：励磁绕组 m 和控制绕组 k。运行时励磁绕组接至电压为 U_m 的交流电源上，控制绕组输入交流控制电压 U_k，转子通常为笼型，其接线图如图 8-28 所示。

交流伺服电动机与直流伺服电动机一样必须满足伺服性，即有控制电压时电动机转动。调节控制电压的大小，能得到不同的转速；控制电压消失时，电动机停转。

当控制电压 U_k 为 0 时，气隙磁场为脉振磁场，没有起动转矩，转子不动。

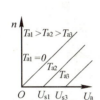

图 8-27 直流伺服电动机的调节特性

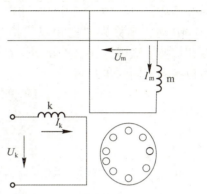

图 8-28 交流伺服电动机的接线图

当控制电压 U_k 不为 0 时，控制电流与激磁电流相位不同，形成旋转磁场，产生转矩，转矩大小取决控制电压 U_k 的大小和相位。

当控制电压 U_k 信号去除后，电动机即为单相电动机。普通单向电动机起动后保持自转。伺服电动机为了使转子自动停转，需满足自动控制系统的要求，将转子的电阻增大，其结构有高电阻率导条笼型和杯形转子。

交流伺服电动机的控制方式有 3 种，即幅值控制、相位控制和幅值-相位控制。

幅值控制：保持控制电压 U_k 的相位不变，改变其幅值来调节电动机转速。

相位控制：保持控制电压 U_k 的幅值不变，仅改变其相位来调节电动机转速。

幅值-相位控制：同时改变控制电压 U_k 的相位和大小来进行控制。

8.6.3 步进电动机

步进电动机是一种将脉冲信号转换成相应角位移或直线位移的执行元件。每输入一个脉冲，电动机就前进一步或转动一个步距角，因此，又称脉冲电动机。步进电动机按励磁方式可分为反应式步进电动机、永磁式步进电动机和感应子式步进电动机。其中反应式步进电动机目前在国内使用较普遍。

反应式步进电动机又称磁阻式步进电动机，图 8-29 为一台三相反应式步进电动机。其定、转子由硅钢片叠成，定子上有 6 个磁极（大齿），每一磁极上又有许多小齿，径向对应的两个磁极线圈串联成一相绕组，该步进电动机共有 3

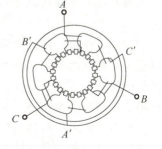

图 8-29 一台三相反应式步进电动机

套定子控制绕组,三相绕组接成Y。转子上无绕组,沿转子圆周有许多小齿,齿距与定子磁极上的小齿距相同。

反应式步进电动机是利用磁力线总是力图走磁阻最小磁路而产生反应转矩的原理使电动机转动的。当按照 A-B-C-A 的顺序给定子绕组通电和断电时,电动机就会一步一步前进。转子前进一步的转角称为步距角。同理,如果按 A-C-B-A 的顺序给定子绕组通电和断电,则转子将沿逆时针方向旋转。

步进电动机的通电状态改变一次,称为"一拍",上述通电方式因每次只有一相绕组通电,且三拍为一循环,故称为"三相单三拍"运行方式;如果每次通电有两相,通电顺序为 AB-BC-CA-AB 时,则称为"三相双三拍"运行方式;如果上述两种运行方式相结合,通电绕组单双相切换,顺序为 A-AB-B-BC-C-CA-A,则称为"三相六拍"运行方式。不同的运行方式可以得到不同的步距角。

实验8　三相鼠笼式异步电动机常规检查

本章小结

本章主要介绍了交流电动机。

三相异步电动机由定子和转子两大基本部分构成,根据转子结构不同可分为笼型三相异步电动机和绕线型三相异步电动机两种。笼型三相异步电动机结构简单、维护方便,应用最为广泛;绕线型三相异步电动机的转子可外接变阻器,起动和调速性能较好。

磁场的旋转方向与通入定子绕组的电流相序一致。只要把接在定子绕组上的3根电源线中的任意两根对调,从而改变通入三相绕组中的电流相序,即可改变磁场的旋转方向。旋转磁场的旋转速度也可称为同步转速。

三相定子绕组通入三相交变电流后在电动机定子腔内产生旋转磁场,由于转子与旋转磁场之间的相对运动,使转子受到电磁力作用,电磁力对转轴形成电磁转矩,从而驱使转子顺着旋转磁场的旋转方向而转动起来。

转差率是分析异步电动机运行情况的一个重要参数,它能放映异步电动机的各种运行情况。

三相定子绕组在铁芯中的布置和连接,应保证定子产生的旋转磁场对称。交流绕组按相数可分为单相、两相、三相和多相绕组;按槽内绕组圈边数可分为单层、双层绕组;按绕组端接部分的连接方法可分为链式、交叉式和同心式;按绕组的绕法可分为叠绕组和波绕组;按绕组节距可分为整距绕组和短距绕组。

异步电动机的机械特性曲线分为稳定区和不稳定区两段,电动机正常运行时在稳定区工作,能适应负载的变化自动调整转速和转矩,维持稳定运行。转矩 T 与转差率 s 有关,电源电压 U_1、转子电阻 R_2 是影响转矩 T 的两个重要因素。绕线型异步电动机就是通过改变转子

电阻 R_2 从而改变电动机的转矩的。

起动转矩是衡量电动机起动性能的重要技术指标之一，额定转矩是电动机轴上输出转矩的最大允许值，最大转矩是衡量电动机短时过载能力的一个重要技术指标。

电动机的起动电流为额定电流的 4～7 倍。直接起动是一种最简单的起动方法，只要电网的容量允许，应尽量采用直接起动方式。降压起动的主要目的是减小起动电流，避免起动瞬间电网电压的显著下降。

异步电动机的 3 种制动方法是反接制动、能耗制动和回馈制动。

电动机的转速可通过改变磁极对数、电源频率或转差率 s 等方法来调节。交流电动机的选用主要是指电动机的额定功率、额定电压、额定转速、种类及型式等项目的选择。选择电动机应根据生产机械负载的要求，以经济、适用、合理、安全为原则。

其他电机的简介主要介绍了直流测速发电机、直流伺服电动机、交流伺服电动机、步进电动机的原理及特性。

习题 8

8-1 简述三相异步电动机的结构和基本工作原理。

8-2 三相异步电动机在额定负载下运行，如果电源电压低于其额定电压，则电动机的转速、主磁通及定子、转子电流将如何变化？

8-3 某四极三相异步电动机的额定功率为 15 kW，额定电压为 380 V，三角形接法，频率为 50 Hz。当额定负载运行时，其转差率 $s=0.02$，效率 $\eta=90\%$，线电流为 57.5 A。试求：

（1）转子旋转磁场对转子的转速；

（2）额定转矩；

（3）电动机的功率因数。

8-4 Y280M-2 型三相异步电动机的额定数据为 90 kW，2 970 r/min，50 Hz。试求其额定转差率和转子电流的频率。

8-5 三相异步电动机在正常运行时，如果转子突然被卡住而不能转动，试问这时电动机的电流有无改变？对电动机有何影响？

8-6 为何三相异步电动机不在最大转矩 T_m 处或接近最大转矩处运行？

8-7 某三相异步电动机的额定转速为 1 460 r/min。当负载转矩为额定转矩的一半时，电动机的转速约为多少？

8-8 三相鼠笼式异步电动机在额定状态附近运行，当（1）负载增大；（2）电压升高；（3）频率增高时，试分析说明其转速和电流做何变化。

8-9 三相异步电动机在一定的负载转矩下运行时，如果电源电压降低，则电动机的转矩、电流及转速有无变化？

8-10 三相异步电动机在满载和空载下起动时，起动电流和起动转矩是否一样？

8-11 三相异步电动机直接起动时，为何起动电流较大而起动转矩不大？

8-12 在电源电压不变的情况下，如果电动机的三角形连接误接成星形连接，或星形连接误接成三角形连接，后果如何？

8-13 一台额定频率为 60 Hz 的三相异步电动机，用在频率为 50 Hz 的电源上（电压大小不变），问电动机的最大转矩和起动转矩有何变化？

8-14 三相电源相序的定义是什么？三相异步电动机本身有无相序？如何使三相异步电动机反转？

8-15 简述三相异步电动机各种制动和调速方法的原理。

8-16 Y112M-4 型三相异步电动机的铭牌如习题表 8-1 所示。试求：

(1) 电动机的极对数 p；

(2) 同步转速 n_0；

(3) 额定转差率 s_N；

(4) 电动机正常工作时的输入电功率 P_1；

(5) 额定效率 η_N；

(6) 额定转矩 T_N；

(7) 起动转矩 T_{st}；

(8) 最大转矩 T_m；

(9) 起动电流 I_{st}。

习题表 8-1　Y112M-4 型三相异步电动机的铭牌

型号：Y112M-4	接法：△
功率：4.0 kW	电流：8.8 A
电压：380 V	转速：1 440 r/min
功率因数：0.82	频率：50 Hz
$\dfrac{I_{st}}{I_N}$：7.0	$\dfrac{T_{st}}{T_N}$：1.2
$\dfrac{T_m}{T_N}$：2.0	

8-17 简述三相异步交流电动机的选用原则。

8-18 交流伺服电动机的控制方式有哪几种？

8-19 简述直流测速发电机的主要要求。

第 9 章 低压电器与继电接触器控制系统

教学目的与要求：理解常用低压电器的结构、功能、技术参数和使用方法；掌握三相异步电动机控制电路原理、特点与应用；掌握三相异步电动机的正、反转控制电路；掌握 CA6140 型普通车床的控制电路。

重点：三相异步电动机控制电路原理、特点与应用；三相异步电动机的正、反转控制电路；CA6140 型普通车床的控制电路。

难点：三相异步电动机的正、反转控制电路；CA6140 型普通车床的控制电路。

知识点思维导图如图 9-1 所示。

图 9-1 第 9 章思维导图

9.1 基本低压电器

根据外界特定的信号和要求，自动或手动通断电路，断续或连续改变电路参数，实现对电或非电对象的接通、切换、保护、检测、控制、调节作用的设备称为电器。电器可分为高压电器和低压电器两大类，低压电器是指额定电压等级在交流1 200 V、直流1 500 V以下的电器。在我国工业控制电路中最常用的三相交流电压等级为380 V，只有在特定行业环境下才用其他电压等级，如煤矿井下的电钻用127 V等。单相交流电压等级最常见的为220 V，其他电压等级如6 V、12 V、24 V、36 V和42 V等一般用于安全场所的照明、信号灯以及作为控制电压。直流常用电压等级有110 V、220 V和440 V，主要用于动力；6 V、12 V、24 V和36 V主要用于控制；在电子线路中还有5 V、9 V和15 V等电压等级。低压电器种类繁多，功能各样，构造各异，用途广泛，工作原理各不相同，它是电力拖动自动控制系统的基本组成元件。

9.1.1 开关电器

1. 刀开关

刀开关是一种手动控制电器，主要作用是隔离电源或用于不频繁通断电源的低压电路。它是一种结构简单、应用广泛的低压电器。刀开关的典型结构如图9-2（a）所示，主要由触刀（动触点）、静插座（静触点）、手柄和绝缘底板组成。静插座由导电材料和弹性材料制成，固定在绝缘材料制成的底板上，推动手柄带动触刀插入静插座中电路便接通，否则电路断开。刀开关的图形符号和带熔断器式刀开关的图形符号分别如图9-2（b）、图9-2（c）所示。

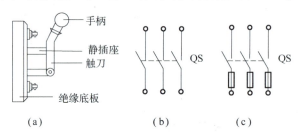

图9-2 刀开关机构示意图和图形符号

刀开关种类很多。按极数分为单极刀开关、双极刀开关和三极刀开关；按灭弧装置分为带灭弧装置刀开关和不带灭弧装置刀开关；按有无熔断器分带熔断器式刀开关和不带熔断器式刀开关；按全封闭与否分开启式负荷开关和封闭式负荷开关。开启式负荷开关（HK系列）又称闸刀开关，由刀开关和熔断器组合而成；封闭式负荷开关（HH系列）又称铁壳开关，防护能力较好。带熔断器式刀开关可作线路末端的短路保护。安装刀开关时，电源线应接在静触点上，负荷线接在与刀开关相连的端子上。对有熔断丝的刀开关，负荷线应接在闸刀下侧熔断丝的另一端，以确保刀开关切断电源后闸刀和熔断丝不带电。对无熔断丝的刀开关一般与熔断器串联使用，起到短路保护的作用。在垂直安装时，手柄向上合为接通电源，向下拉为断开电源，不能反装。刀开关的额定电流应大于其所控制的最大负荷电流。用于直接起停 3 kW 及以下的三相异步电动机时，刀开关的额定电流必须大于电动机额定电流的 3 倍。图 9-3 所示为三极刀开关的实物图。

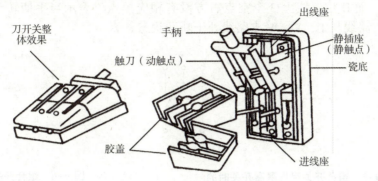

图 9-3　三极刀开关的实物图

2. 组合开关

组合开关经常作为转换开关使用，但在电气控制线路中也作为隔离开关（不带负荷电流进行开断）使用，起不频繁接通和分断电气控制线路的作用。组合开关外形如图 9-4（a）所示；组合开关沿转轴自下而上分别安装了 3 层开关组件，每层上均有一个动触片、一对静触片及一对接线柱，各层分别控制一条支路的通与断，形成组合开关的三极，组合开关的结构如图 9-4（b）所示。当手柄每转过一定角度，就带动固定在转轴上的 3 层开关组件中的 3 个动触片同时转动至一个新位置，在新位置上分别与各层的静触片接通或断开，组合开关起停电动机的接线图如图 9-4（c）所示。

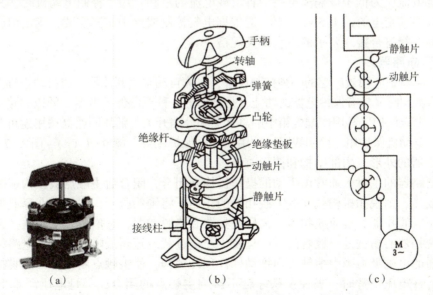

图 9-4　组合开关的外形和结构及其起停电动机的接线图

根据组合开关在电路中的不同作用，组合开关图形与文字符号有两种。当在电路中用作隔离开关时，其文字符号为 QS，其图形符号如图 9-5（a）~图 9-5（c）所示，分别表示单极、双极和三极组合开关，机床电气控制线路中一般采用三极组合开关。

图 9-6 所示是组合开关用作转换开关使用时的图形符号，文字符号为 SC。图示是一个三极组合开关，图中 I 与 II 分别表示组合开关手柄转动的两个操作位置，I 位置线上的 3 个空点右方画了三个黑点，表示当手柄转动到 I 位置时，L1、L2 与 L3 支路线分别与 U、V、W 支路线接通；而 II 位置线上 3 个空点右方没有相应黑点，表示当手柄转动到 II 位置时，L1、L2 与 L3 支路线与 U、V、W 支路线处于断开状态。

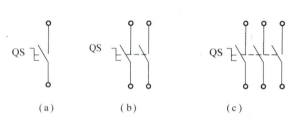

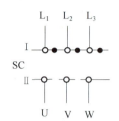

图 9-5 组合开关用作隔离开关时的图形符号
(a) 单极；(b) 双极；(c) 三级

图 9-6 组合开关用作转换开关使用时的图形符号

作为控制电器，组合开关在机床设备和其他设备中使用十分广泛，它体积小，灭弧性能比刀开关好，接线方式有多种。常用于交流 380 V 以下、直流 220 V 以下的电气线路中，供手动不频繁地接通或分断电路，也可控制小容量交流、直流电动机的正、反转，星形-三角形起动和变速换向等。

电气控制线路中常用的组合开关系列规格有 HZ5、HZ10、HZ15、3LB 等。HZ10 系列组合开关是国家设计产品，其通用性强，技术性能及经济效果均好。组合开关用作隔离开关时，其额定电流应为低于被隔离电路中各负载电流的总和；用于控制电动机时，其额定电流一般取电动机额定电流的 1.5~2.5 倍。应根据电气控制线路中实际需要，确定组合开关接线方式，正确选择符合接线要求的组合开关规格。

3. 低压断路器

低压断路器是应用最广泛的一种控制设备，也称自动空气断路器，或自动空气开关。它既是控制电器，同时又具有保护电器的功能，是常用的一种低压保护电器。低压断路器可实现短路、过载和失压保护，常用作配电箱中的总开关和分路开关。低压断路器按用途可分为配电线路保护用、电动机保护用、照明线路保护用及漏电保护用等，图 9-7（a）~图 9-7（c）分别为低压断路器的外形、内部结构和图形符号。

低压断路器的主触点通常由手动的操作机构来闭合，闭合后主触点被锁钩锁住。如果电路中发生故障，则脱扣机构就在有关脱扣器的作用下将锁钩脱开，主触点在释放弹簧的作用下迅速分断。脱扣器有过流脱扣器、欠压脱扣器和热脱扣器，它们都是电磁铁。在正常情况下，过流脱扣器的衔铁是释放着的，一旦发生严重过载或短路故障时，与主电路相串的线圈将产生较强的电磁吸力吸引衔铁，而推动杠杆顶开锁钩，使主触点断开。欠压脱扣器的工作恰恰相反，在电压正常时，吸住衔铁才会不影响主触点的闭合，一旦电压严重下降或断电时，电磁吸力不足或消失，衔铁被释放而推动杠杆，使主触点断开。当电路发生一般性过载时，过载电流虽不能使过流脱扣器动作，但能使热元件产生一定的热量，促使双金属片受热向上弯曲，推动杠杆使搭钩与锁钩脱开，将主触点分开。自动空气开关的额定工作电压应大于电路额定电压，额定工作电流应大于电路计算负载电流。当断路器与熔断器配合使用时，熔断器应装于断路器之前，以保证使用安全，电磁脱扣器的整定值不允许随意更动，使用一

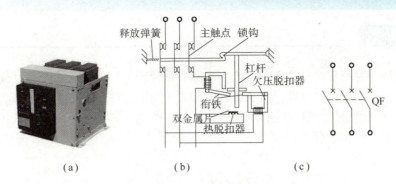

图 9-7 低压断路器外形、内部结构和图形符号
(a) 外形；(b) 内部结构；(c) 图形符号

段时间后应检查其动作的准确性。自动空气断路器按结构形式可分为塑壳式（又称装置式）和框架式（又称万能式）两类。

4. 漏电保护断路器

漏电保护断路器是电器保护装置的一种，外形如图 9-8（a）所示，主要用于漏电和触电保护。其实质就是装有检漏保护元件的断路器。它有电压型和电流型之分，两者的主要区别在于检测故障信号方式的不同。电流型漏电保护断路器又可分为电磁式电流动作型和晶体管（或集成电路）电流动作型等。其中电磁式电流动作型漏电保护断路器原理图如图 9-8（b）所示。漏电保护依靠漏电检测元件（零序互感器）和漏电脱扣器，在正常运行时，各相电流的相量和为 0，零序互感器二次无输出。当出现漏电或人身触电时在零序互感器二次线圈感应出零序电流，漏电脱扣器受此电流激励，使断路器脱扣而断开电路，从而保护人和设备的安全。为了检查其动作是否灵活，漏电保护脱扣器设置了试验按钮。

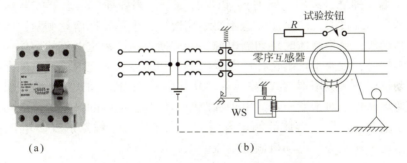

图 9-8 漏电保护断路器外形和原理图
(a) 外形；(b) 原理图

漏电脱扣器结构为释放式电磁脱扣器。它是在永久磁铁上绕有线圈，线圈接在零序保护器的二次。在正常情况下，衔铁被永久磁铁的磁力吸住，拉紧了释放弹簧。当电路中发生漏电（触电）时，零序互感器的二次线圈的感应电压产生电流，铁芯中产生交变磁通。当交变磁通达到一定值时，总有一半正弦波中电磁力抵消了衔铁的保持力，则释放弹簧的反力使衔铁释放，在脱扣器的冲击下，断路器断开。晶体管（或集成电路）电流动作型漏电保护断路器是在零序互感器和漏电脱扣器之间增加了一个电子放大电路，可使漏电保护器的体积缩小，灵敏度增高。

9.1.2 熔断器

熔断器是一种在低压电路和电动机控制电路中最常用的简单有效的严重过载和短路保护电器。它串接在被保护电路的首端，当通过的电流大于规定值时，熔体熔化而自动分断电路。熔断器有瓷插式、无填料封闭管式、有填料螺旋管式等类别，如图 9-9（a）~图 9-9（c）所示，它具有结构简单、维护方便、价格便宜、体小量轻等优点。熔断器的图形符号如图 9-9（d）所示。

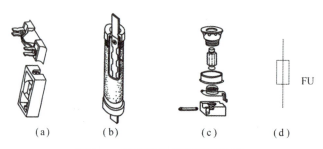

图 9-9 熔断器结构和图形符号
（a）瓷插式；（b）无填料封闭管式；（c）有填料螺旋管式；（d）图形符号

熔断器的主要元件是熔体，它是熔断器的核心，常做成丝状或片状。在小电流电路中，常用铅锡合金和锌等低熔点金属做成圆截面熔丝；在大电流电路中则用银、铜等较高熔点的金属做成薄片，便于灭弧。对不同性质的负载，如照明电路、电动机电路的主电路和控制电路等，应分别保护，并装设单独的熔断器。安装螺旋式熔断器时，必须注意将电源线接到瓷底座的下接线端（即低进高出的原则），以保证安全。当瓷插式熔断器安装熔丝时，熔丝应顺着螺钉旋紧方向绕过去，同时应注意不要划伤熔丝，也不要把熔丝绷紧，以免减小熔丝截面尺寸或插断熔丝；更换熔体时应切断电源，并应换上相同额定电流的熔体。

选择熔断器时，主要是正确选择熔断器的类型和熔体的额定电流。电网配电一般用管式熔断器；电动机保护一般用螺旋式熔断器；照明电路一般用瓷插式熔断器；保护可控硅元件则应选择快速熔断器。对于变压器、电炉和照明等负载，熔体的额定电流应略大于或等于负载电流；对于输配电线路，熔体的额定电流应略大于或等于线路的安全电流；对电动机负载，熔体的额定电流应等于电动机额定电流的 1.5~2.5 倍。

9.1.3 接触器

接触器是电力拖动与自动控制系统中一种非常重要的低压电器，它是控制电器，利用电磁吸力和弹簧反力的配合作用，实现触头闭合与断开，是一种电磁式的自动切换电器。接触器用来频繁地远距离接通和切断主电路或大容量控制电路，其主要控制对象是电动机，具有控制容量大、工作可靠、操作频率高、使用寿命长等特点，但它本身不能切断短路电流和过负荷电流。接触器按主触头通过的电流种类，分为交流接触器和直流接触器两大类。交流接触器结构示意图如图 9-10（a）所示，主要由电磁机构、触点系统、灭弧装置和其他部件 4 部分组成。CJ10-20 型交流接触器的结构如图 9-10（b）所示。

电磁机构由线圈、动铁芯（衔铁）和静铁芯组成，其作用是将电磁能转换成机械能，

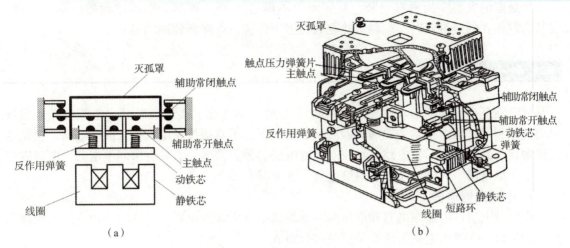

图 9-10 交流接触器的结构图

（a）交流接触器结构示意；（b）CJ10-20 型结构

产生电磁吸力带动触点动作。触点系统包括主触点和辅助触点，主触点用于通断主电路，通常为 3 对常开触点；辅助触点用于控制电路，起电气联锁作用，故又称联锁触点，一般包括常开、常闭各两对。容量在 10 A 以上的接触器都有灭弧装置，对于小容量的接触器，常采用双断口触点灭弧、电动力灭弧、相间弧板隔弧及陶土灭弧罩灭弧；对于大容量的接触器，采用纵缝灭弧罩及栅片灭弧。其他部件包括反作用弹簧、缓冲弹簧、触点压力弹簧、传动机构及外壳等。当线圈得电后，在铁芯中产生磁通及电磁吸力，此电磁吸力克服弹簧反力使衔铁吸合，带动触点机构动作，常闭触点打开，常开触点闭合，互锁或接通线路。线圈失电或线圈两端电压显著降低时，电磁吸力小于弹簧反力，使衔铁释放，触点机构复位，断开线路或解除互锁。接触器适用于远距离频繁接通和切断电动机或其他负载主电路，由于具备低电压释放功能，所以还可当作保护电器使用。交流接触器线圈图形符号、主触点图形符号和常开、常闭辅助触点图形符号分别如图 9-11（a）~图 9-11（c）所示。

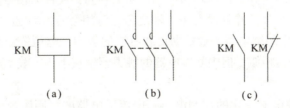

图 9-11 交流接触器的图形符号

（a）图形符号；（b）主触点图形符号；（c）常开、常用辅助触点图形符号

接触器应根据负载电流的类型和负载的轻重来选择。操作频率是指接触器每小时通断的次数。当通断电流较大及通断频率较高时，会使触头过热甚至熔焊。操作频率若超过规定值，应选用额定电流大一级的接触器。接触器额定主触点的额定电流（或电压）应大于或等于负载电路的额定电流（或电压）。若接触器控制的电动机起动或正、反转频繁，一般将接触器主触头的额定电流降一级使用。当线路简单、使用电器较少时，可选用 380 V 或 220 V 电压的线圈；若线路较复杂、使用电器超过 5 个时，应选用 110 V 及以下电压等级的线圈。

接触器的安装多为垂直安装，其倾斜角不得超过5°，否则会影响接触器的动作特性；安装有散热孔的接触器时，应将散热孔放在上下位置，以降低线圈的温升。

9.1.4 继电器

继电器是一种根据输入信号（电量或非电量）的变化，接通或断开小电流电路，实现自动控制和保护电力拖动装置的电器。一般情况下它不直接控制电流较大的主电路，而是通过接触器或其他电器对主电路进行控制。继电器的种类繁多，主要有中间继电器、电流继电器、电压继电器、时间继电器、热继电器、速度继电器等。

1. 电磁式继电器

中间继电器、电流继电器和电压继电器均属于电磁式继电器，它们的结构、工作原理与接触器相似，主要由电磁系统和触点两部分组成。

1) 中间继电器

中间继电器一般用来控制各种电磁线圈使信号得到放大，或将信号同时传给几个控制元件。中间继电器实质上是一种电压继电器，但它的触点数量较多，容量较小，它是作为控制开关使用的接触器。它在电路中的作用主要是扩展控制触点数和增加触点容量。其线圈、常开开关和常闭开关图形符号分别如图 9-12（a）~图 9-12（c）所示。

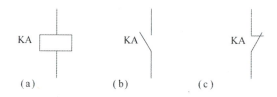

图 9-12 中间继电器图形符号
(a) 线圈；(b) 常开开关；(c) 常闭开关

中间继电器的基本结构和工作原理与接触器完全相同，又称为接触器式继电器。所不同的是中间继电器的触点组数多，并且没有主、辅之分，各组触点允许通过的电流大小是相同的，其额定电流约为 5 A。中间继电器一般根据负载电流的类型、电压等级和触头数量来选择。中间继电器的使用与接触器相似，但中间继电器的触头容量较小，一般不能在主电路中应用。

2) 电流继电器

电流继电器是反映电流变化的控制电器。电流继电器的线圈匝数少而导线粗，使用时串接于主电路中，与负载串联，动作触点串接在辅助电路中。根据用途可分为过电流继电器和欠电流继电器，两种电流继电器的线圈、常开开关和常闭开关图形符号如图 9-13（a）、图 9-13（b）所示。过电流继电器主要用于重载或频繁起动的场合，作为电动机主电路的过载和短路保护。过电流继电器是反映上限值的，当线圈中通过的电流为额定值时，触点不动作；当线圈中通过的电流超过额定值而达到某一规定值时，触点动作。欠电流继电器是反映下限值的，当线圈中通过的电流为额定值时，触点动作；当线圈中通过的电流低于额定值而小于某一规定值时，触点复位。

3) 电压继电器

电压继电器是反映电压变化的控制电器。电压继电器的线圈匝数多而导线细，使用时并

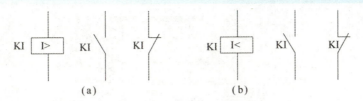

图 9-13 电流继电器图形符号

(a) 过电流继电器；(b) 欠电流继电器

接于电路中，与负载并联，动作触点串接在控制电路中。根据用途可分为过电压继电器和欠电压继电器。过电压继电器是反映上限值的，当线圈两端所加电压为额定值时，触点不动作；当线圈两端所加电压超过额定值而达到某一规定值时，触点动作。欠电压继电器是反映下限值的，当线圈两端所加电压为额定值时，触点动作；当线圈两端所加电压低于额定值而达到某一规定值时，触点复位。两种电压继电器的线圈、常开开关和常闭开关图形符号如图 9-14 (a)、图 9-14 (b) 所示。

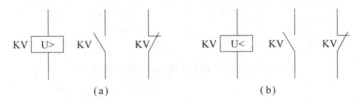

图 9-14 电压继电器图形符号

(a) 过电压继电器；(b) 欠电压继电器

2. 时间继电器

时间继电器是一种按时间原则动作的继电器。它按照设定时间控制而使触头动作，即由它的感测机构接收信号，经过一定时间延时后执行机构才会动作，并输出信号以操纵控制电路。它按工作方式分为通电延时时间继电器和断电延时时间继电器，一般具有瞬时触点和延时触点这两种触点。时间继电器的种类很多，常用的有气囊式、电磁式、电子式及晶体管式 4 种。近年来，电子式时间继电器发展很快，它具有延时时间长、精度高、调节方便等优点，有的还带有数字显示，非常直观，所以应用很广。

通电延时气囊式时间继电器的外形和结构如图 9-15 所示，其工作原理如下：当线圈得电后，铁芯将衔铁吸合，瞬时触点迅速动作（推板使微动开关立即动作），活塞杆在塔形弹簧作用下，带动活塞及橡皮膜向上移动，由于橡皮膜下方气室空气稀薄，形成负压，因此活塞杆不能迅速上移。当空气由进气孔进入时，活塞杆才逐渐上移。当移到最上端时，延时触点动作（杠杆使微动开关动作），延时时间即为线圈得电开始至微动开关动作为止的这段时间。通过调节螺杆调节进气孔的大小，就可以调节延时时间。线圈失电时，衔铁在复位弹簧的作用下将活塞推向最下端。因活塞被往下推时，橡皮膜下方气室内的空气都通过橡皮薄膜、弱弹簧和活塞肩部所形成的单向阀，经上气室缝隙顺利排掉，因此瞬时触点（微动开关）和延时触点（微动开关）均迅速复位。

通电延时时间继电器的线圈、延时常开触点、延时常闭触点和瞬时触点的图形符号分别如图 9-16 (a)~图 9-16 (d) 所示。

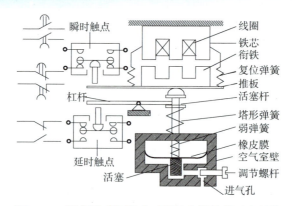

图 9-15 通电延时气囊式时间继电器的外形和结构

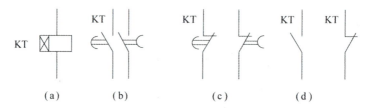

图 9-16 通电延时时间继电器图形符号
(a) 线圈；(b) 延时常开触点；(c) 延时常闭触点；(d) 瞬时触点

将电磁机构翻转 180°安装后，可形成断电延时气囊式时间继电器。它的工作原理与通电延时气囊式时间继电器的工作原理相似，线圈得电后，瞬时触点和延时触点均迅速动作；线圈失电后，瞬时触点迅速复位，延时触点延时复位。断电延时时间继电器的线圈、延时常开触点、延时常闭触点和瞬时触点的图形符号分别如图 9-17（a）~图 9-17（d）所示。

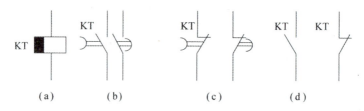

图 9-17 断电延时时间继电器图形符号
(a) 线圈；(b) 延时常开触点；(c) 延时常闭触点；(d) 瞬时触点

凡是对延时要求不高的场合，一般采用价格较低的 JS7-A 系列时间继电器；对于延时要求较高的场合，可采用 JS11、JS20 或 7PR 系列的时间继电器。

3. 热继电器

热继电器是一种利用流过继电器的电流所产生的热效应而反时限动作的保护电器，它主要用作电动机的过载保护、断相保护、电流不平衡运行及其他电气设备发热状态的控制。热继电器有两相结构、三相结构、三相带断相保护装置 3 种类型，图 9-18 为热继电器的外形图。

热继电器主要由双金属片、发热元件、弹簧和扣板组成的动作机构、触点系统、复位调整装置等部分组成。图 9-19（a）为实现两相过载保护的热继电器的结构示意图，图 9-19（b）为热继电器的图形符号。

图 9-18 热继电器的外形

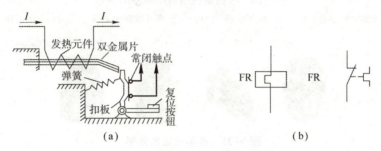

图 9-19 热继电器的结构示意图和图形符号
(a) 结构示意；(b) 图形符号

当主电路中电流超过允许值而使双金属片受热时，下层金属膨胀系数大，上层金属的膨胀系数小。双金属片的自由端便向上弯曲超出扣板，扣板在弹簧的拉力下将常闭触点断开。触点是接在电动机的控制电路中的，控制电路断开可使接触器的线圈失电，从而断开电动机的主电路。故障排除后，按下复位按钮，使热继电器触点复位。热继电器的工作电流可以在一定范围内调整，称为整定。整定电流值应是被保护电动机的额定电流值，其大小可以通过转动整定电流旋钮来实现。由于热惯性，热继电器不会瞬间动作，因此它不能用作短路保护。但也正是这个热惯性，使电动机起动或短时过载时，热继电器不会误动作。热继电器用来对连续运行的电动机进行过载保护，以防止电动机过热而烧毁。热继电器的额定电流应大于电动机的额定电流。

9.1.5 主令电器

1. 按钮

按钮是一种手动电器，通常用来接通或断开小电流控制电动机或其他电气设备的运行。按钮一般由按钮帽、复位弹簧、动触点、静触点和外壳等组成。根据触点结构的不同，按钮可分为常开按钮、常闭按钮，以及将常开和常闭按钮封装在一起的复合按钮等。

图 9-20（a）为复合按钮结构，一组为常开触点，一组为常闭触点，手指按下时，常闭触点先断开，继而常开触点闭合；松开手指后，常开触点先断开，继而常闭触点闭合。图 9-20（b）为复合按钮图形符号，图 9-20（c）、图 9-20（d）为常开和常闭按钮图形符号。除了这种常见的直上直下的操作形式即揿钮式按钮之外，还有自锁式、紧急式、钥匙式

和旋钮式按钮，图 9-21 所示为这些按钮的外形。其中紧急式按钮表示紧急操作，按钮上装有蘑菇形钮帽，颜色为红色，一般安装在操作台（控制柜）明显位置上。

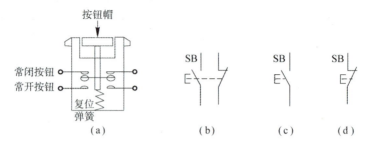

图 9-20　按钮结构示意图和图形符号

（a）复合按钮结构示意；（b）复合按钮图形符号；（c）常开按钮图形符号；（d）常闭按钮图形符号

图 9-21　各种按钮的外形

根据触点动作方式的不同，按钮可以分为直动式和微动式两种，图 9-21 中所示的按钮均为直动式按钮，其触点动作速度和手指按下的速度有关。而微动式按钮的触点动作变换速度快，和手指按下的速度无关，其动作原理如图 9-22 所示。动触点由变形簧片组成，当弯形簧片受压向下运动低于平形簧片时，弯形簧片迅速变形，将平形簧片触点弹向上方，实现触点瞬间动作。小型微动式按钮也称为微动开关，微动开关还可以用于各种继电器和限位开关中，如时间继电器、压力继电器和限位开关等。

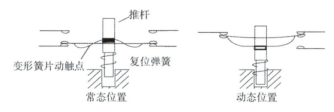

图 9-22　微动式按钮动作原理图

按钮颜色代表的意义及用途如表 9-1 所示。

表 9-1　按钮颜色代表的意义及用途

颜色	代表意义	典型用途
红	停车、开断	一台或多台电动机的停车，机器设备的一部分停止运行 磁力吸盘或电磁铁的断电 停止周期性的运行
	紧急停车	紧急开断 防止危险性过热的开断

续表

颜色	代表意义	典型用途
绿或黑	起动、工作、点动	辅助功能的一台或多台电动机开始起动 机器设备的一部分起动 点动或缓行
黄	返回起动、移动出界、正常工作循环或移动时去抑止危险情况	在机械已完成一个循环的始点,机械元件返回;按黄色按钮的功能可取消预置的功能
白或蓝	以上颜色所未包括的特殊功能	与工作循环无直接关系的辅助功能,控制保护继电器的复位

2. 行程开关

行程开关又称限位开关或位置开关,它可以完成行程控制或限位保护。其作用与按钮相同,只是其触头的动作不是靠手指按压的手动操作,而是利用生产机械某些运动部件上的挡块碰撞或碰压使触头动作,以此来实现接通或分断某些电路,使之达到一定的控制要求。行程开关的种类很多,常用的行程开关有按钮式、单轮旋转式、双轮旋转式行程开关,它们的外形分别如图 9-23(a)~图 9-23(c)所示。各种系列的行程开关的基本结构大体相同,都是由操作头、触点系统和外壳组成。操作头接受机械设备发出的动作指令或信号,并将其传递到触点系统,触点再将操作头传递来的动作指令或信号,通过本身的结构功能变成电信号,输出到有关控制回路。

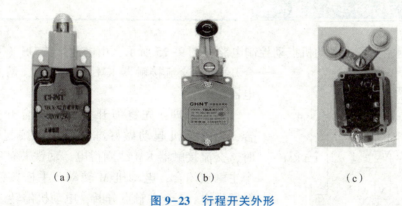

(a)　　　　　　　　(b)　　　　　　　　(c)

图 9-23　行程开关外形

(a) 按钮式;(b) 单轮旋转式;(c) 双轮旋转式

按钮式行程开关和单轮旋转式行程开关均为自动复位,所以称为自复式行程开关。双轮旋转式行程开关的触点依靠反向碰撞后复位,称为非自复式行程开关。按钮式行程开关结构示意图和图形符号如图 9-24(a)所示,单轮旋转式行程开关结构示意图和图形符号如图 9-24(b)所示。

行程开关的主要参数有型式、动作行程、工作电压及触头的电流容量。目前国内生产的行程开关有 LXK3、3SE3、LXl9、LXW 和 LX 等系列。常用的行程开关有 LX19、LXW5、LXK3、LX32 和 LX33 等系列。

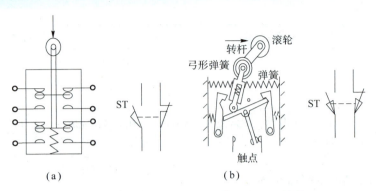

图 9-24　行程开关的结构示意图和图形符号
（a）按钮式行程开关；（b）单轮旋转式行程开关

9.2　三相笼型异步电动机单向运行控制电路

三相笼型异步电动机的单向运行控制电路是继电-接触器控制电路中最简单而又最常用的一种，这种电路主要用来实现异步电动机的单向起动、自锁和点动等要求。

9.2.1　单向运行的点动控制电路

小容量三相笼型异步电动机点动控制电路如图 9-25 所示，由电源开关 QS（刀开关或组合开关）、交流接触器 KM、按钮 SB、熔断器 FU 等电器组成。

工作原理：先将刀开关（或组合开关）QS 闭合，为电动机起动做好准备；当长按起动按钮 SB 时，交流接触器 KM 线圈得电，动铁芯被吸合而将 3 个主触点闭合，电动机 M 转动；手松按钮，交流接触器失电，3 个主触点分断，电动机停转。

单向运行的点动控制电路采用接触器控制，因此控制安全，达到了以小电流控制大电流的目的。

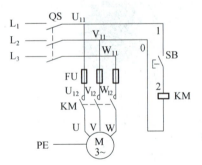

图 9-25　单向运行的点动控制电路

9.2.2　单向运行具有自锁的控制电路

单向运行具有自锁和热继电器过载保护的控制电路如图 9-26 所示，电路的工作原理：合上电源开关 QS，引入电源。

起动：按下起动按钮 SB_1→KM 线圈得电 $\begin{Bmatrix} \text{KM 主触点闭合} \\ \text{KM 常开触点闭合} \end{Bmatrix}$→电动机 M 起动、连续转动。当松开起动按钮 SB_1，它在弹簧的作用下恢复到断开位置。但由于与起动按钮 SB_1 并

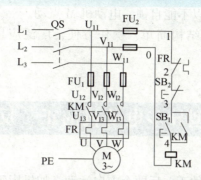

图 9-26 单向运行具有自锁和热继电器过载保护的控制电路

联的接触器 KM 的辅助常开触点和主触点同时闭合，因此接触器线圈的电路仍然接通，而使接触器触点保持在闭合的位置。这个触点成为自锁触点。

停止：按下停止按钮 SB_2→KM 线圈失电 $\begin{Bmatrix} KM & 主触点分断 \\ KM & 常开触点分断 \end{Bmatrix}$→电动机 M 停机。

具有自锁的控制电路，不仅能使电动机连续运转，当电源电压由于某种原因严重欠压或失压时，接触器的电磁吸力急剧下降或消失，衔铁释放，主触点与自锁触点断开，电动机停止运转。当电源电压恢复正常时，电动机不会自行起动运转，可以避免事故的发生，因此接触器自锁控制电路具有欠电压和失电压保护作用。由于电动机是连续运转的，如果长期负载过大、操作频繁、三相电路发生断相等原因可能烧坏电动机，所以用热继电器作电动机过载及断相保护。

9.2.3 点动与连续运转控制电路

点动与连续运转控制电路如图 9-27 所示，电路的工作原理是，合上电源开关 QS，引入电源。

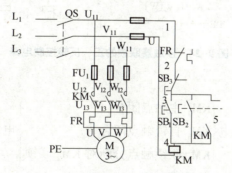

图 9-27 点动与连续运转控制电路

1. 连续运转

按 SB_1→KM 线圈得电→KM 主触点与自锁触点闭合→电动机 M 连续转动。

2. 点动

按 SB_2→KM 线圈得电→KM 主触头闭合→电动机 M 起动，此时尽管 KM 自锁触头闭合，

但 SB_2 的常闭触头已分断,所以不能自锁,电动机 M 点动。

点动与连续运转控制电路结构简单,操作方便,广泛应用于起重机、车床的基本操作场所。

9.3 三相笼型异步电动机的正、反转控制电路

在生产上往往要求运动部件正、反两个方向运动,如机床工作台的前进和后退,主轴的正转和反转,起动机的提升和降低等。根据电动机工作原理可知,只要改变电动机电源的相序,即交换三相电源进线中的任意两根,就能改变电动机的转向。为此可用两个接触器的主触点来对调电动机定子绕组电源的任意两根接线,从而实现电动机的正、反转。

9.3.1 接触器联锁三相笼型异步电动机的正、反转控制电路

图 9-28 所示为接触器联锁的正、反转控制电路。其中 KM_1 是正转接触器,KM_2 为反转接触器。

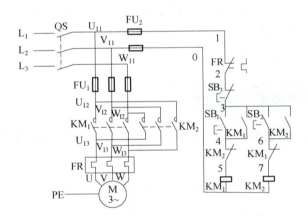

图 9-28 接触器联锁的正、反转控制电路

1. 正转控制

按下 $SB_1 \rightarrow KM_1$ 线圈得电 $\begin{cases} KM_1 \text{ 主触点闭合} \\ KM_1 \text{ 自锁触点闭合} \\ KM_1 \text{ 联锁触点分断对 } KM_2 \text{ 联锁} \end{cases}$ 电动机 M 正转。

2. 反转控制

先按 $SB_3 \rightarrow KM_1$ 线圈得电 $\begin{cases} KM_1 \text{ 主触点分断} \\ KM_1 \text{ 自锁触点分断} \\ KM_1 \text{ 联锁触点闭合对解除 } KM_2 \text{ 联锁} \end{cases}$ 电动机 M 失电停转。

再按 SB₁→KM₁ 线圈得电 $\begin{cases} KM_1 \text{ 主触点闭合} \\ KM_1 \text{ 自锁} \\ KM_1 \text{ 联锁触点分断对 } KM_1 \text{ 联锁} \end{cases}$ 电动机 M 反转。

该电路控制安全，不会因触头熔焊而造成短路。但是这种电路有个缺点，就是在正转过程中要求反转时必须先按 SB₃，让 KM₁ 联锁触点闭合后，才能按反转起动按钮 SB₂ 使电动机 M 反转，操作很不方便。

9.3.2 按钮联锁的正、反转控制电路

图 9-29 所示为按钮联锁的正、反转控制电路。该电路与上述电路的不同点是将接触器两个常闭触头用复合按钮常闭触头代替。这样使电路控制方便但不安全，如触头熔焊时会引起短路。

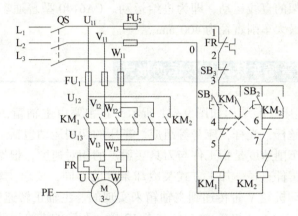

图 9-29 按钮联锁的正、反转控制电路

9.3.3 按钮、接触器双重联锁的正、反转控制电路

双重联锁的正、反转控制电路如图 9-30 所示。

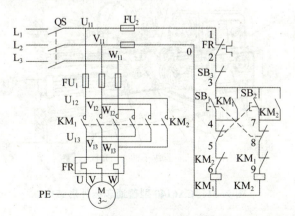

图 9-30 双重联锁正、反转控制电路

当电动机正转时，按下反转起动按钮 SB_2，它的动断触点断开，而使正转接触器的线圈 KM_1 失电，主触点 KM_1 断开。与此同时，串接在反转控制电路中的动断触点 KM_2 恢复闭合，反转接触点的线圈得电，电动机反转。同时串接在正转控制电路的动断触点 KM_2 断开，起联锁保护的作用。这种电路兼有两种联锁控制电路的优点，操作方便，工作安全可靠，广泛应用于电力拖动系统中。

9.4 常用车床控制电路

车床是机床中的一类，能车削内圆、外圆、端面、螺纹、螺杆以及定型表面等。普通车床有两个主要的运动部分，一个是卡盘或顶尖带动工件的旋转运动，即为车床主轴的运动；另一个是溜板带动刀架的直线运动，即为进给运动。CA6140 型普通车床是我国自行设计制造的新型卧式车床，最大车削直径为 400 mm。

9.4.1 CA6140 型普通车床结构及运动形式

CA6140 型普通车床外形结构如图 9-31 所示，它主要由主轴箱、进给箱、纵、横溜板箱、方刀架、尾架、丝杆、光杆、床身等组成。车床的切削运动包括工件旋转的主运动和刀具的直线进给运动。车削速度是指工件与刀具接触点的相对速度，根据工件的材料性质、车刀材料及几何形状、工件直径、加工方式及冷却条件的不同，要求主轴有不同的切削速度。主轴变速是由主轴电动机经 V 带传递到主轴箱来实现的。主轴正转速度在 10~1 400 r/min，共有 24 挡，反转速度在 14~1 580 r/min，共有 12 挡。车床的进给运动是刀架带动刀具的直线运动。溜板箱把丝杠或光杠的转动传递给刀架部分，变换溜板箱外的手柄位置，经刀架部分使车刀做纵、横向进给运动。除切削运动以外的运动为车床的辅助运动，如尾架的纵向移动、工件的夹紧与放松。

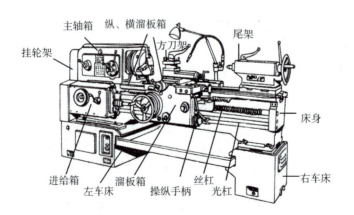

图 9-31 CA6140 型普通车床外形结构

中国机床的发展

9.4.2 CA6140型普通车床的电气特点

主拖动电动机一般选用三相笼型异步电动机，采用齿轮箱进行机械有级调速。为减小振动，主拖动电动机通过几条V带将动力传递到主轴箱。车削螺纹时主轴有正、反转，要求主拖动电动机正、反转或采用机械方法实现。主拖动电动机的起动、停止采用按钮操作。刀架移动和主轴转动有固定的比例关系来满足对螺纹的加工需要。车削加工时，刀具和工件温度过高，有时需要冷却，故应配有冷却泵电动机，且要求在主拖动电动机起动后，方可决定冷却泵开动与否，而当主拖动电动机停止时，冷却泵应立即停止。电路中必须有过载、短路、欠电压和失电压保护，且具有安全的局部照明装置。

9.4.3 CA6140型普通车床的电气原理图分析

CA6140型普通车床电气原理图如图9-32所示。

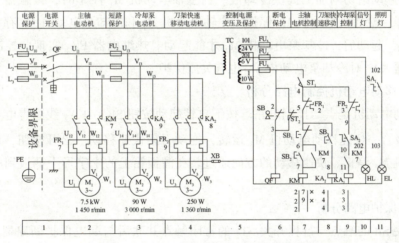

图 9-32　CA6140型普通车床电气原理图

1. 主电路分析

电源由漏电保护断路器QF引入，主轴电动机M_1的运转和停止由接触器KM的3个常开主触点的接通和断开来控制。主轴电动机M_1采用直接起动，冷却泵电动机M_2的运转和停止由中间继电器KA_1的3个常开主触点来控制。快速移动电动机M_3的运转和停止由中间继电器KA_2的3个常开触点来控制。FU_1作为漏电保护断路器QF的短路保护，FU_2作为容量较小的冷却泵电动机M_2和快速移动电动机M_3的短路保护。热继电器FR_1和FR_2分别作为主轴电动机M_1和冷却泵电动机M_2的过载保护，快速移动电动机M_3短时工作，不设过载保护。

2. 控制电路分析

控制电路采用110 V交流电压供电，该电压是由380 V电压经控制变压器TC降压而得。如果要接通电源，则将钥匙开关SB右旋至断开，上推漏电保护断路器QF开关控制柄至合的位置即可，并假设行程开关 ST_1 的常开触点是闭合的。

1) 主轴电动机控制电路分析

按下起动按钮 SB_2→KM 线圈得电 $\begin{cases} KM & 主触点闭合 \\ KM & 常开触点闭合（自锁） \end{cases}$→主轴电动机 M_1 起动、连续转动。按下停止按钮 SB_1→KM 线圈失电→$\begin{cases} KM & 主触点分断 \\ KM & 常开触点分断 \end{cases}$→主轴电动机 M_1 停机。热继电器 FR_1 实现过载保护。该电路有零压保护功能，在电源断电后，接触器 KM 释放，当电源电压再次恢复正常时，如果不按下起动按钮 SB_2，则电动机不会自行起动，避免发生事故。该电路也有欠电压保护，当电源电压太低时，接触器 KM 因电磁吸力不足而自动释放，主轴电动机 M_1 自行停止，避免欠电压时其因电流过大而烧坏。

2) 冷却泵电动机控制

当主轴电动机 M_1 运转时，接触器 KM 的另一常开辅助触点闭合，这时若需要冷却液，可旋转开关 SA_2 使其闭合→中间继电器 KA_1 线圈得电→中间继电器 KA_1 主触点吸合→冷却泵电动机 M_2 起动给切削加工提供冷却液。当主轴电动机 M_1 停车时，接触器 KM 释放，其常开触点断开，冷却泵电动机 M_2 停机。主轴电动机 M_1 和冷却泵电动机 M_2 存在联锁，只有主轴电动机 M_1 起动后，冷却泵电动机 M_2 才能起动。热继电器 FR_2 实现此控制电路的过载保护。接触器 KA_1 对冷却泵电动机 M_2 也有欠压保护。

3) 快速移动电动机控制电路分析

快速移动电动机是点动控制电路。按下自转起动按钮 SB_3→KA_2 线圈得电→中间继电器 KA_2 主触点吸合→快速移动电动机 M_3 运转，拖动刀架快速移动。松开按钮，KA_2 释放，快速移动电动机 M_3 停止。快速移动的方向通过装在溜板箱上的十字形手柄扳到所需的方向来控制。

4) 断路保护电路分析

钥匙开关 SB 的触点与行程开关 ST_2 的常闭触点并联后与漏电保护断路器 QF 的线圈串联。当用钥匙开关 SB 旋转到断开的位置，并且电气箱盖子已盖好时，其盖子压下行程开关 ST_2，常闭触点断开。此种情况下漏电保护断路器 QF 的线圈不得电，漏电保护开关才能合得上。检修时打开配电屏门时行程开关 ST_2 闭合，漏电保护断路器 QF 线圈得电，使其开关不能闭合，确保车床电路断电。ST_1 为挂轮架安全行程开关，它位于床头的皮带罩处。其当装好挂轮架罩时，ST_1 的常开触点才闭合，电动机 M_1、M_2、M_3 才能起动。机床检修床头的皮带罩打开时，行程开关 ST_1 断开，则控制电路被切断，保证人身安全。

3. 照明、信号灯电路分析

控制变压器 TC 的二次分别输出 24 V 和 6 V 交流电压，24 V 交流电压作为机床照明灯的电源。照明电路由开关 SA1 接照明灯 EL 组成，照明灯 EL 另一端接地防止照明变压器一、二次绕组短路时可能发生的触电事故。6 V 交流电压作为信号灯 HL 的电源，信号灯亮表示控制电路有电。它们分别采用断路器 FU_5 和 FU_4 作短路保护。表 9-2 为 CA6140 型车床电器元件。

表 9-2 CA6140 型车床电器元件

代号	名称	型号及规格	数量	用途	备注
M_1	主轴电动机	Y132M-4-B3 7.5 kW、1 450 r/min	1 台	主传动用	
M_2	冷却泵电动机	AOB-25、90 W、3 000 r/min	1 台	输送冷却液用	
M_3	快速移动电动机	AOS56.34、250 W 1 360 r/min	1 台	溜板快速移动用	
FR_1	热继电器	JR16-20/3D、15.4 A	1 个	M_1 的过载保护	
FR_2	热继电器	JR16-20/3D、0.32 A	1 个	M_2 的过载保护	
KM	交流接触器	CJ0-20B、线圈电压 110 V	1 个	控制 M_1	
KA_1	中间继电器	JZ7-44、线圈电压 110 V	1 个	控制 M_2	
KA_2	中间继电器	JZ7-44、线圈电压 110 V	1 个	控制 M_3	
SB_1	按钮	LAY3-01ZS/1	1 只	停止 M_1	
SB_2	按钮	LAY3-10/3.11	1 只	起动 M_2	
SB_3	按钮	LA9	1 只	起动 M_3	
SA2	转换开关	LAY3-10X/2	1 只	控制 M_2	
ST_1、ST_2	行程开关	JWM6-11	2 只	断电保护	
HL	信号灯	ZSD-0、6 V	1 个	刻度照明	无灯罩
QF	断路器	AM2-40、20 A	1 只	电源引入	—
TC	控制变压器	JBK2-100 380 V/110 V/24 V/6 V	1 只	—	110 V、50 VA 24 V、45 VA

本章小结

本章首先介绍了低压电器的特点,对开关电器、熔断器、接触器、继电器、主令电器进行了详细地介绍;然后对三相笼型异步电动机单向运行控制电路,正、反转控制电路进行了详解;最后阐述了 CA6140 型普通车床的控制电路。

实验 9.1 电动机单向运转控制电路的安装、调试与检修

实验 9.2 接触器联锁正、反转控制电路的安装

实验 9.3 Y-△降压起动控制电路的安装与检修

习题 9

9-1　熔断器主要由哪几部分组成？各部分的作用分别是什么？

9-2　交流接触器主要由哪几部分组成？

9-3　中间继电器与交流接触器有什么区别？什么情况下可用中间继电器代替交流接触器使用？

9-4　热继电器能否作短路保护？为什么？

9-5　画出下列电器元件的图形符号，并标出对应的文字符号：熔断器、复合按钮、通电延时时间继电器、断电延时时间继电器、交流接触器、中间继电器。

9-6　自动空气开关有哪些保护功能？其分别由哪些部件完成？

9-7　交流接触器在动作时，常开触头和常闭触头的动作顺序是怎样的？

9-8　三相异步电动机起动时电流很大，热继电器是否会动作？为什么？

9-9　为什么说接触器自锁控制电路具有欠电压和失电压保护作用？

9-10　在正、反转控制电路中，为什么必须加入互锁触点？

9-11　简述 CA6140 型普通车床的电气控制原理。

第 10 章　可编程控制器及其应用

教学目的与要求：了解可编程控制器的概念；掌握 PLC 的结构和工作原理以及如何选用可编程控制器；掌握 PLC 程序设计的流程。

重点：PLC 的结构和工作原理以及如何选用可编程控制器；PLC 程序设计的流程。

难点：PLC 的结构和工作原理以及如何选用可编程控制器。

知识点思维导图如图 10-1 所示。

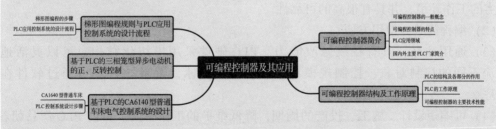

图 10-1　第 10 章思维导图

10.1 可编程控制器简介

10.1.1 可编程控制器的一般概念

可编程控制器，英文名为 Programmable Logic Controller，简称 PLC。它是一个适用于工业现场的以微处理器为核心的数字运算操作电子系统装置。它采用可编程序的存储器，在其内部存储执行逻辑运算、顺序控制、定时、计数和算术运算等操作指令，并通过数字式或模拟式的输入、输出接口控制各种类型的机械或生产过程。

PLC 是以微处理器为基础，综合计算机技术、自动控制技术和通信技术而发展起来的一种新型工业控制装置。它将传统继电器控制技术和现代计算机信息处理两者的优点综合起来，成为工业自动化领域中最重要、应用最多的控制设备，并已跃居工业生产自动化三大支柱（可编程控制器、机器人、计算机辅助设计与制造）的首位。

10.1.2 可编程控制器的特点

PLC 之所以能成为当今增长速度最快的工业自动控制设备，是由于它具备了许多独特的优点，且较好地解决了工业控制领域普遍关心的可靠、安全、灵活、方便、经济等问题。其主要特点如下。

（1）可靠性高，抗干扰能力强。由于采用大规模集成电路和微处理器，使系统器件数大大减少，并且在硬件的设计和制造的过程中采取了一系列隔离和抗干扰措施，故使其能适应恶劣的工作环境，并具有很高的可靠性。

（2）编程简单，使用方便。

（3）通用性好，具有在线修改能力。PLC 硬件采用模块化结构，可以灵活地组合以适应不同的控制对象、控制规模和控制功能的要求。除此之外，可通过软件在线修改程序。

（4）可缩短设计、施工、投产的周期，降低维护的工作时间。目前 PLC 产品朝着系列化、标准化方向发展，开发项目时只需根据控制系统的要求，选用相应的模块进行组合设计即可；此外采用软件编程代替了继电控制的硬连线，大大降低接线工作的耗时；PLC 还具有故障检测和显示功能，因而使故障处理时间大大缩短。

（5）体积小，易于实现机电一体化。

10.1.3 PLC 应用领域

目前，PLC 在国内外已广泛应用于钢铁、石油、化工、电力、建材、机械制造、汽车、轻纺、交通运输、环保及文化娱乐等各个行业，其使用情况主要分为以下 5 类。

1. 开关量逻辑控制

开关量逻辑控制是指取代传统的继电器电路,实现逻辑控制、顺序控制,既可用于单台设备的控制,也可用于多机群控及自动化流水线,如注塑机、印刷机、订书机械、组合机床、磨床、包装生产线、电镀流水线等。

2. 工业过程控制

在工业生产过程中,存在一些如温度、压力、流量、液位和速度等连续变化的量(即模拟量),PLC 采用相应的 A/D 和 D/A 转换模块及各种各样的控制算法程序来处理模拟量,可以完成闭环控制。

3. 运动控制

PLC 可以用于圆周运动或直线运动的控制。一般 PLC 基于专用的运动控制模块,可实现对步进电动机、伺服电动机单轴或多轴运动的控制。基于 PLC 的运动控制已广泛应用于机床、机器人、电梯等控制场合。

4. 数据处理

PLC 具有数学运算(含矩阵运算、函数运算、逻辑运算)、数据传送、数据转换、排序、查表、位操作等功能,可以完成数据的采集、分析及处理。数据处理一般用于造纸、冶金、食品工业中的一些大型控制系统。

5. 通信及联网

PLC 通信含 PLC 间的通信及 PLC 与其他智能设备间的通信。随着工厂自动化网络的发展,现在的 PLC 都具有通信接口,通信非常方便。

10.1.4 国内外主要 PLC 厂家简介

世界上 PLC 产品可按地域主要分成欧洲产品、日本产品和美国产品。美国和欧洲的 PLC 技术是各自独立研发的,两地的 PLC 产品差异性较大。日本的 PLC 产品主要继承的是美国技术,与美国产品类似。但日本的主推产品是小型 PLC,而欧美则以大、中型 PLC 闻名。

1. 欧洲 PLC 产品

欧洲著名的 PLC 厂家有德国的西门子(SIEMENS)公司、德国的 AEG 公司以及法国的 TE 公司。其中德国西门子生产的 PLC 以性能精良而久负盛名。

西门子 PLC 主要产品是 S5、S7 系列。在 S5 系列中,S5-90U、S-95U 属于微型整体式 PLC;S5-100U 是小型模块式 PLC,最多可配置到 256 个 I/O 点;S5-115U 是中型 PLC,最多可配置到 1 024 个 I/O 点;S5-115UH 是中型机,它是由两台 SS-115U 组成的双机冗余系统;S5-155U 为大型机,最多可配置到 4 096 个 I/O 点,模拟量可达 300 多路;SS-155H 是大型机,它是由两台 S5-155U 组成的双机冗余系统。而 S7 系列是近年西门子公司在 S5 系列 PLC 基础上推出的新产品,其性价比高,其中 S7-200 系列属于微型 PLC,S7-300 系列属于中小型 PLC,S7-400 系列属于中高性能的大型 PLC。

2. 日本 PLC 产品

日本的小型 PLC 最具特色,在世界小型 PLC 市场上,日本产品约占有 70% 的份额。日本 PLC 制造商众多,常见的有三菱、欧姆龙、松下、富士、日立、东芝等。

1) 三菱公司 PLC 产品

三菱公司的 PLC 是较早进入中国市场的产品。其小型机 F1/F2 系列是 F 系列的升级产品，早期在我国的销量也不小。F1/F2 系列加强了指令系统，增加了特殊功能单元和通信功能，比 F 系列有了更强的控制能力。继 F1/F2 系列之后，20 世纪 80 年代末三菱公司又推出 FX 系列，在容量、速度、特殊功能、网络功能等方面都有了全面的加强。FX2 系列是在 90 年代开发的整体式高功能小型机，它配有各种通信适配器和特殊功能单元。FX2N 是近几年推出的高功能整体式小型机，它是 FX2 的换代产品，各种功能都有了全面的提升。近年来还不断推出满足不同要求的微型 PLC，如 FX0S、FX1S、FX0N、FX1N 及 α 系列等产品。

三菱公司的大中型机有 A 系列、QnA 系列、Q 系列，具有丰富的网络功能，I/O 点数可达 8 192 点。其中 Q 系列性能较高，它具有体积超小、安装方式灵活、双 CPU 协同处理、多存储器、远程口令等特点。

2）欧姆龙公司 PLC 产品

欧姆龙公司生产的大、中、小、微型 PLC 规格齐全。微型机以 SP 系列为代表。小型机有 P 型、H 型、CPM2C、CQM1 等。P 型机现已被性价比更高的 CPM1A 系列所取代，CPM2A/2C、CQM1 系列内置 RS-232C 接口和实时时钟，并具有软 PID 功能。中型机有 C200H、C200HS、C200HX、C200HG、C200HE、CS1 系列。C200H 具有较强的通信和网络功能。C200HS 是 C200H 的升级产品，指令系统更丰富、网络功能更强。C200HX/HG/HE 是 C200HS 的升级产品，有 1 148 个 I/O 点，其容量是 C200HS 的 2 倍，速度是 C200HS 的 3.75 倍，且配备品种齐全的通信模块，是一款适用于信息化的 PLC 产品。CS1 系列具有中型机的规模、大型机的功能，是一种极具推广价值的新机型。大型机有 C1000H、C2000H、CV（CV500/CV1000/CV2000/CVM1）等。C1000H、C2000H 可单机或双机热备运行，C2000H 可在线更换 I/O 模块；CV 系列中除 CVM1 外，均可采用结构化编程，且易读、易调试，并具有更强大的通信功能。

3）松下公司 PLC 产品

松下公司的 PLC 产品中，FP0 为微型机，FP1 为整体式小型机，FP3 为中型机，FP10、FP10S、FP20 为大型机，其中 FP20 是最新产品。松下公司近几年 PLC 产品的主要特点是指令系统功能强；部分机型提供 FP-BASIC 语言编程的 CPU 模块，这为复杂系统的开发提供了便利；FP 系列各种 PLC 配置的通信机制，为多级 PLC 网络和开发 PLC 网络应用程序带来了方便。

3. 美国 PLC 产品

美国有 100 多家 PLC 厂商，著名的有 A-B 公司、通用电气（GE）公司、莫迪康（MODICON）公司、德州仪器（TI）公司、西屋公司等。其中 A-B 公司是美国最大的 PLC 制造商，其产品约占美国 PLC 市场的一半。

1）A-B 公司 PLC 产品

A-B 公司产品 PLC 规格齐全、种类丰富，其主推的大、中型 PLC 产品是 PLC-5 系列。该系列为模块式结构，当 CPU 模块为 PLC-5/10、PLC-5/12、PLC-5/15、PLC-5/25 时，属于中型 PLC，I/O 点配置范围为 256～1 024 点；当 CPU 模块为 PLC-5/11、PLC-5/20、PLC-5/30、PLC-5/40、PLC-5/60、PLC-5/40L、PLC-5/60L 时，属于大型 PLC，I/O 点最多可配置到 3 072 点。该系列中 PLC-5/250 功能最强，最多可配置到 4 096 个 I/O 点，具有强大的控制和信息管理功能。大型机 PLC-3 最多可配置到 8 096 个 I/O 点。A-B 公司的小型 PLC 产品有 SLC500 系列等。

2) GE 公司 PLC 产品

GE 公司的 PLC 代表产品是小型机 GE-1、GE-1/J、GE-1/P 等。除 GE-1/J 外，均采用模块结构。GE-1 用于开关量控制系统，最多可配置到 112 个 I/O 点。GE-1/J 是更小型化的产品，其 I/O 点最多可配置到 96 点。GE-1/P 是 GE-1 的增强型产品，增加了部分功能指令（数据操作指令）、功能模块（A/D 与 D/A 等）、远程 I/O 功能等，其 I/O 点最多可配置到 168 点。中型机 GE-Ⅲ，它比 GE-1/P 增加了中断、故障诊断等功能，最多可配置到 400 个 I/O 点。大型机 GE-Ⅴ，它比 GE-Ⅲ增加了部分数据处理、表格处理、子程序控制等功能，并具有较强的通信功能，最多可配置到 2 048 个 I/O 点。GE-Ⅵ/P 最多可配置到 4 000 个 I/O 点。

3) IT 公司 PLC 产品

TI 公司的小型 PLC 新产品有 510、520 和 TI100 等系列；中型 PLC 新产品有 TI300、5TI 等系列；大型 PLC 产品有 PM550、530、560、565 等系列。除 TI100 和 TI300 无联网功能外，其他 PLC 都可实现通信，故可以构成分布式控制系统。

4. 国产 PLC 特点

目前国产 PLC 厂商众多，主要集中在台湾、深圳以及江浙一带，如台达、永宏、盟立和利时等。国内厂商的 PLC 主要集中于小型 PLC，如欧辰、亿维等；还有一些厂商生产中型 PLC，如盟立、南大傲拓等。

台达 PLC 是台达为工业自动化领域专门设计的、实现数字运算操作的电子装置。台达 PLC 采用可以编制程序的存储器，用来在其内部存储执行逻辑运算、顺序运算、计时、计数和算术运算等操作的指令，并能通过数字式或模拟式的输入和输出，控制各种类型的机械或生产过程。

目前台达 PLC 有 ES、EX、EH2、PM、SA、SC、SS、SX、SV 等系列。各系列机型均有各自特点，可满足不同控制要求。ES 系列性价比较高，可实现顺序控制；EX 系列具备数字量和模拟量 I/O，可实现反馈控制；EH 系列采用了 CPU+ASIC 双处理器，支持浮点运算，指令最快执行速度达 0.24 μs；PM 系列可实现 2 轴直线/圆弧差补控制，最高脉冲输出频率达 500 kHz；SS 系列外形轻巧，可实现基本顺序控制；SA 系列内存容量 8 k steps，运算能力强，可扩展 8 个功能模块；SC 系列具有 100 kHz 的高速脉冲输出和 100 kHz 的脉冲计数；SX 系列具有 2 路模拟量输入和 2 路模拟量输出，并可扩展 8 个功能模块；SV 系列外形轻巧，采用了 CPU+ASIC 双处理器，支持浮点运算，指令最快执行速度达 0.24 μs。

10.2 可编程控制器结构及工作原理

10.2.1 PLC 的结构及各部分的作用

PLC 的类型繁多，功能和指令系统也不尽相同，但结构与工作原理则大同小异，通常由主机（CPU）、输入/输出（I/O）接口、电源、编程器、输入/输出（I/O）扩展接口和外部设备接口等几个主要部分组成，如图 10-2 所示。

1. 主机（CPU）

CPU 是 PLC 的核心，起神经中枢的作用。每套 PLC 至少有一个 CPU，它按 PLC 的系统

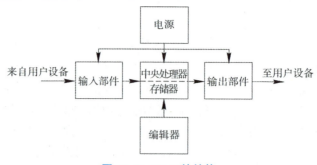

图 10-2　PLC 的结构

我国跨国输电现状

程序赋予的功能接收并存贮用户程序和数据，用扫描的方式采集由现场输入装置送来的状态或数据，并存入规定的寄存器中。同时，它还可以诊断电源和 PLC 内部电路的工作状态和编程过程中的语法错误等。进入运行状态后，从用户程序存储器中逐条读取指令，经分析后再按指令规定的任务产生相应的控制信号，去控制相关的控制电路。

CPU 主要由运算器、控制器、寄存器以及实现它们之间联系的数据、控制及状态总线构成，CPU 单元还包括外围芯片、总线接口及有关电路。寄存器主要用于存储程序及数据，是 PLC 不可缺少的组成单元。控制器控制 CPU 工作，由它读取指令、解释指令及执行指令，但工作节奏由震荡信号控制。运算器用于进行数字或逻辑运算，在控制器指挥下工作。寄存器参与运算，并存储运算的中间结果，它也是在控制器指挥下工作。

CPU 速度和内存容量是 PLC 的重要参数，它们决定着 PLC 的工作速度、I/O 数量及软件容量等，因此它决定着控制规模。

2. 输入/输出（I/O）接口

I/O 接口是 PLC 与输入/输出设备连接的部件。输入接口接收输入设备（如按钮、传感器、触点、行程开关等）的控制信号；输出接口是将主机经处理后的结果通过功放电路去驱动输出设备（如接触器、电磁阀、指示灯等）。I/O 接口一般采用光电耦合电路，以减少电磁干扰，从而提高可靠性。I/O 点数即输入、输出端子数是 PLC 的一项主要技术指标，通常小型机有几十个点，中型机有几百个点，大型机将超过千点。

3. 电源

电源是指为 CPU、存储器、I/O 接口等内部电子电路工作所配置的直流开关稳压电源，通常也为输入设备提供直流电源。

4. 编程器

编程器是 PLC 的一种主要的外部设备，用于手持编程，用户可用以输入、检查、修改、调试程序或监视 PLC 的工作情况。除手持编程器外，还可通过适配器和专用电缆线将 PLC 与电脑连接，并利用专用的工具软件进行电脑编程和监控。

5. 输入/输出（I/O）扩展接口

I/O 扩展接口用于将扩充外部输入/输出端子数的扩展单元与基本单元（即主机）连接在一起。

6. 外部设备接口

此接口可将编程器、打印机、条码扫描仪等外部设备与主机相连，以完成相应的操作。

10.2.2 PLC 的工作原理

PLC 是采用"顺序扫描,不断循环"的方式进行工作的。即在 PLC 运行时,CPU 根据用户按控制要求编制好并存于用户存储器中的程序,按指令步序号(或地址号)做周期性循环扫描,如果无跳转指令,则从第一条指令开始逐条顺序执行用户程序,直至程序结束;然后重新返回第一条指令,开始下一轮新的扫描。在每次扫描过程中,还要完成对输入信号的采样和对输出状态的刷新等工作。

PLC 扫描一个周期必经输入采样、程序执行和输出刷新 3 个阶段。

输入采样阶段:首先以扫描方式按顺序将所有暂存在输入锁存器中的输入端子的通断状态或输入数据读入,并将其写入各对应的输入状态寄存器中,即刷新输入;随后关闭输入端口,进入程序执行阶段。

程序执行阶段:按用户程序指令存放的先后顺序扫描执行每条指令,经相应的运算和处理后,其结果再写入输出状态寄存器中,输出状态寄存器中所有的内容随着程序的执行而改变。

输出刷新阶段:当所有指令执行完毕,输出状态寄存器的通断状态在输出刷新阶段送至输出锁存器中,并通过一定的方式(继电器、晶体管或晶闸管)输出,驱动相应输出设备工作。

10.2.3 可编程控制器的主要技术性能

1. I/O 点数
I/O 点数指 PLC 外部输入和输出端子数。

2. 用户程序存储容量
用户程序存储容量用来衡量 PLC 所能存储用户程序的多少。

3. 扫描速度
扫描速度指扫描 1 000 步用户程序所需的时间,以 ms/千步为单位。

4. 指令系统条数
指令系统条数指 PLC 具有的基本指令和高级指令的种类和数量。种类数量越多,软件功能越强。

5. 编程元件的种类和数量
编程元件的种类通常有输入继电器、输出继电器、辅助继电器、定时器、计数器、通用"字"寄存器、数据寄存器及特殊功能继电器等,其种类和数量是衡量 PLC 的一个指标。

10.3 梯形图编程规则与 PLC 应用控制系统的设计流程

程序编制就是用户根据控制对象的要求,利用 PLC 厂家提供的程序编制语言,将一个控制要求描述出来的过程。PLC 最常用的编程语言是梯形图语言和指令语句表语言，且两者常常联合使用。梯形图语音是一种从继电接触控制电路图演变而来的图形语言，它是借助类似于继电器的动合、动断触点，线圈以及串、并联等术语和符号，根据控制要求连接而成的表示 PLC 输入和输出之间逻辑关系的图形，直观易懂。指令语句表语言是一种用指令助记符来编制 PLC 程序的语言，它类似于计算机的汇编语言，但比汇编语言易懂易学，若干条指令组成的程序就是指令语句表。一条指令语句由步序、指令语和作用器件编号 3 部分组成。

10.3.1 梯形图编程的步骤

梯形图编程由以下 8 个步骤组成。

（1）决定系统所需的动作及次序。当使用可编程控制器时，最重要的一环是决定系统所需的输入及输出，这主要取决于系统所需的输入及输出接口分立元件。输入及输出要求：第一步是设定系统输入及输出数目，可由系统的输入及输出分立元件数目直接取得；第二步是决定控制先后、各器件相应关系以及做出何种反应。

（2）将输入及输出器件编号。每一输入和输出器件，包括定时器、计数器、内置继电器等都有一个唯一的对应编号，不能混用。

（3）画出梯形图。根据控制系统的动作要求，画出梯形图。梯形图设计规则如下。

① 触点应画在水平线上，不能画在垂直分支上；应根据自左至右、自上而下的原则和对输出线圈的几种可能控制路径来画。

② 不包含触点的分支应放在垂直方向，不可放在水平位置，以便于识别触点的组合和对输出线圈的控制路径。

③ 在有几个串联回路相并联时，应将触头多的那个串联回路放在梯形图的最上面；在有几个并联回路相串联时，应将触点最多的并联回路放在梯形图的最左面。这种安排所编制的程序简洁明了，语句较少。

④ 不能将触点画在线圈的右边，只能在触点的右边接线圈。

（4）将梯形图转化为程序。把继电器梯形图转变为可编程控制器的编码，当完成梯形图以后，下一步是把它编码成可编程控制器能识别的程序。这种程序语言是由地址、控制语句、数据组成。地址是控制语句及数据所存储或摆放的位置；控制语句告诉可编程控制器怎样利用数据做出相应的动作。

（5）在编程方式下用键盘输入程序。

（6）编程及设计控制程序。

（7）测试控制程序的错误并修改。

（8）保存完整的控制程序。

10.3.2 PLC 应用控制系统的设计流程

在掌握了 PLC 的基本原理、编程语言以及编程规则的基础上，可以结合实际问题完成 PLC 应用控制程序的设计。图 10-3 所示为 PLC 应用控制系统的设计流程图。

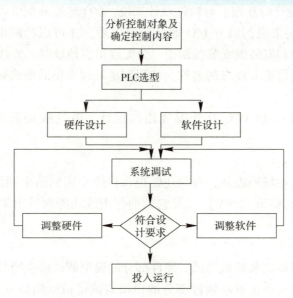

图 10-3　PLC 应用控制系统的设计流程图

其设计主要分为以下 5 个步骤。

1. 分析被控对象及确定控制内容

首先深入分析被控对象的控制过程和要求，尽可能画出工作流程图；找出被控系统应具备的所有功能和控制要求；最后根据系统的具体要求，制订控制方案，在确保满足控制要求的前提下，做到安全可靠、简单经济。

2. PLC 选型

当某一个控制任务决定由 PLC 来完成后，选择 PLC 就成为最重要的事情。一方面是选择多大容量的 PLC，另一方面是选择什么公司的 PLC 及外设。对第一个问题，首先要对控制任务进行详细的分析，把所有的 I/O 点找出来，包括开关量 I/O 和模拟量 I/O 以及这些 I/O 点的性质。I/O 点的性质主要指它们是直流信号还是交流信号，电压多大，输出是用继电器型还是晶体管型或是可控硅型。对第二个问题，则有以下 4 个方面要考虑。

1) 功能方面

所有 PLC 一般都具有常规的功能，但对某些特殊要求，就要知道所选用的 PLC 是否有能力完成控制任务。如对 PLC 与 PLC、PLC 与智能仪表及上位机之间有灵活方便的通讯要求，或对 PLC 的计算速度、用户程序容量等有特殊要求，或对 PLC 的位置控制有特殊要求等。这就要求用户对市场上流行的 PLC 品种有一个详细的了解，以做出正确的选择。

2) 价格方面

不同厂家的 PLC 产品价格相差很大，有些功能类似、质量相当、I/O 点数相当的 PLC 的价格可以相差 40%以上。在使用 PLC 较多的情况下，这样的差价是必须考虑的因素。

3) 输入/输出接口电路

输入一般采用光耦隔离，需判断输出为继电器型输出还是晶体管型输出。

4) I/O 点数扩展和编址

思考所选的 PLC 是否满足所设计的控制系统对 I/O 点数扩展和编址需求。PLC 型号选择完成后，需对 I/O 地址进行分配。I/O 点数输入/输出信号在 PLC 接线端子上的地址分配是进行 PLC 控制系统设计的基础。对软件设计来说，I/O 地址分配以后才可进行编程；对控制柜及 PLC 的外围接线来说，只有 I/O 地址确定以后，才可以绘制电气接线图、装配图，让装配人员根据线路图和安装图安装控制柜。分配输出点地址时，要注意负载类型问题。在进行 I/O 地址分配时最好把 I/O 点的名称、代码和地址以表格的形式列写出来。

3. 硬件设计

硬件系统设计主要包括 PLC 及外围线路的设计、电气线路的设计和抗干扰措施的设计等。

4. 软件设计

软件设计时除 I/O 地址列表外，有时还要把在程序中用到的中间继电器（M）、定时器（T）、计数器（C）和存储单元（V）以及它们的作用或功能列写出来，以便编写程序和阅读程序。

5. 系统调试

系统调试分为模拟调试和联机调试。硬件部分的模拟调试可在断开主电路的情况下，主要试一试手动控制部分是否正确；软件部分的模拟调试可借助模拟开关和 PLC 输出端的输出指示灯进行，需要模拟量信号 I/O 时，可用电位器和万用表配合进行。调试时，可利用上述外围设备模拟各种现场开关和传感器状态，然后观察 PLC 的输出逻辑是否正确。如果有错误则修改后反复调试。现在 PLC 的主流产品都可在 PC 机上编程，并可在电脑上直接进行模拟调试。

联机调试时，可把编制好的程序下载到现场的 PLC 中。有时 PLC 也许只有这一台，这时就要把 PLC 安装到控制柜相应的位置上。调试时一定要先将主电路断电，只对控制电路进行联调即可。通过现场联调信号的接入常常还会发现软、硬件中的问题，有时厂家还要对某些控制功能进行改进，这种情况下，都要经过反复测试系统后，才能最后交付使用。

10.4 基于 PLC 的三相笼型异步电动机的正、反转控制

本书第 9.3 节我们已经学习了三相笼型异步电动机的正、反转控制电路，图 9-28 即为接触器联锁的正、反转控制电路。图中控制系统中使用了继电器、接触器等器件。在这样的纯硬继电器系统中，系统的接线难度会随着系统的复杂程度增加；再者，继电器系统使用了大量的机械触点，其存在机械磨损和电弧烧伤等缺点。以上原因使系统的可靠性和可维护性都变得很差。

由于 PLC 具有功能强、可靠性高、抗干扰能力强、安装维护方便等很多优点，故其完全可以取代传统的继电器控制系统。本节将采用 PLC 来实现交流电动机正、反转的控制，以此为例来说明这个"替代"的过程，熟悉根据实际项目如何进行 PLC 开发设计。

1. 三相笼型异步电动机的正、反转控制要求

根据第 9.3 节的思路，设计一个三相笼型异步电动机的正、反转控制程序，要求如下。

按下 SB_1 按钮（正转）：若在此之前电动机没有工作，则电动机正转起动，并保持电动机正转；若在此之前电动机反转，则将电动机切换到正转状态，并保持电动机正转；若在此

之前电动机已经是正转，则电动机的转动状态不变，且电动机正转状态一直保持到有 SB_2 按钮（反转）或 SB_3 按钮（停止）被按下为止。

按下 SB_2 按钮（反转）：若在此之前电动机没有工作，则电动机反转起动，并保持电动机反转；若在此之前电动机正转，则将电动机切换到反转状态，并保持电动机反转；若在此之前电动机已经是反转，则电动机的转动状态不变，且电动机反转状态一直保持到有 SB_1 按钮（正转）或 SB_3 按钮（停止）被按下为止。

按下 SB_3 按钮（停止）：停止电动机的转动。

设计过程中需要注意的是，电动机不可以同时进行正转和反转，否则会损坏系统。

2. 输入点和输出点分配表

输入点和输出点分配表如表 10-1 所示。

表 10-1 输入点和输出点分配表

输入信号			输出信号		
名称	代号	输入点编号	名称	代号	输出点编号
停止	SB_3	X2	—	—	—
正转	SB_1	X0	正转接触器	KM_1	Y0
反转	SB_2	X1	反转接触器	KM_2	Y1

3. PLC 接线图

I/O 分配表完成后，接着根据 I/O 分配表画出 PLC 控制系统的接线图。本例的 PLC 接线图如图 10-4 所示。

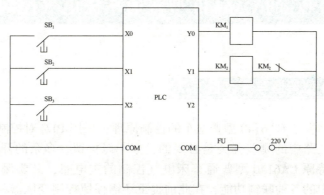

图 10-4 PLC 接线图

4. 程序设计

接线图完成后紧接着就是控制程序的编写，在这里我们使用 STEP7-Micro/WIN32 编程软件，该软件功能强大，使用方便。可以在程序编写完成后进行运行监控、模拟调试、修改，直到完全符合控制需要。程序编写要注意自锁和互锁环节，正转控制中用正转输出 Y0 开节点并联在 X0 上实现自锁；用反转输出 Y2 的闭节点串在线路中做互锁。反转控制中也一样，反转用 Y1 开节点自锁，Y0 闭节点实现互锁。梯形图编写如图 10-5 所示。表 10-2 为对应的指令语句表。

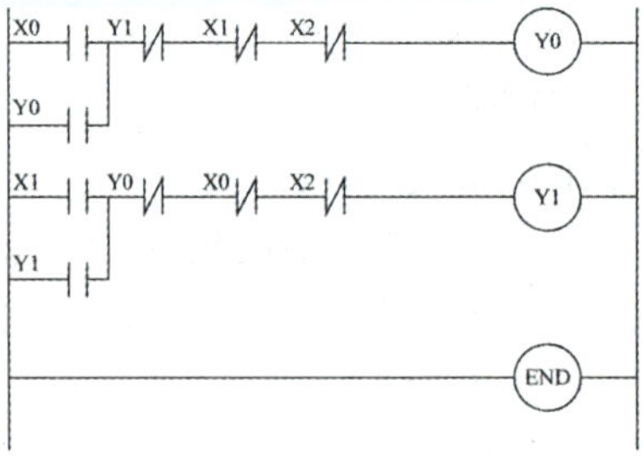

图 10-5 PLC 编程梯形图

表 10-2 指令语句表

0	LD X0	7	OR Y1
1	OR Y0	8	ANI Y0
2	ANI Y1	9	ANI X0
3	ANI X1	10	ANI X2
4	ANI X2	11	OUT Y1
5	OUT Y0	12	END
6	LD X1		

5. 运行并调试程序

将梯形图程序输入到计算机后，下载程序到 PLC，并对程序进行调试运行。通过软硬件调试，使电动机在程序控制下实现异步电动机的正反转控制。

10.5 基于 PLC 的 CA6140 型普通车床电气控制系统的设计

10.5.1 CA6140 型普通车床改造方法

前面我们已经掌握了 CA6140 型普通车的控制原理，采用 PLC 对控制线路进行整改升级时，需要先考虑该线路中哪些开关是必要的，应予以保留，多余的开关与继电器全部用 PLC 代替。既要保持原 CA6140 型普通车床电气控制的主电路，又要保持原机床的操作风格，继而保证线路中的各种联锁功能，在此前提下还需保留控制变压器和照明灯。我们需要做的就是把线路中的开关控制功能转移给 PLC，由 PLC 自动完成各个线路中电动机的运转。我们在进行 PLC 改造的同时，各个电动机的起停、保护元件要接入 PLC 的输入端。110 V 交流电压用作交流接触器、中间继电器的工作电源，24 V 与 6 V 交流电压则为照明灯、指示灯提供电源。

10.5.2 PLC 控制系统设计步骤

1. 功能描述

旋转钥匙开关 SB 至断开，关闭控制箱门（SQ_2 处于断开状态），执行以下操作：

按下 SB_2，主轴电动机 M_1 开始起动，持续运转；

转动钥匙开关 SA_2，电动机 M_2 随即起动为冷却泵提供动力，冷却液开始输出；

按下 SB_3（不能松开），快速移动电动机 M_3 运转，松开 SB_3，电动机 M_3 会即刻停止；

按下 SA_1，照明灯 EL 被点亮，为机床提供光源；

按下 SA_1，电动机 M_1 停止，由于电动机 M_1 与 M_2 存在联锁，当 M_1 处在运行的状态下时，电动机 M_2 才能起动，否则，按下 SA_2，电动机 M_2 仍然无法运转，当电动机 M_1 停止时，电动机 M_2 也停止；

行程开关 ST_1 闭合时，电动机 M_1、M_2、M_3 均能运转，反之，电动机也都无法起动；

当行程开关 SQ_2 为闭合状态时，断路器 QF 也是无法闭合的，此时电动机 M_1、M_2、M_3 均不能正常运转。

2. I/O 分配表

输入点和输出点 I/O 分配表如表 10-3 所示。

表 10-3 PLC I/O 分配表

输入端	输入器件	输出端	输出器件
SB_2	X1	Y1	KM
SB_3	X3	Y3	KA_2
SA_2	X2	Y2	KA_1
SB、ST_2	X7、X5	Y0	QF
SB_1	X0	—	—
ST_1	X4	—	—
SA_1	X12	Y4	EL
FR_1	X10		
FR_2	X11		

3. 接线图

图 10-6 所示为 PLC 控制电路接线图。

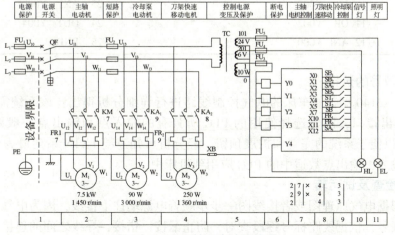

图 10-6 PLC 控制电路接线图

4. 梯形图

图 10-7 所示为 PLC 编程梯形图。

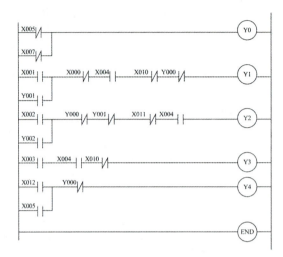

图 10-7　PLC 编程梯形图

5. 指令表

表 10-4 所示为 PLC 指令语句表。

表 10-4　指令语句表

0	LD	X006	13	ANI	Y001
1	ORI	X007	14	ANI	X011
2	OUT	Y000	15	AND	X004
3	LD	X001	16	OUT	Y002
4	OR	Y001	17	LD	X003
5	ANI	X000	18	AND	X004
6	AND	X004	19	ANI	X010
7	ANI	X010	20	OUT	Y003
8	ANI	Y000	21	LD	X012
9	OUT	Y001	22	OR	Y004
10	LD	X002	23	ANI	Y000
11	OR	Y002	24	OUT	Y004
12	ANI	Y000	25	END	

6. PLC 型号的选择

通过对 CA6140 型普通车床的电气控制线路进行详细分析得出：该系统需要 10 个输入接口，5 个输出接口，因为选择使用的 PLC 所具有的输入点和输出点一般要比所需冗余 10%～15%，以便于系统的完善和扩展预留，经分析可知三菱 FX1N 系列最为合适，故从此系列中选择输入、输出点数适中的 PLC 应用到机床中。

7. 通电检查及试运转

首先，根据电气原理图或者接线图一步步顺着电源端往下接线，因为电气原理图各个部件之间都有线号，依据线路标号逐段查对，防止漏接、错接，导线之间的连接要按照实际要求操作，压接要牢靠，接完以后可以用手适当拉一下，证明接触良好，避免在带负载的时候出现闪弧现象。

然后用万用表测量各个线路的电阻是否为零，控制电路与主回路尽量分开测量，并且注意自锁、联锁装置的动作及可靠性。

确保无问题，应先进行通电试运转，并且在通电以前，要两个人搭配完成，一人负责机床程序操作，一人负责监护，在运行以前，检查通电试运行的电气设备有没有不安全的因素；按控制原理起动电动机，若其平稳运行，还须用钳形电流表检测三相电，保证均衡，拆机顺序为先拆除三相电源线再拆除电动机线。

本章小结

本章首先介绍了可编程控制器的概念、结构、功能及各部分的作用；随后阐述了 PLC 的工作方式，PLC 是采用"顺序扫描，不断循环"的方式进行工作的。PLC 的主要技术性能是选用 PLC 的重要参考，主要包括 I/O 点数、用户程序存储容量、扫描速度、指令系统条数以及编程元件的种类和数量等。PLC 通常采用基本指令和梯形图进行编写。第 2 节主要介绍了基本指令以及对应的梯形图；第 3 节主要讲述了梯形图编程的流程以及如何根据实际需求选用 PLC 进行控制程序设计；通过第 4 节基于 PLC 的三相笼型异步电动机正、反转控制的设计流程，可以巩固学生 PLC 程序编写能力；第 5 节为基于 PLC 的 CA6140 型普通车床电气控制系统的设计，为能力提升部分，可强化学生运用 PLC 解决实际项目问题的能力。

能源变革与开发

习题 10

10-1　PLC 主要由哪几部分组成?

10-2　简述 PLC 的基本工作原理。

10-3　如何基于实际项目设计 PLC 应用程序？其流程是什么？

10-4　怎样根据实际项目要求选择一合适的 PLC？

10-5　试用 PLC 编程完成三相异步电动机的 Y-△ 起动控制。

10-6　试用 PLC 编程实现以下要求的梯形图。用一个开关 X0 控制 3 个灯 Y1、Y2、Y3 的亮/灭：X0 闭合一次，Y1 灯亮；闭合两次，Y2 灯亮；闭合 3 次，Y3 灯亮；闭合 4 次，3 个灯全部熄灭。

第 11 章　工业/企业供电与用电安全

教学目的与要求：了解供配电知识；掌握安全用电的知识；掌握保护接地与保护接零；掌握触电的几种情况及触电的预防措施。

重点：安全用电的知识；保护接地与保护接零；触电的几种情况及触电的预防措施。

难点：保护接地与保护接零；触电的几种情况及触电的预防措施。

知识点思维导图如图 11-1 所示。

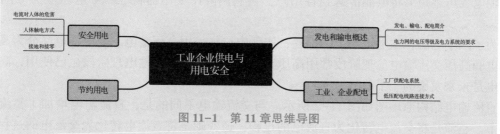

图 11-1　第 11 章思维导图

11.1 发电和输电概述

电力是现代工业发展的主要动力,在各行各业中都得到了广泛的应用。电力系统是发电厂、输电线、变电所及用电设备的总称,具体地说就是由大量的发电机、变压器、电力线路和负荷组成的旨在生产、传输、分配和消费电能的各种电气设备按一定方式连成的整体。

11.1.1 发电、输电、配电简介

1. 发电

发电是将水力、火力、风力、核能和沼气等非电能转换成电能的过程。我国以水力和火力发电为主,近几年也在发展核能发电。

发电其实是一种能量的转换:火力发电是将煤炭、石油或天然气等化石燃料燃烧所产生的热能转化为机械能以生产电能;水力发电是将水的势能转化为电能;核能发电则是利用受控核裂变产生热能,将热能转化为机械能,再由机械能转化为电能;可再生能源如风能、太阳能、生物质能、地热能、潮汐能、燃料电池等,都可用来进行发电,实质上也是其他能量转换为电能的过程。发电是由发电机组完成的,发电机发出的电压一般为 6~10 kV。

2. 输电

输电就是将电能输送到用电地区或直接输送到大型用电户。输电网是由 35 kV 及以上的输电线路与其相连接的变电所组成,它是电力系统的主要网络。输电是联系发电厂和用户的中间环节。

输电过程中,一般将发电机组发出的 6~10 kV 电压经升压变压器变为 35~500 kV 高压,通过输电线可远距离将电能传送到各用户,再利用降压变压器将 35 kV 电压变为 6~10 kV 电压。

为了减小电能在输电线路上的损耗,实际中往往采用高压输电。高压输电又分为高压直流输电和高压交流输电。现阶段常用高压交流输电,高压直流输电现阶段也已使用,高压直流输电是未来发展的一个趋势。

直流输电结构原理图如图 11-2 所示。与交流输电不同的是,直流输电增加了整流和逆变环节。整流是将交流电转化为直流电的过程,逆变则是将直流电转化为交流电的过程。

图 11-2 直流输电结构原理图

直流输电与交流输电相比有以下优点:

1) 输送相同功率时,线路造价低

直流输电采用单根或者双根导线进行输电,因此与交流输电相比可节省大量输电材料,同时也可减少大量的运输、安装费。

2) 线路有功损耗小

由于直流架空线节省了1~2根导线，故电路中总阻抗减小，所以有功损耗降低。

3) 传输功率大

在有色金属和绝缘材料相同的条件下，直流时的允许工作电压比在交流下约高3倍，而且直流电缆线路输送的功率要比交流电缆线路输送的功率大得多。此外直流输电还具有系统稳定性好、能限制系统的短路电流、调节速度快、运行可靠等优点。

直流输电通常适用于以下场合：远距离大功率输电；海底电缆送电；不同频率或同频率非同期运行的交流系统之间的联络；地下电缆向大城市供电；交流系统互联或配电网增容时，也可作为限制短路电流的措施之一；配合新能源发电设备进行输电。

3. 配电

配电是由10 kV及以下的配电线路和配电（降压）变压器所组成。它的作用是将电能降为380/220 V低压再分配到各个用户。

台达 DeltaControls "入驻"
国际商贸合作综合体

11.1.2 电力网的电压等级及电力系统的要求

根据GB/T 2900.50-2008中定义2.1规定，高（电）压通常指高于1 kV（不含）的电压等级，低（电）压指用于配电的交流电力系统中1 kV及以下的电压等级，国际上公认的高、低压电器的分界线的交流电压是1 kV（直流则为1 500 V）。

我国1 kV及以上的电压等级有1 kV、3 kV、6 kV、10 kV、35 kV、60 kV、110 kV、220 kV、330 kV、500 kV、1 000 kV等；1 kV及以下的电压等级有220 V、380 V等。36 V以下的电压称为安全电压，我国规定的安全电压等级有8 V、24 V、36 V等。

为保证供电的可靠性和安全连续性，电力系统将各地区、各种类型的发电机变压器、输电线、配电和用电设备等连成一个环形整体。通常电力系统运行的基本要求如下：

1) 供电方式保证安全可靠（安全）

这是指要求对系统的运行进行安全监护，需配备足够的有功电源和无功电源，并需完善电力系统的结构。

2) 要有合乎要求的电能质量（优质）

电能质量通常包括电压、频率和波形。其中电压偏移一般不超过用电设备额定电压的 ±5%；频率偏移一般不超过±(0.2~0.5) Hz；波形畸变率不能超过给定限制，通常6~10 kV波形畸变率不超过4%，0.38 kV波形畸变率不超过5%。

此外还要求电力系统具有良好的经济性和尽可能减小对生态环境的有害影响（环保），优先调度清洁能源（如风能、太阳能、海洋能、水能、生物质能、核能）。对火电机组，按照煤耗水平调度发电，尽最大可能减少废气排放量。

11.2 工业、企业配电

供配电系统的主要功能是从输电网接受电能，然后逐级分配电能或就地消费，即将高压电能降低至既方便运行又适合用户需要的各种电压,组成多层次的配电网,向各类电力用户供电。配电网按电压等级分为高压配电网和低压配电网;按供电的区域和对象分为城市配电网和农村配电网。常用的高压配电线额定电压有 6 kV、10 kV、35 kV 3 种;低压配电线额定电压有 380 V 和 220 V 两种。

11.2.1 工厂供配电系统

常用的低压配电线路是由配电室(配电箱)、低压线路、用电线路组成。通常一个低压配电线路的容量在几十千伏安到几百千伏安的范围,负责几十个用户的供电。为了合理地分配电能、有效地管理线路、提高线路的可靠性,一般都采用分级供电的方式,即按照用户地域或空间的分布,将用户划分成供电片区,通过干线、支线向片区供电。整个供电线路形成一个分级的网状结构。

工厂供配电系统由总降压变电所、高压配电线路、车间变电所、低压配电线路及用电设备组成。下面主要介绍总降压变电所、车间变电所和低压配电线路。

1) 总降压变电所

一般大、中型工业企业内均设有总降压变电所,负责将 35～110 kV 的外部供电电源变换为 6～10 kV 的厂区高压配电电源,给厂区各车间变电所或高压电动机供电。

2) 车间变电所

在一个生产车间内,根据生产规模、用电设备的多少和用电量的大小等情况,可设立一个或多个车间变电所。由车间变电所将 6～10 kV 的电压降为 380/220 V,再通过车间低压配电线路,给车间用电设备供电。

3) 配电线路

配电线路分为厂区高压配电线路和车间低压配电线路。厂区高压配电线路将总降压变电所、车间变电所和高压用电设备连接起来。车间低压配电线路主要用以向低压用电设备供应电能。

11.2.2 低压配电线路连接方式

从车间变电所或配电箱到用电设备的线路属于低压配电线路,其连接方式主要有放射式和树干式两种。

1. 放射式配电线路

放射式配电线路如图 11-3 所示,其特点是供电可靠性高,便于操作和维护,但配电导线用量大,投资高。该种方式适用于负载点比较分散、用电量又较大、变电所又居于各负载点中央的场所。

2. 树干式配电线路

树干式配电线路如图 11-4 和图 11-5 所示,其特点是导线用量少,因而费用低且接线比较灵活;缺点是供电可靠性差。该种方式适用于负载比较集中的场所,各负载点位于变电所或配电箱的同一侧时,如图 11-4 所示;各负载比较均匀地分布在一条线上时,如图 11-5 所示。

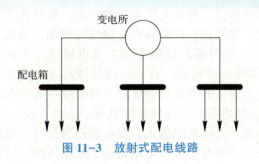

图 11-3 放射式配电线路

制造业的脊梁

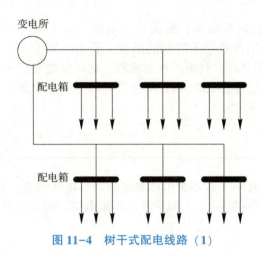

图 11-4 树干式配电线路（1）

图 11-5 树干式配电线路（2）

11.3　安全用电

随着社会的发展，电能发挥的作用越来越大。各种电气设备在人们的日常生活中广泛使用，随之带来的是日益严峻的用电安全问题。为防止各类电气事故的发生，保证人身和设备的安全，人们必须时刻重视安全用电。

11.3.1　电流对人体的危害

触电是指人体触及带电体后，电流对人体造成的伤害，主要包括两种类型：电击和电伤。

电击是指电流通过人体内部后，破坏人体内部组织，进而影响呼吸系统、心脏及神经系统的正常功能，甚至危及人的生命安全。

电伤是指电流的热效应、化学效应、机械效应及电流本身作用造成的人体伤害。电伤会在人体皮肤表面留下明显的伤痕，常见的有灼伤、烙伤和皮肤金属化等现象。在触电事故中，电击和电伤常会同时发生，严重时电伤也会造成人员死亡。

电流对人体伤害程度一般与下面几个因素有关：通过人体电流的大小、电流通过人体时间的长短、电流通过人体的部位、通过人体电流的频率、触电者的身体状况等。

通过人体的电流越大，时间长，危险越大；触电时间超过人的心脏搏动周期（约为 750 ms）或者触电正好开始于搏动周期的易损伤期以及电流通过人体脑部和心脏时最为危险；40~60 Hz 的交流电对人体的危害最大，直流电流与较高频率电流的危险性则小些；男性、成年人、身体健康者受电流伤害的程度相对要轻一些。通过人体电流的大小等于触电电压除以人体电阻（$I = U/R$）。人体电阻与其身体自然状况、人体部位及环境条件等因素有关，通常可按 1 000~2 000 Ω 考虑，人体电阻越大，受电流伤害越轻。细嫩潮湿的皮肤，电阻可降至 800 Ω 以下。接触的电压升高时，人体电阻也会大幅度下降，故相同情况下电压越高，越危险。

据有关资料表明，30 mA 是人体所能忍受的极限值，称为安全电流。以工频交流电为例，若流过人体的电流为 1 mA，则人体会产生苏麻等不舒服的感觉；若 10~30 mA 的电流通过人体，则会产生麻痹、剧痛、痉挛、血压升高、呼吸困难等症状，此时触电者已不能自主摆脱带电体，但通常不会有致命危险；若电流达到 50 mA，则会引起触电者心室颤动，会有生命危险；而 100 mA 以上的电流，会致人死亡。

11.3.2 人体触电方式

人体触电的方式有接触正常带电体触电、接触正常不带电体触电和跨步电压触电。其中，接触正常带电体触电又分为电源中性点接地的单相触电、电源中性点不接地的单相触电及双相触电。

1. 接触正常带电体触电

1) 电源中性点接地的单相触电

电源中性点接地的单相触电如图 11-6 所示，此时单相电流流过人体经接地电阻 R_0 返回中心点，此时流过人体的电流为

$$I_b = \frac{U_P}{R_0 + R_b} = 219 \text{ mA} \gg 50 \text{ mA}$$

该电流超过了人体极限电流，所以容易造成人身伤亡。式中 U_P 为电源相电压（取 220 V），R_0 为接地电阻（通常小于等于 4 Ω），人体电阻 R_b 取 1 000 Ω。

2) 电源中性点不接地的单相触电

电源中性点不接地的单相触电如图 11-7 所示，人体接触某一相时，通过人体的电流取决于人体电阻 R_b 与输电线对地绝缘电阻 R' 的大小。若输电线绝缘良好，则绝缘电阻 R' 较大，此时对人体的危害性较小。但导线与地面间的绝缘可能不良（R' 较小），甚至有一相接地，这时人体中就有电流通过。

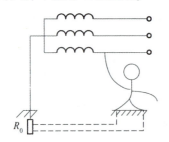

图 11-6 电源中性点接地的单相触电

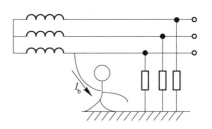

图 11-7 电源中性点不接地的单相触电

3) 双相触电

双相触电最为危险，如图 11-8 所示，此时人体处于线电压下，则通过人体的电流为

$$I_\mathrm{b} = \frac{U_1}{R_\mathrm{b}} = 0.38 \text{ A} \gg 50 \text{ mA}$$

该电流远远超过人体承受的极限电流，故双相触电后果更为严重。

2. 接触正常不带电体触电

当电气设备内部绝缘损坏而与外壳接触时，将使其外壳带电。当人触及带电设备的外壳时，相当于单相触电，大多数触电事故属于这一种。

3. 跨步电压触电

在高压输电线断线落地时，有强大的电流流入大地，在接地点周围产生电压降。当人体接近接地点时，两脚之间承受跨步电压而触电。跨步电压的大小与人和接地点距离、两脚之间的跨距、接地电流大小等因素有关。一般在 20 m 之外，跨步电压就降为 0。如果误入接地点附近，应双脚并拢或单脚跳出危险区。

图 11-8　双相触电

11.3.3　接地和接零

为了达到安全用电的目的，必须采取可靠的技术防止触电事故的发生，绝缘、间距、漏电保护等都是防止直接触电的防护措施。但是人们不可避免地经常接触一些电气设备，为了人身安全和电力系统正常工作的需要，要求电气设备采取接地措施。按接地目的的不同，主要分为工作接地、保护接地和保护接零 3 类。

PLC 控制系统的可靠性分析

1. 工作接地

工作接地即将中性点接地，在正常或故障情况下为了保证电气设备的可靠运行，而将电力系统中某一点接地称为工作接地。例如，电源（发电机或变压器）的中性点直接（或经消弧线圈）接地，能维持非故障相对地电压不变。工作接地的目的是降低触电电压、迅速切断故障和降低电气设备对地的绝缘水平。在中性点接地的系统中，一相接地后的电流较大，可采用继电保护装置迅速断开故障点，确保人身安全。

2. 保护接地

正常情况下，将电气设备的金属外壳用导线与接地极可靠地连接起来，这种接地的方式就叫保护接地，保护接地如图 11-9 所示。保护接地的实质是发生触电事故时通过人体与保护接地体的并联，降低人身接触电压。通常接地电阻越小，接触电压越小，则流过人体的电流越小。

一般中性点不接地的三相三线制系统中采用保护接地最可靠。需要注意的是，三相四线制系统不能采用保护接地。三相四线制系统中，一旦外壳带电时，电流将通过保护接地的接地极、大地、电源的接地极形成回路，若接地极的电阻值基本相同，则每个接地极电阻上的电压是相电压的一半。因此人体触及外壳时，就会触电。所以在三相四线制系统中的电气设备不推荐采用保护接地，通常采用保护接零。

3. 保护接零

保护接零通常应用于 380/220 V 三相四线制系统中，如图 11-10 所示。在该系统中将电

气设备的外壳可靠地接到零线上。这种情况下,当电气设备绝缘损坏造成一相碰壳,则该相电源短路,其短路电流使保护设备动作,将故障设备从电源切除,防止人身触电。

需要注意的是,中性点接地系统中,不允许采用保护接地,只能采用保护接零,注意不准保护接地和保护接零同时使用。

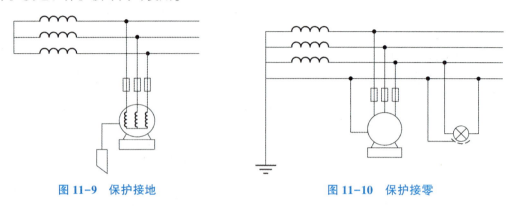

图 11-9　保护接地　　　　　　　　图 11-10　保护接零

按国际电工技术委员会(International Electrotechnical Commission,IEC)标准规定,低压配电接地、接零系统分有 TN、TT、IT 3 种基本形式。

需要注意的是,上述形式划分的第 1 个字母反映电源中性点接地状态:其中 T 表示电源中性点工作接地;I 表示电源中性点不工作接地(或采用阻抗接地)。第 2 个字母反映负载侧的接地状态:其中 T 表示负载保护接地,但与系统接地相互独立;N 表示负载保护接零,与系统工作接地相连。

TN 系统:电源变压器中性点接地,设备外露部分与中性线相连。

TT 系统:电源变压器中性点接地,电气设备外壳采用保护接地。

IT 系统:电源变压器中性点不接地(或通过高阻抗接地),而电气设备外壳采用保护接地。

TN 系统的电源中性点直接接地,并有中性线引出。按其保护线形式 TN 系统又分为 TN-C 系统、TN-S 系统和 TN-C-S 系统。C 表示零线与保护零线共用一线。S 表示中性线与保护零线各自独立,各用各线。

1) TN-C 系统(三相四线制)

TN-C 系统的中性线(N)和保护线(PE)是合一的,该线又称为保护中性线(PEN 线)。它的优点是节省了一条导线,但在三相负载不平衡或保护中性线断开时会使所有用电设备的金属外壳都带上危险电压。在一般情况下,如果保护装置和导线截面选择适当,则 TN-C 系统是能够满足要求的。

2) TN-S 系统(三相五线制)

TN-S 系统的 N 线和 PE 线是分开的。它的优点是 PE 线在正常情况下没有电流通过,因此不会对接在 PE 线上的其他设备产生电磁干扰。此外,由于 N 线与 PE 线分开,N 线断开也不会影响 PE 线的保护作用。但 TN-S 系统耗用的导电材料较多,投资较大。

这种系统多用于对安全可靠性要求较高、设备对电磁抗干扰要求较严或环境条件较差的场所。对新建的大型民用建筑、住宅小区,特别推荐使用 TN-S 系统。

3) TN-C-S 系统(三相四线与三相五线混合系统)

TN-C-S 系统中有一部分中性线和保护线是合二为一的,一部分是分开的。它兼有 TN-

C 系统和 TN-S 系统的特点，常用于配电系统末端环境较差或有对电磁抗干扰要求较严的场所。

在 TN-C、TN-S 和 TN-S-C 系统中，为确保 PE 线或 PEN 线安全可靠，除在电源中性点进行工作接地外，对 PE 线和 PEN 线还必须进行必要的重复接地。PE 线、PEN 线上不允许装设熔断器和开关。此外，注意在同一供电系统中，不能同时采用 TT 系统和 TN 系统保护。

11.4 节约用电

节约电能，能够减少不必要的电能损失，降低生产生活成本，提高经济效益，从而使有限的电力发挥出更大的社会经济效益。节约用电的措施包括采用有效的节电技术和加强节电管理两个方面。

1. 节电技术

（1）应用高效率的电动机，并根据不同场合使用要求，选择合适的电动机的类型和容量，采用先进的电动机调速方式和控制设备。

（2）对电照明来说，可以采用节能灯以降低普通白炽灯的热耗能。

（3）根据负荷特性，正确选择变压器的容量、台数和运行方式，以减少变压器的电能损耗。

（4）提高用电设备的功率因数，进行无功功率补偿。

（5）对泵、风机、起重运输机械等电动设备，正确选用其类型、容量、运行方式，提高其效率。

（6）将电力电子技术和计算机控制技术等先进技术应用于节电技术领域内。

2. 节电管理

（1）根据用户的规模和用电量的大小，设立节电管理机构或设专人负责节电管理工作。

（2）建立和实施节电管理的规章制度，包括用电管理制度、耗电定额管理制度、电能计量测试仪表管理制度、节电奖惩制度等。

（3）对本单位用电情况定期进行分析，根据需要进行用电设备的更新改造、生产工艺的改进、生产工序的调整，并制订节电计划和措施。

（4）加强对电能计量与测试仪器的管理。

（5）组织节电教育和技术培训。

本章小结

本章主要介绍工业企业供配电相关知识以及安全用电的基本知识。供配电知识包括发电输电的概述以及工业企业供配电知识。安全用电知识首先介绍了电流对人体的危害、安全电压、触电的几种情况、触电的预防措施等相关知识；其次介绍了配电系统常用的保护接地与保护接零的方式；最后简单介绍了节约用电的方法。

习题 11

11-1 直流供电的优势是什么？

11-2 为什么中心点接地的系统不能采用保护接地？

11-3 保护接地与保护接零的区别？

11-4 家用电器如何防止触电？都采用何种措施？

11-5 如何节约用电？有何具体措施？

11-6 保护接零有哪几种方式？分别适用于何种场合？

常用电工工具及其使用方法

导线的选择和连接

常用电工仪表及其使用方法

实验 11.1 常用电工工具的使用

实验 11.2 常用电工仪表的使用

Multisim 14.0 简介

参 考 文 献

[1] 邱关源. 电路 [M]. 5版. 北京：高等教育出版社，2006.
[2] 秦曾煌. 电工学简明教程 [M]. 北京：高等教育出版社，2015.
[3] 宋卫海，林立松. 电工技术 [M]. 北京：中国铁道出版社，2015.
[4] 秦曾煌. 电工学 [M]. 7版. 北京：高等教育出版社，2009.
[5] 刘桂芬，刘静. 电工学简明教程 [M]. 北京：北京邮电大学出版社，2010.
[6] 吴仕宏. 电路分析 [M]. 3版. 北京：中国水利水电出版社，2010.
[7] 刘志刚. 电路分析基础简明教程 [M]. 北京：冶金工业出版社，2012.
[8] 常玲. 电工技术基础 [M]. 北京：清华大学出版社，2014.
[9] 程继航. 电工电子技术基础 [M]. 北京：电子工业出版社，2016.
[10] 张立晨. 电路基础 [M]. 北京：机械工业出版社，2011.
[11] 汤蕴璆. 电机学 [M]. 4版. 北京：机械工业出版社，2011.
[12] 廖常初. PLC编程及应用 [M]. 4版. 北京：机械工业出版社，2014.
[13] 王永华. 现代电气控制及PLC应用技术 [M]. 4版. 北京：北京航空航天大学出版社，2016.
[14] 李瀚荪. 电路分析基础 [M]. 4版. 北京：高等教育出版社，2006.
[15] 侯继红，侯涛. 电工与电子技术 [M]. 北京：中国铁道出版社，2012.
[16] 贾红芳. 电工与电气技术基础实验 [M]. 北京：中国电力出版社，2016.
[17] 吕波，王敏. Multisim 14电路设计与仿真 [M]. 北京：机械工业出版社，2016.
[18] 王廷才，陈昊. 电工电子技术Multisim 10仿真实验 [M]. 2版. 北京：机械工业出版社，2011.
[19] 赵国梁. 维修电工（初级、中级、高级）[M]. 2版. 北京：中国劳动社会保障出版社，2011.
[20] 吴青萍，沈凯. 电路基础 [M]. 3版. 北京：北京理工大学出版社，2014.
[21] 梅开乡，梅军进. 电子电路实验 [M]. 北京：北京理工大学出版社，2014.